工程结构抗震与防灾技术研究

王玉镯　高　英　曹加林　著

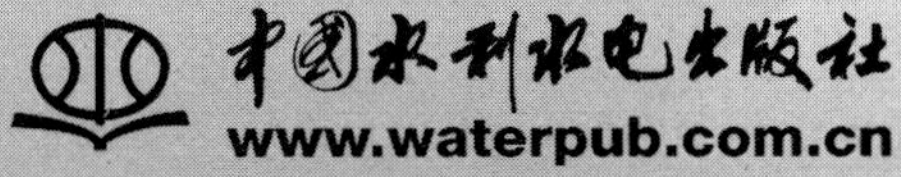

·北京·

内 容 提 要

本书以结构抗震为主，系统梳理了建筑结构各种体系抗震设计的内力计算、技术措施和构造，同时阐述了结构抗风和抗火等方面的内容。主要内容包括：结构抗震基本知识、结构抗震概念设计、结构抗震计算、混凝土结构房屋抗震设计、砌体结构房屋抗震设计、钢结构房屋抗震设计、结构隔震和消能减震设计、桥梁结构抗震设计、结构抗风设计、结构抗火计算与设计等。

图书在版编目(CIP)数据

工程结构抗震与防灾技术研究 / 王玉镯，高英，曹加林著. —— 北京 ：中国水利水电出版社，2018.1（2022.9重印）
ISBN 978－7－5170－6222－6

Ⅰ. ①工… Ⅱ. ①王… ②高… ③曹… Ⅲ. ①建筑结构－抗震设计－研究②工程结构－防护结构－结构设计－研究 Ⅳ. ①TU352.04

中国版本图书馆 CIP 数据核字(2017)第 326765 号

责任编辑：陈 洁　　　**封面设计：王 伟**

书　名	工程结构抗震与防灾技术研究 GONGCHENG JIEGOU KANGZHEN YU FANGZAI JISHU YANJIU
作　者	王玉镯　高　英　曹加林　著
出版发行	中国水利水电出版社 （北京市海淀区玉渊潭南路 1 号 D 座　100038） 网址：www.waterpub.com.cn E－mail：mchannel@263.net（万水） sales@mwr.gov.cn 电话：(010)68545888（营销中心）、82562819（万水）
经　售	全国各地新华书店和相关出版物销售网点
排　版	北京万水电子信息有限公司
印　刷	天津光之彩印刷有限公司
规　格	170mm×240mm　16 开本　14.5 印张　256 千字
版　次	2018年1月第1版　2022年9月第2次印刷
印　数	2001-3001册
定　价	58.00 元

前　言

地震灾害具有突发性和毁灭性，特大地震在瞬时就能对工程结构造成十分严重的破坏，使人民生命财产蒙受巨大的损失。2008 年 5 月 12 日我国汶川地震造成了大量的人员伤亡和建筑结构破坏。震后的灾害调查使我们获得了很多的防震害经验，也使我们对各类结构的抗震性能有了进一步认识。我国是一个地震多发的国家，大部分城镇和村庄均位于设防烈度在 6 度以上的抗震设防区，在目前无法准确预报地震的前提下，对工程结构进行必要的抗震设计是减轻地震灾害积极有效的措施。

近几年，世界上抗震水平比较先进的国家如美国、日本、欧洲、新西兰等，先后完成了抗震规范修订工作。为了认真总结震害经验和有关科研成果，吸收国外抗震规范的优点，我国于 2010 年也完成了抗震设计规范的修订。新发布的《建筑抗震设计规范》(GB50011—2010 局部修订)(以下简称规范修订)对提高建筑工程抗震设防能力，保护人民生命财产安全具有重要意义。本书就是以此规范为依据撰写的，详细探究了建筑结构抗震减震的设计原理与具体方法。

全书共 10 章，主要包括结构抗震基本知识、结构抗震概念设计、结构抗震计算、混凝土结构房屋抗震设计、砌体结构房屋抗震设计、钢结构房屋抗震设计、结构隔震和消能减震设计、桥梁结构抗震设计、结构抗风设计、结构抗火计算与设计。

作者希望读者通过本书的学习，不仅能基本掌握工程结构抗震方面的基本理论和基本方法，而且能熟练运用规范进行各类建筑结构的抗震设计。

本书在撰写过程中参考和引用了国内外近年来正式出版的有关建筑结构抗震的规范、著作、文献等，在此向有关作者表示诚挚的谢意。由于作者水平有限，书中难免有疏漏之处，欢迎读者批评指正。

作　者

2017 年 9 月

目　　录

第 1 章　结构抗震基本知识

强烈地震在瞬息之间就可以对地面上的建筑物造成严重破坏。现代科技的发展，虽能对地震的发生进行预测，但准确地预报何时、何地将发生何种强度的地震目前是很困难的，因此对抗震与减震进行研究是非常有必要的。

1.1 地震的成因

根据地震形成原因的不同，地震可分为四大类，具体如图 1—1 所示。

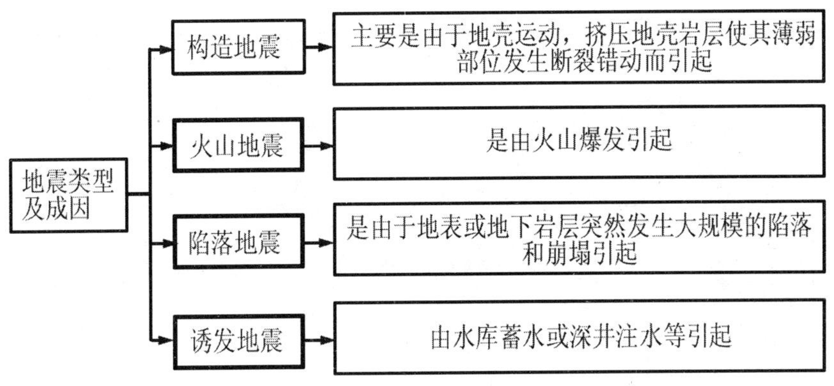

图 1—1　地震的类型及成因

在这四种类型的地震中，构造地震分布最广、危害最大，占地震总量的 90% 以上；虽然火山地震造成的破坏性也较大，但在我国不常见；其他两种类型的地震一般震级较小，破坏性也不大。

用来解释构造地震成因的最主要学说是断层说和板块构造说。

断层说认为，组成地壳的岩层时刻处于变动状态，产生的地应力也在不停变化。当地应力较小时，岩层尚处于完整状态，仅能发生褶皱。随着作用力不断增强，当地应力引起的应变超过某处岩层的极限应变时，该处的岩层将产生断裂和错动(图 1—2)。而承受应变的岩层在其自身的弹性应力作用下将发生回跳，迅速弹回到新的平衡位置。一般情况下，断层两侧弹性回跳的方向是相反的，岩层中构造变动过程中积累起来的应变能，在回弹过程中得以释放，并以弹性波的形式传至地面，从而引起地面的振动，这就是地震。

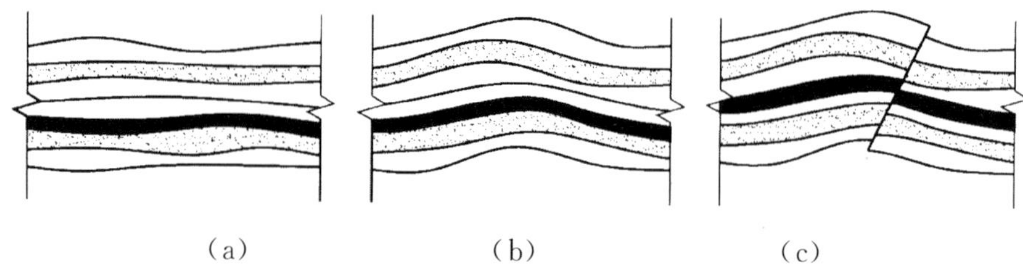

图 1—2 地壳构造变动与地震形成示意图

(a)岩层原始状态;(b)受力后发生褶皱变形;(c)岩层断裂产生振动

如图 1—3 所示,地球的表面岩的六大板块并不是静止不动的,它们之间相对缓慢地进行运动,两两交界处会发生相对挤压和碰撞,从而致使板块边缘附近岩石层脆性断裂而引发地震。地球上大多数地震就发生在这些板块的交界处,从而使地震在空间分布上表现出一定的规律,即形成地震带。

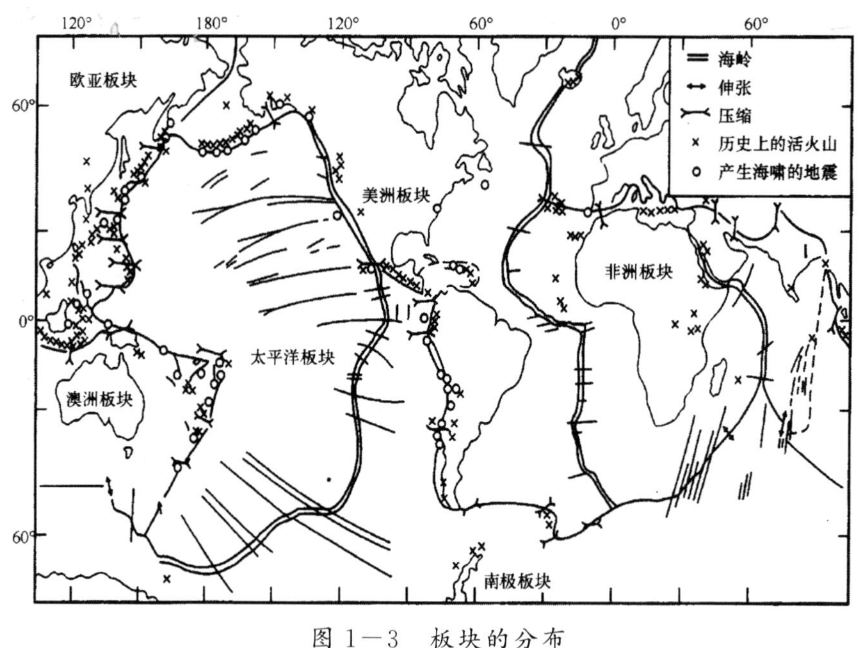

图 1—3 板块的分布

1.2 地震波及其传播

地震引起的振动以波的形式从震源向各个方向传播,这就是地震波。地震波是震源辐射的弹性波,一般分为体波和面波。体波是纵波和横波的总称,包括原生体波和各种折射、反射及其转换波。面波为次生波,一般指乐甫(Love)波和瑞雷(Rayleigh)波。下面分别介绍这两种波的主要特性。

1.2.1 体波

体波是指通过地球本体内传播的波，它包含纵波与横波两种。

纵波是由震源向外传递的压缩波，质点的振动方向与波的前进方向一致，如图1—4(a)所示，一般表现出周期短、振幅小的特点。纵波的传播是介质质点间弹性压缩与张拉变形相间出现、周而复始的过程，因此，纵波在固体、液体里都能传播。横波是由震源向外传递的剪切波，质点的振动方向与波的前进方向垂直，如图1—4(b)所示，一般表现为周期长、振幅较大的特点。由于横波的传播过程是介质质点不断受剪变形的过程，因此横波只能在固体介质中传播。

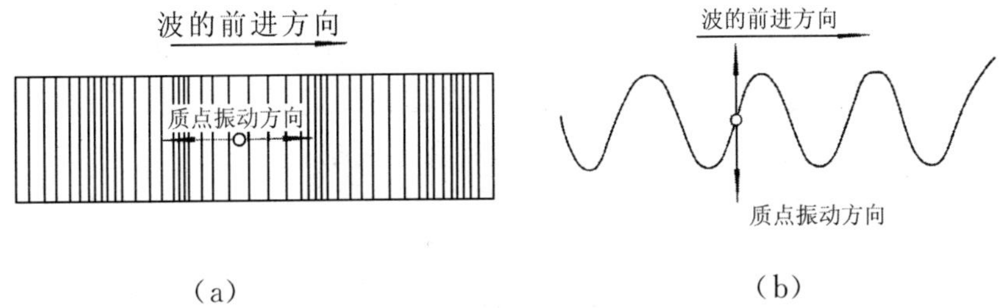

图1—4　体波传播示意图

(a)压缩波；(b)剪切波

纵波与横波的传播速度理论上可分别用下式计算：

$$v_P=\sqrt{\frac{E(1-\gamma)}{\rho(1+\gamma)(1-2\gamma)}}=\sqrt{\frac{\lambda+2G}{\rho}} \tag{1—1}$$

$$v_S=\sqrt{\frac{E}{2\rho(1+\gamma)}}=\sqrt{\frac{G}{\rho}} \tag{1—2}$$

式中，v_P 为纵波速度；v_S 为横波速度；E 为介质的弹性模量；γ 为介质的泊松比；ρ 为介质的密度；G 为介质的剪切模量；λ 为拉梅常数，$\lambda=\frac{\gamma E}{(1+\gamma)(1-2\gamma)}$。

在弹性介质中，这两种体波的传播速度之比为

$$\frac{v_P}{v_S}=\sqrt{\frac{2(1-\gamma)}{1-2\gamma}} \tag{1—3}$$

一般情况下，式(1—3)的值大于1，例如，当 $\gamma=0.25$ 时，$v_P=\sqrt{3}\,v_S$。因此，纵波传播速度比横波传播速度要快，在仪器观测到的地震记录图上，一般也是纵波先于横波到达。因此，通常也把纵波叫作P波(Primary Wave)，把横波叫作S波(Secondary Wave)。

通过式(1－1)～式(1－3)，不仅可以得到两种体波的传播速度和它们之间的关系，还可以得到介质的一些弹性参数。例如，当实际测得 v_P 和 v_S 时，利用式(1－3)可以得到介质的波松比 γ；在介质密度 ρ 已知的情况下，在 $(E、G)$，$(\gamma、\lambda)$，$(v_P、v_S)$ 这三组参数中，若已知其中一组，利用式(1－1)和式(1－3)就可以求得其他两组参数，这些参数在地震工程的研究与应用中是非常重要的。

1.2.2 面波

面波是指沿介质表面(或地球地面)及其附近传播的波，一般可以认为是体波经地层界面多次反射形成的次生波，它包含瑞雷波和乐甫波两种。

地震瑞雷波是纵波(P 波)和横波(S 波)在固体层中沿界面传播相互叠加的结果。瑞雷波传播时，质点在波的传播方向与地表面法向组成的平面内做逆进椭圆运动，如图 1－5 所示。瑞雷波在震中附近并不出现，要离开震中一段距离才形成，而且其振幅沿径向按指数规律衰减。

乐甫波的形成与波在自由表面的反射和波在两种不同介质界面上的反射、折射有关。乐甫波的传播，类似于蛇行运动，质点在与波传播方向相垂直的水平方向作剪切型运动，如图 1－6 所示。质点在水平向的振动与波行进方向耦合后会产生水平扭转分量，这是乐甫波的一个重要特点。

地震波的传播以纵波最快，横波次之，面波最慢。所以在地震记录上，纵波最先到达，横波到达较迟，面波在体波之后到达，一般当横波或面波到达时，地面振动最强烈。地震波记录是确定地震发生的时间、震级和震源位置的重要依据，也是研究工程结构物在地震作用下的实际反应的重要资料。

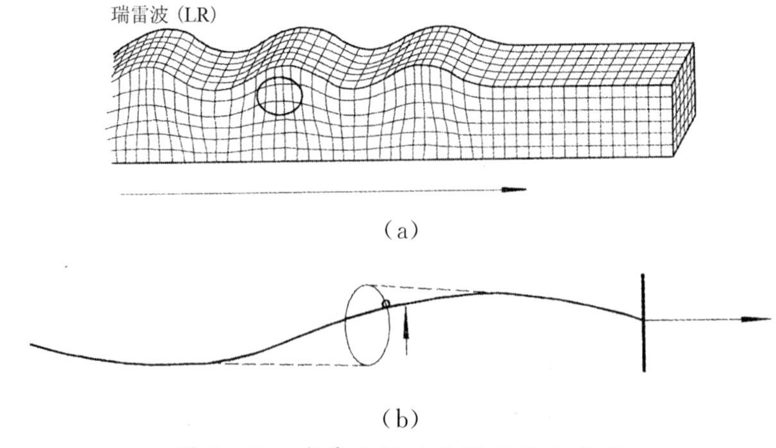

(a)

(b)

图 1－5 瑞雷波振动轨迹剖面和射线

(a)振动轨迹剖面；(b)射线

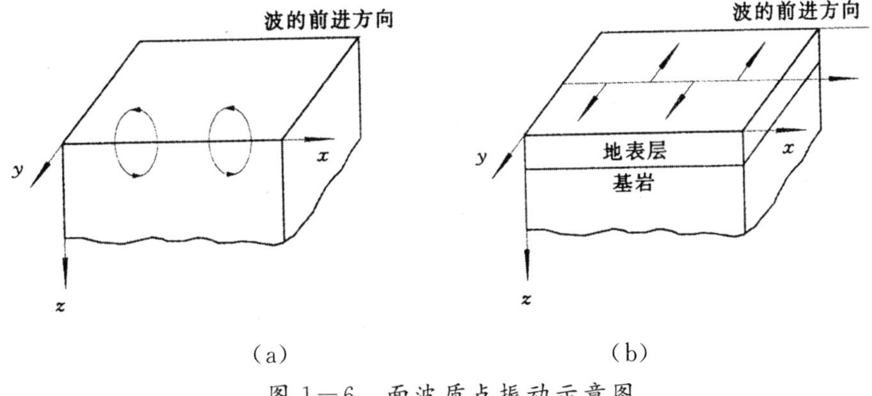

图1—6　面波质点振动示意图

(a)瑞雷波质点振动;(b)乐甫波质点振动

1.2.3 地震波的主要特性及其在工程中的应用

由震源释放出来的地震波传到地面后引起地面运动,这种地面运动可以用地面上质点的加速度、速度或位移的时间函数来表示,用地震仪记录到的这些物理量的时程曲线习惯上又称为地震加速度波形、速度波形和位移波形。我国在2008年5月12日汶川地震中记录到的加速度时程曲线如图1—7所示,这是我国近年来记录到的最有价值的地震地面运动记录之一。在目前的结构抗震设计中,常用到的则是地震加速度记录,以下就地震加速度记录的一些特性作简单的介绍。

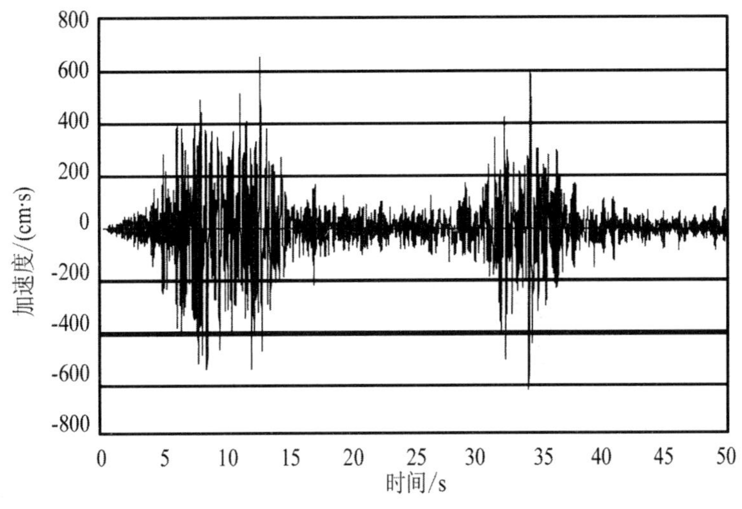

图1—7　汶川地震中记录到的加速度时程曲线

1.地震加速度记录的最大幅值

最大幅值是描述地震地面运动强烈程度的最直观的参数,尽管用它来描述地震波的特性时还存在一些问题,但在工程实际中得到了最普遍的接受与应用。在抗震设计中对结构进行时程反应分析时,往往要给出输入的最大加速度峰值,在设计用反应谱中,地震影响系数的最大值也与地面运动最大加速度峰值有直接的关系。

2.地震加速度记录的频谱特性

对时域的地震加速度波形进行变换,就可以了解这种波形的频谱特性.频谱特性可以用功率谱、反应谱和傅立叶谱来表示。本书不再说明这些谱的有关理论和方法,仅对一些研究结果作一介绍。图1—8和图1—9是根据日本

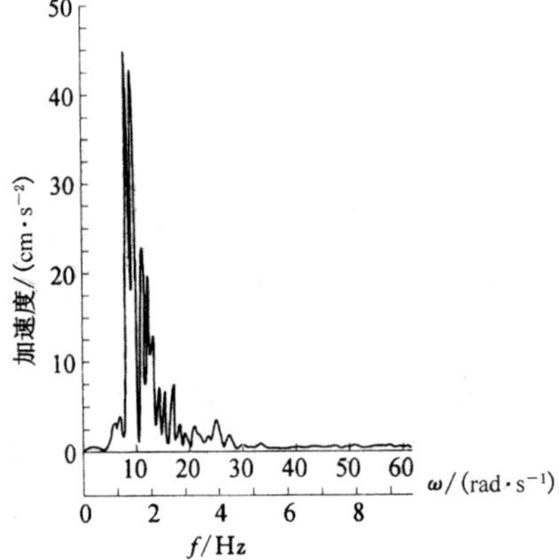

图1—8 软土地基功率谱示意图

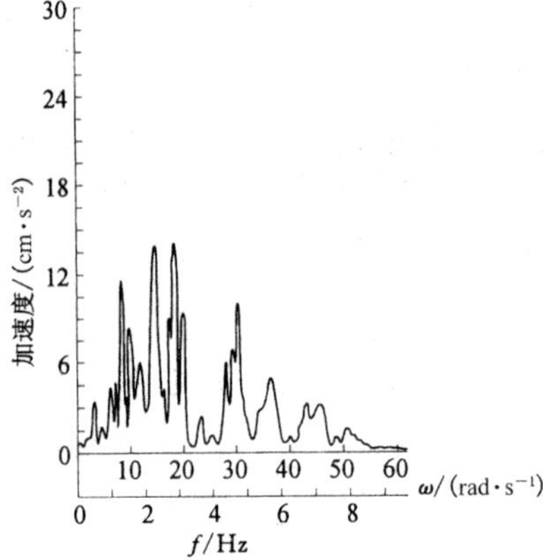

图1—9 硬土地基功率谱示意图

一批强地震记录求得的功率谱，它们是同一地震、震中距近似相同而地基类型不同的情况，显示出硬土、软土的功率谱成分有很大不同，即软土地基上地震加速度波形中长周期分量比较显著；而硬土地基上地震加速度波形则包含着多种频谱成分，一般情况下，短周期的分量比较显著。利用这一概念，在设计结构物时，人们就可以根据地基土的特性，采取刚柔不同的体系，以减少地震引起结构物共振的可能性，减少地震造成的破坏。

3.地震加速度记录的持续时间

人们很早就从震害经验中认识到强震持续时间对结构物破坏的重要影响，并且认识到这种影响主要表现在结构物开裂以后的阶段。在地震地面运动的作用下，一个结构物从开裂到全部倒塌一般是有一个过程的，如果结构物在开裂后又遇到了一个加速度峰值很大的地震脉冲并且结构物产生了很大的变形，那么，结构的倒塌与一般的静力试验中的现象比较相似，即倒塌取决于最大变形反应。另一种情况是，结构物从开裂到倒塌，往往要经历几次、几十次甚至几百次的反复振动过程，在某一振动过程中，即使结构最大变形反应没有达到静力试验条件下的最大变形，结构也可能由于长时间的振动和反复变形而发生倒塌破坏。很明显，在结构已发生开裂时，连续振动的时间越长，则结构倒塌的可能性就越大。因此，地震地面运动的持续时间成为人们研究结构物抗倒塌性能的一个重要参数。在抗震设计中对结构物进行非线性时程反应分析时，往往也要给出一个输入加速度记录的持续时间。

1.3 地震的烈度、活动性及地震灾害

1.3.1 地震烈度

地震烈度是地震对地面影响的强烈程度，主要依据宏观的地震影响和破坏现象，如从人们的感觉、物体的反应、房屋建筑物的破坏和地面现象的改观（如地形、地质、水文条件的变化）等方面来判断。因此，地震烈度是表示某一区域范围内地面和各种建筑物受到一次地震影响的平均强弱程度的一个指标。这一指标反映了在一次地震中一定地区内地震动多种因素综合强度的总平均水平，是地震破坏作用大小的一个总评价。地震烈度把地震的强烈程度，从无感到建筑物毁灭及山河改观等划分为若干等级，列成表格，以统一的尺度衡量地震的强烈程度。表1－1是2008年颁布的中国地震烈度表。

表1—1　中国地震烈度(2008年)

地震烈度	人的感觉	房屋震害			其他震害现象	水平向地震动参数	
		类型	危害程度	平均震害指数		峰值加速度/($m \cdot s^{-2}$)	峰值速度/($m \cdot s^{-2}$)
Ⅰ	无感	—	—	—	—	—	—
Ⅱ	室内个别静止中的人有感觉	—	—	—	—	—	—
Ⅲ	室内少数静止中的人有感觉	—	门、窗轻微作响	—	悬挂物微动	—	—
Ⅳ	室内多数人、室外少数人有感觉，少数人梦中惊醒	—	门、窗作响	—	悬挂物明显摆动，器皿作响	—	—
Ⅴ	室内绝大多数、室外多数人有感觉，多数人梦中惊醒	—	门窗、屋顶、屋架颤动作响，灰土掉落，个别房屋墙体抹灰出现细微裂缝，个别屋顶烟囱掉砖	—	悬挂物大幅度晃动，不稳定器物摇动或翻倒	0.31(0.22～0.44)	0.03(0.02～0.04)
Ⅵ	多数人站立不稳，少数人惊逃户外	A	少数中等破坏，多数轻微破坏和/或基本完好	0.00～0.11	家具和物品移动；河岸和松软土出现裂缝，饱和砂层出现喷砂冒水；个别独立砖烟囱轻度裂缝	0.63(0.45～0.89)	0.06(0.05～0.09)
		B	个别中等破坏，少数轻微破坏，多数基本完好				
		C	个别轻微破坏，大多数基本完好	0.00～0.08			

续表

地震烈度	人的感觉	房屋震害			其他震害现象	水平向地震动参数	
		类型	危害程度	平均震害指数		峰值加速度/(m·s^{-2})	峰值速度/(m·s^{-2})
Ⅶ	大多数人惊逃户外，骑自行车的人有感觉，行驶中的汽车驾乘人员有感觉	A	少数毁坏和/或严重破坏，多数中等和/或轻微破坏	0.09～0.31	物体从架子上掉落；河岸出现塌方，饱和砂层常见喷水冒砂，松软土地上地裂缝较多；大多数独立砖烟囱中等破坏	1.25(0.90～1.77)	0.13(0.10～0.18)
		B	少数中等破坏，多数轻微破坏和/或基本完好				
		C	少数中等和/或轻微破坏，多数基本完好	0.07～0.22			
Ⅷ	多数人摇晃颠簸，行走困难	A	少数毁坏，多数严重和/或中等破坏	0.29～0.51	干硬土上出现裂缝，饱和砂层绝大多数喷砂冒水；大多数独立砖烟囱严重破坏	2.50(1.78～3.53)	0.25(0.19～0.35)
		B	个别毁坏，少数严重破坏，多数中等和/或轻微破坏				
		C	少数严重和/或中等破坏，多数轻微破坏	0.20～0.40			
Ⅸ	行动的人摔倒	A	多数严重破坏和/或毁坏	0.49～0.71	干硬土上多处出现裂缝，可见基岩裂缝、错动，滑坡、塌方常见；独立砖烟囱多数倒塌	5.00(3.54～7.07)	0.50(0.36～0.71)
		B	少数毁坏，多数严重和/或中等破坏				
		C	少数毁坏或/和严重破坏，多数中等和/或轻微破坏	0.38～0.60			

续表

地震烈度	人的感觉	房屋震害			其他震害现象	水平向地震动参数	
		类型	危害程度	平均震害指数		峰值加速度/(m·s^{-2})	峰值速度/(m·s^{-2})
Ⅹ	骑自行车的人会摔倒，处不稳状态的人会摔离原地，有抛起感	A	绝大多数毁坏	0.69～0.91	山崩和地震断裂出现，基岩上拱桥破坏；大多数独立砖烟囱从根部破坏或倒毁	10.00(7.08～14.14)	1.00(0.72～1.41)
		B	大多数毁坏	0.58～0.80			
		C	多数毁坏和/或严重破坏				
Ⅺ	—	A	绝大多数毁坏	0.89～1.00	地震断裂延续很大，大量山崩滑坡	—	—
		B					
		C		0.78～1.00			
Ⅻ	—	A	几乎全部毁坏	1.00	地面剧烈变化，山河改观	—	—
		B					
		C					

注：①表中房屋包括以下3种类型：

A类——木构架和土、石、砖墙建造的旧式房屋。

B类——未经抗震设防的单层或多层砖砌体房屋。

C类——按照Ⅶ度抗震设防的单层或多层砖砌体房屋。

②表中给出的“峰值加速度”和“峰值速度”是参考值，括弧内给出的是变动范围。

1.3.2 地震活动性

1.世界地震活动性

据统计，地球每年平均发生500万次左右的地震，其中5级以上的破坏性地震约占1000次，而绝大多数地震由于发生在地球深处或者释放的能量小，人们难以感觉到，需要用非常灵敏的仪器才能测量到。目前世界上记录到的最大地震是1960年5月22日发生在智利的8.9级大地震。

破坏性地震并不是均匀地分布于地球的各个部位。根据地震的历史资料，将地震发生的地点和强度在地图上标记出来，绘制成震中分布图。在地球上震中的分布是沿一定深度和规律地集中在某些特定的大地构造部位，总体呈带状分布。通常可以划分出4条全球规模的地震活动带,其中环太平洋地震带和欧亚地震带是世界上两条主要的地震活动带。

(1)环太平洋地震活动带

环太平洋地震活动带全长达到35000多千米,地震活动极为强烈,是地球上最主要的地震带。该地震带释放的能量占全部地震能量的75%以上,全世界约80%的浅源地震,90%的中源地震和几乎所有的深源地震都集中在此。它北起太平洋北部的阿留申群岛,分东西两支沿太平洋东西两岸向南延伸。环太平洋地震活动带的东支经阿拉斯加、加拿大、美国西海岸、墨西哥、中美洲后直下南美洲。环太平洋地震活动带构造系基本上是大洋岩石圈与大陆岩石圈相聚合的边缘构造系。

(2)欧亚地震活动带

欧亚地震活动带西起大西洋中的亚速尔群岛,经地中海、土耳其、伊朗,抵达帕米尔,沿喜马拉雅山东行,穿过中南半岛西缘,直到印度尼西亚的班达海与太平洋地震带西支相接,总长20000多千米,穿过了欧亚两大洲。除太平洋地震带外几乎所有的中源地震和大的浅源地震都发生在这条带内。释放能量占全部地震能量的15%左右。

除了以上两条主要的地震带外,还有沿北冰洋、大西洋和印度洋中主要山脉的狭窄浅震活动带和地震相当活跃的断裂谷(如东非洲和夏威夷群岛等),它们也是两条比较突出的地震活动带。

2.我国地震活动性

我国东邻环太平洋地震带、南接欧亚地震带,地震的分布相当广泛,是一个多地震国家。其主要地震带有南北地震带和东西地震带。

(1)南北地震带

南北地震带北起贺兰山,向南经六盘山,穿越秦岭沿川西至云南省东北,纵贯南北。地震带宽度各处不一,大致在数十至百余千米,分界线由一系列规模很大的断裂带和断陷盆地组成,构造相当复杂。

(2)东西地震带

主要的东西地震带有两条:北面的一条沿陕西、山西、河北北部向东延伸,直至辽宁北部的千山一带;南面的一条自帕米尔起,经昆仑山、秦岭,直到大别山区。

据此,我国大致可以划分成6个地震活动区:台湾及其附近海域,喜马拉雅山脉活动区,南北地震带,天山地震活动区,华北地震活动区,东南沿海地震活动区。我国的台湾省位于环太平洋地震带上,西藏、新疆、云南、四川、青海等省区位于欧亚地震带上,其他省区处于相关的地震带上。中国地震带的分布是制定中国地震重点监视防御区的重要依据。

综上所述，由于我国所处的地理环境，使得地震情况比较复杂。从历史上的地震情况来看，全国除个别省份外，绝大部分地区都发生过较强烈的破坏性地震，并且有不少地区现代地震活动还相当严重，如台湾大地震最多，新疆、西藏次之，西南、西北、华北和东南沿海地区也是破坏性地震较多的地区。

3.地震灾害

历史地震的考察与分析表明，地震灾害主要表现为地表破坏、建筑物的破坏和各种次生灾害3种形式。

(1)地表破坏

地表破坏表现为地裂缝、喷水冒砂、地面下沉、滑坡和山石崩裂等形式。

1)地裂缝

强烈的地震发生时，地面断层将到达地表，从而改变地形和地貌。地表的竖向错动将形成悬崖峭壁，地表的水平位移将产生地面的错动、挤压、扭曲。地裂缝将造成地面工程结构的严重破坏，使得公路中断、铁轨扭曲、桥梁断裂、房屋破坏、河流改道、水坝受损等。当地裂缝穿过建筑物时，会造成结构开裂甚至倒塌。

地裂缝是地震时最常见的地表破坏，地裂缝的数量、长短、深浅等与地震的强烈程度、地表情况、受力特征等因素有关。按其成因可以分为以下两种类型：

①构造性地裂缝。它是由于地下断层错动延伸到地表而形成的裂缝，这类裂缝与地下断层带的走向一致，一般规模较大，形状比较规则，裂缝带长可延伸几公里到几十公里，带宽可达数十厘米到数米。

②重力性地裂缝。它是由于在强烈地震作用下引起的地面激烈震动的惯性力超过了土的抗剪强度所致。一般在河道、湖河岸边、陡坡等土质松软地方产生，规模较小，形状大小各不相同。

2)喷水冒砂

在地下水位较高、砂层埋深较浅的平原地区，特别是河流两岸最低平的地方，地震时地震波产生的强烈振动使得地下水压急剧增加，地下水经过地裂缝或其他通道冒出地面。当地表土层为砂土层或粉土层时，会造成砂土液化甚至喷水冒砂现象，这会造成建筑物的下沉、倾斜或倒塌，以及埋地管网的大面积破坏。

3)地表下沉

在地下存在溶洞的地区或者由于人们的生产活动产生的空洞处(如矿井或者地铁等)，当强烈地震发生时，在强烈地震作用下，地面土体将会产生下沉，造成大面积陷落。此外，在松软而压缩性高的土层中，地震会使土颗粒间的摩擦力大大降低，土层变密实，造成地面下沉。

4)滑坡

在河岸、陡坡等地方，强烈的地震使得土体失稳，造成塌方，淹没农田、村庄，堵塞河流，大面积塌方也使得房屋倒塌。

5)山石崩裂

山石崩裂的塌方量可达近百万方，石块最大的可能超过房屋的体积，崩塌的石块可导致公路阻塞、交通中断、房屋被冲毁等。

(2)建筑物的破坏

建筑物的破坏是造成生命财产损失的主要原因：建筑物的破坏可以因前述地表破坏引起，在性质上属于静力破坏；更常见的建筑物破坏是由于地震地面运动的动力作用引起，在性质上属于动力破坏。我国历史地震资料表明，90%左右的建筑物的破坏属于后者。因此，结构动力破坏机制的分析，是结构抗震研究的重点和结构抗震设计的基础。

建筑物的破坏情况与结构类型和抗震措施等有关，根据破坏形态和原因可分为3类：

1)结构丧失整体性造成破坏

结构构件的共同工作主要是依靠各构件之间的连接及各构件之间的支撑来保证的。在强烈地震作用下，由于构件连接不牢、节点破坏、支撑系统失效等原因，导致结构丧失整体性而造成破坏。

2)承重结构承载力或变形能力不足引起破坏

地震时，地面运动引起建筑物振动，产生惯性力，不仅使结构构件内力或变形增大很多，而且其受力形式也发生改变，导致结构承载力不足而破坏。如墙体出现裂缝，钢筋混凝土柱剪断或混凝土被压酥裂，砖水塔筒身严重裂缝等。

3)地基失效引起的破坏

在强烈的地震作用下，地裂缝、地陷、滑坡和地基土液化等会导致地基承载力降低或丧失承载力，最终造成建筑物整体倾斜、拉裂甚至倒塌而破坏。

(3)次生灾害

地震除直接造成建筑物的破坏、导致财产损失和人员伤亡外，还可能引发火灾、水灾、海啸、污染、滑坡、泥石流、瘟疫等次生灾害。例如，1906年美国旧金山大地震，在震后的3天火灾中，共烧毁521个街区的28000幢建筑物，使已破坏但未倒塌的房屋被大火夷为一片废墟。1923年日本关东大地震，地震正值中午做饭时间，导致许多地方同时起火，由于自来水管普遍遭到破坏，道路又被堵塞，致使大火蔓延，烧毁房屋达45万栋之多。1960年发生在海底的智利大地震，引起海啸灾害，除吞噬了智利中、南部沿海房屋外，海浪还从智利沿大海以640km/h的速度横扫太平洋，22h之后高达4m的海浪又袭击了日本，本州和北海道的海港和码头建筑遭到严重的破坏，甚至连巨轮也被抛上陆地。1970年秘鲁大地震，瓦斯卡兰山北峰泥石流从3750m高度泻下，流速达320km/h，摧毁淹没了村镇和建筑，使地形改观，死亡达25000人。2011年日本宫城县以东太平洋海域的大地震引发了高达10m的巨大海啸，造成了十分严重的人员伤亡、财产损害和核电站泄漏事故。

1.4 结构的抗震设防

1.4.1 抗震设防依据

1.基本烈度和地震动参数

我国使用基本烈度的概念来对某地区未来一定时间内可能发生的最大烈度进行预测，并编制了《中国地震烈度区划图》，一般情况下可采用《中国地震动参数区划图》的地震基本烈度或设计地震动参数作为抗震设防依据。

2.地震小区划

地震烈度区划考虑了较大范围的平均的地质条件，对大区域地震活动水平做出了预测。震害经验表明，即使同一地区，场地不同，建筑物受到震害的程度也就不同，也就是说，局部场地条件对地震动的特性和地震破坏效应存在较大影响。地震小区划就是在地震烈度区划的基础上，考虑局部场地条件，给出某一区域（如一个城市）的地震烈度和地震动参数。

3.设计地震分组

在同样烈度下，将抗震设计分为震中距离近、震中距离中等、震中距离远三组。

1.4.2 建筑物重要性分类与设防标准

1.建筑的抗震设防类别

根据不同建筑使用功能的重要性不同，按其受地震破坏时产生的后果，《建筑工程抗震设防分类标准》(GB 50223—2008)将建筑分为甲、乙、丙、丁四个抗震设防类别，具体如图1—10所示。

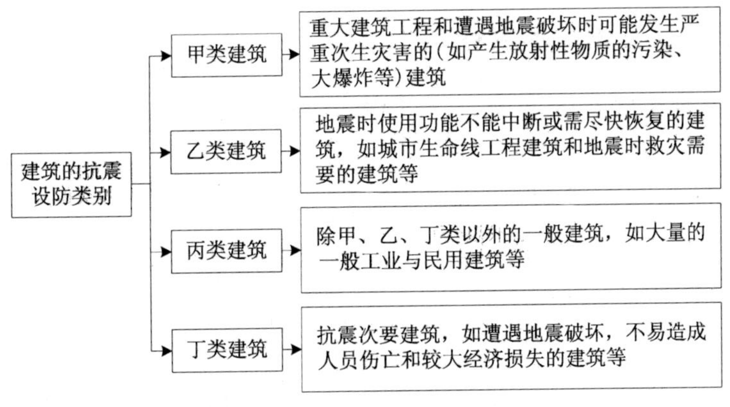

图 1－10　建筑抗震的设防类别

2. 建筑抗震设防标准

对于不同抗震设防类别的建筑，抗震设计时可采用不同的抗震设防标准。我国规范对各抗震设防类别建筑的抗震设防标准，在地震作用计算和抗震措施方面作了规定，如图 1－11 所示。

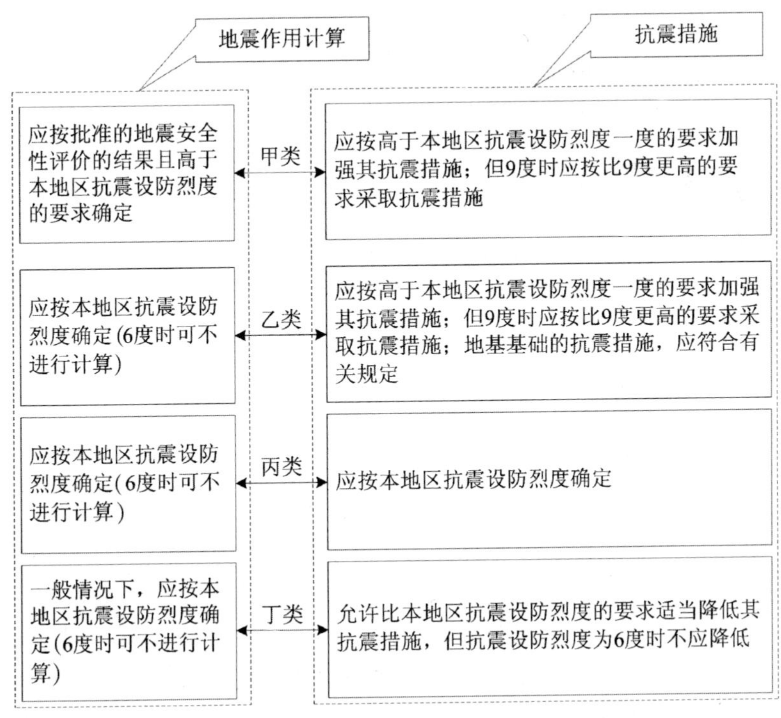

图 1－11　建筑抗震设防标准

1.4.3 建筑抗震设防的目标

我国《抗震规范》提出的“三水准”抗震设防目标如图 1－12 所示。

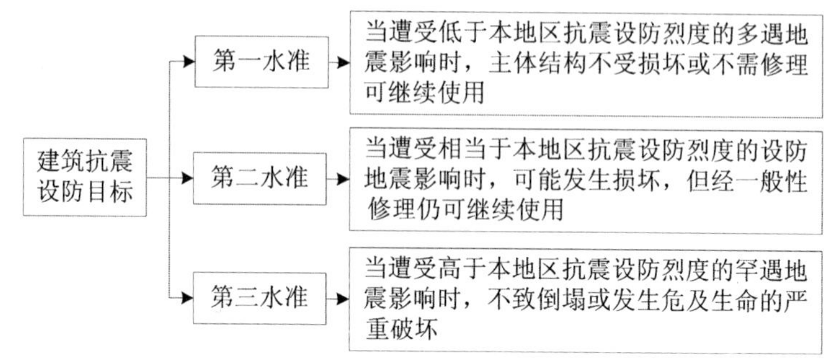

图 1－12　建筑抗震设防的目标

基于上述抗震设防目标，建筑物在设计使用年限内，会遭遇到不同频度和强度的地震，从安全性和经济性的综合协调考虑，不同建筑物对这些地震应具有不同的抗震能力。这可以用 3 个地震烈度水准来考虑，即多遇烈度、基本烈度和罕遇烈度。

1.5 抗震设计的基本要求

1.5.1 建筑物场地的选择

地震时，场地条件直接影响着建筑物被毁坏的程度，抗震设防区的建筑工程选择场地时应选择对建筑抗震有利的地段，避开不利的地段，不应在危险地段建造甲、乙、丙类建筑。

1.5.2 建筑结构的规则性

1.建筑平面布置应简单规整

建筑结构的简单和复杂可通过其平面形状来区分(图 1－13)。地震区房屋的建筑平面以方形、矩形、圆形为好，正六角形、正八边形、椭圆形、扇形次之。三角形平面虽然也属简单形状，但是由于它沿主轴方向不都是对称的，在地震作用下容易发生较强的扭转振动，对抗震不利，因而不是抗震结构的理想平面形状。此外，带有较长翼缘的 T 形、L 形、U 形、H 形、Y 形等平面(图 1－14)对抗震结构性能也不利。

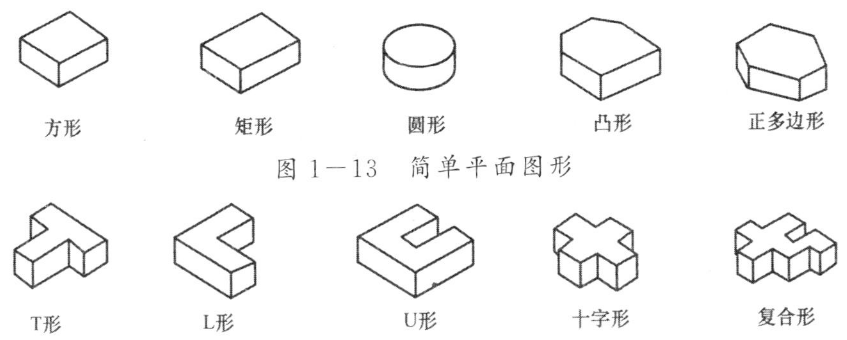

图 1—13 简单平面图形

图 1—14 复杂平面图形

平面不规则有以下几种类型。

(1)扭转不规则。楼层的最大弹性水平位移大于该楼层两端弹性水平位移平均值的 1.2 倍，如图 1—15(a)所示。

(2)凹凸不规则。结构平面凹进的一侧尺寸大于相应投影方向总尺寸的 30%，如图 1—15(b)所示。

(3)楼板局部不连续。楼板的尺寸和平面刚度急剧变化。例如，开洞面积大于该楼层面积的 30%，或较大的楼层错层，或有效楼板宽度小于该层楼板典型宽度的 50%，如图 1—15(c)所示。

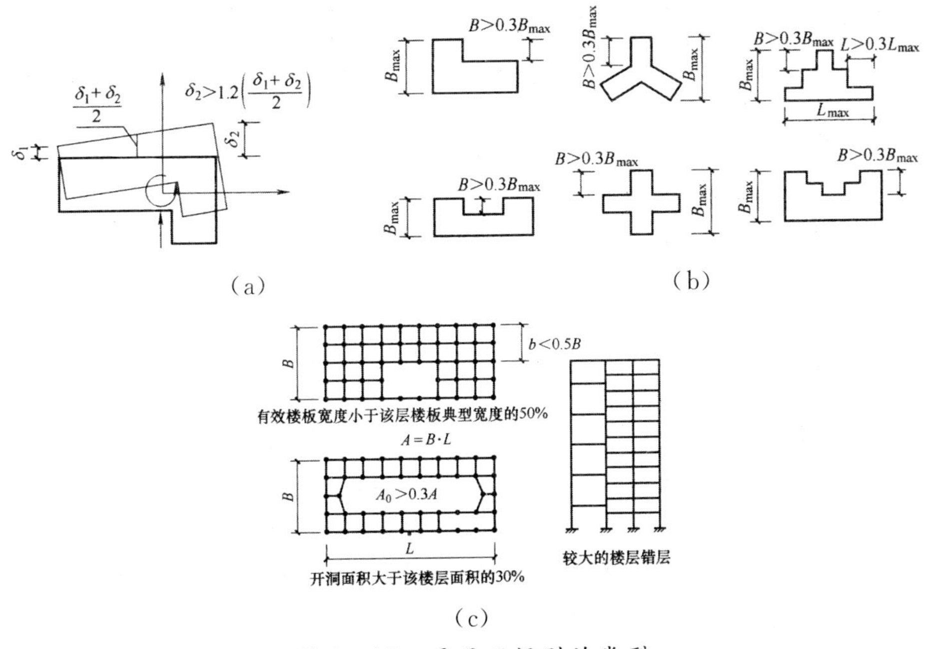

图 1—15 平面不规则的类型

(a)扭转不规则；(b)凹凸不规则；(c)楼板局部不连续

2.建筑物竖向布置应均匀和连续

建筑体形复杂会导致结构体系沿竖向的强度与刚度分布不均匀，在地震作用下容易使某一层或某一部位率先屈服而出现较大的弹塑性变形。例如，立面突然收进的建筑或局部突出的建筑，会在凹角处产生应力集中；大底盘建筑，在低层裙房与高层主楼相连处，体形突变引起刚度突变，使裙房与主楼交接处的塑性变形集中；柔性底层建筑，因底层需要开放大空间，上部的墙、柱不能全部落地，形成柔弱底层。

竖向不规则的类型如下：

(1)侧向刚度不规则(图 1—16(a))。

(2)竖向抗侧力构件不连续(图 1—16(b))。

(3)楼层承载力突变(图 1—16(c))。

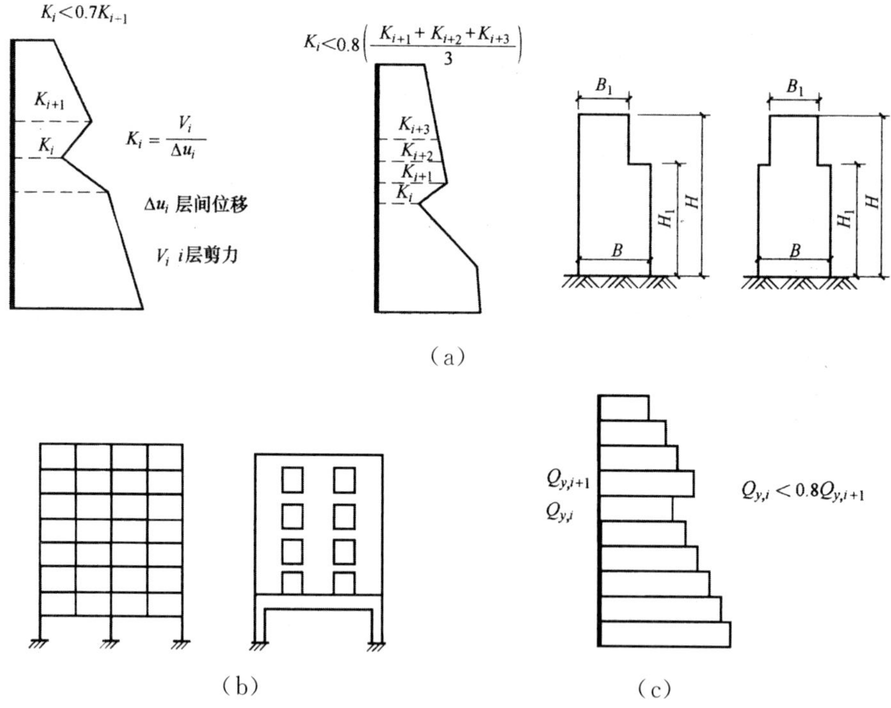

图 1—16　竖向不规则的类型

(a)侧向刚度不规则；(b)竖向抗侧力构件不连续；(c)楼层承载力突变

3.刚度中心和质量中心应一致

房屋中抗侧力构件合力作用点的位置称为质量中心。地震时，如果刚度中心和质量中心不重合，会产生扭转效应使远离刚度中心的构件产生较大应力而严重破坏。例如，前述具有伸出翼缘的复杂平面形状的建筑，伸出端往往破坏较重。又如，建筑上将质量较大的特殊设备、高架游泳池偏设，造成质心偏离刚心，同样也会产生扭转效应。

4.复杂体形建筑物的处理

房屋体形常常因其使用功能和建筑美观的限制，不易布置成简单规则的形式。对于体形复杂的建筑物可采取下面两种处理方法：设置建筑防震缝，将建筑物分隔成规则的单元，但设缝会影响建筑立面效果，容易引起相邻单元之间碰撞；不设防震缝，但应对建筑物进行细致的抗震分析，采取加强措施提高结构的抗变形能力。

1.5.3 抗震结构体系

1.结构屈服机制

结构屈服机制可以根据地震中构件出现屈服的位置和次序将其划分为两种基本类型：层间屈服机制和总体屈服机制。层间屈服机制是指结构的竖向构件先于水平构件屈服，塑性铰首先出现在柱上，只要某一层柱上下端出现塑性铰，该楼层就会整体侧向屈服，发生层间破坏，如弱柱型框架、强梁型联肢剪力墙等。总体屈服机制是指结构的水平构件先于竖向构件屈服，塑性铰首先出现在梁上，使大部分梁甚至全部梁上出现塑性铰，结构也不会形成破坏机构，如强柱型框架、弱梁型联肢剪力墙等。总体屈服机制有较强的耗能能力，在水平构件屈服的情况下，仍能维持相对稳定的竖向承载力，可以继续经历变形而不倒塌，其抗震性能优于层间屈服机制。

2.多道抗震防线

框架－抗震墙结构是具有多道防线的结构体系，它的主要抗侧力构件抗震墙是第一道防线，当抗震墙部分在地震作用下遭到损坏后，框架部分则起到第二道防线的作用，可以继续承受水平地震作用和竖向荷载。还有些结构本身只有一道防线，若采取某些措施，改善其受力状态，增加抗震防线。如框架结构只有一道防线，若在框架中设置填充墙，可利用填充墙的强度和刚度增设一道防线。在强烈地震作用下，填充墙首先开裂，吸收和消耗部分地震能量，然后退出工作，此为第一道防线；随着地震反复作用，框架经历较大变形，梁柱出现塑性铰，可看作第二道防线。

1.5.4 结构构件与非结构构件

结构构件要有足够的强度，其抗剪、抗弯、抗压、抗扭等强度均应满足抗震承载力要求。

结构构件的刚度要适当。若构件刚度太大，会降低其延性，增大地震作用，还要多消耗大量材料。抗震结构要在刚柔之间寻找合理的方案。

结构构件应具有良好的延性。从某种意义上说，结构抗震的本质就是延性，提高构件延性可以增加结构抗震潜力，增强结构抗倒塌能力。采取合理构造措施可以提高和改善构件延性，如砌体结构具有较大的刚度和一定的强度，但延性较差，若在砌体中设置圈梁和构造柱，将墙体横竖相箍，可以大大提高其变形能力。又如钢筋混凝土抗震墙刚度大强度高，但延性不足，若在抗震墙中用竖缝把墙体划分成若干并列墙段，则可以改善墙体的变形能力，做到强度、刚度和延性的合理匹配。

构件之间要有可靠连接，保证结构空间整体性。

设计时要考虑非结构的墙体对结构抗震的有利和不利影响，采取妥善措施。

与非结构的墙体不同的是，附属构件或装饰物这些构件不参与主体结构工作。

1.5.5 隔震与消能

隔震与消能技术的采用，应根据建筑抗震设防类别、设防烈度、场地条件、结构方案及使用条件等，经对结构体系进行技术、经济可行性的综合对比分析后确定。

采用隔震与消能技术的建筑，在遭遇本地区各种强度的地震时，其上部结构的抗震能力应高于相应的一般建筑，并且除隔震器连接基础与上部结构外，所有结构及管道应采取适应隔震层地震时变形的措施。

要有防止隔震器意外丧失稳定性而发生严重破坏的保证措施。

还应考虑隔震器与耗能部件便于检修和替换。

第 2 章　结构抗震概念设计

建筑抗震概念设计可以概括为：选择建筑场地，把握建筑形体和结构的规则性，选择合理的抗震结构体系，充分利用结构延性，重视非结构因素等等。其目的是为了在总体上消除建筑抗震的薄弱环节，正确和全面地把握结构的整体性能，使所设计出的建筑具有良好的抗震性能。

2.1 建筑场地的选择

建筑场地的选择往往要考虑城乡规划、经济、气候、生态、地质、技术以及社会文化等各方面因素，地震影响也是一个很重要的决策因素。地震灾害表明，建筑的破坏不仅与建筑本身的抗震性能有关，还与建筑物所在场地条件有关。根据场地的地表、地形、地下条件，以及土的天然特性不同，由基岩传来的地震动有可能被减小或被放大，导致建筑物的破坏程度有所不同。因此，在进行城乡规划和设计新建筑物时，首先应注意建筑场地的选择。

2.1.1 有利地段

抗震有利地段，指的是稳定基岩、坚硬土，或开阔、密实、均匀的中硬土等地段。

地震波会由于地形凸起部分内部反射形成能量集中效应，因此，山顶地震波放大效应远大于平地，山顶建筑的震害程度重于平地建筑震害程度。海城地震时，从位于大石桥盘龙山高差约 50m 的两个测点上所测得的强余震加速度峰值记录表明，位于孤突地形上的加速度峰值是坡脚平地上加速度峰值的 1.84 倍，图 2－1 表示了这种地表地形的放大作用。

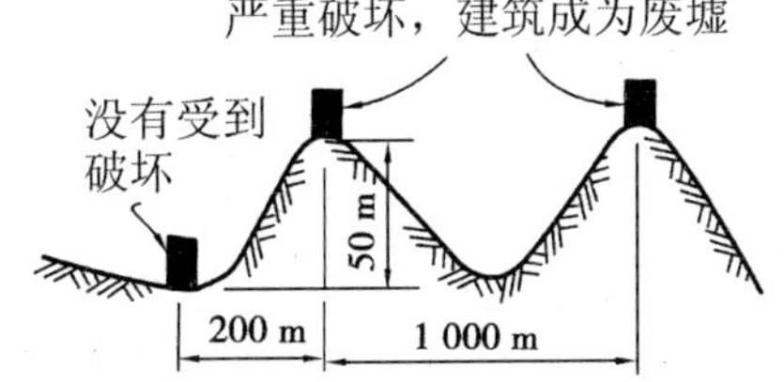

图 2－1　不同地形的震害

震害调查结果表明，场地土坚硬程度不同，其上建筑的震害程度也有不同。一般来说，地基土坚硬，房屋破坏轻；反之，破坏重。坚硬程度不同的场地土的地震动强度，差异很大。表 2－1 为 1985 年墨西哥地震不同场地土上记录到的地震动参数，可以看出，古湖床软土的地震动参数的硬土的相比较，加速度增加约 4 倍，速度增加约 5 倍，位移增加约 1.3 倍，结构最大加速度增加约 9 倍。

表 2－1　墨西哥地震不同场地土上记录到的地震动参数

场地土类型	水平地震动参数			结构（阻尼比 5%）最大加速度 g
	加速度 g	速度（cm/s）	位移（cm）	
岩石	0.03	9	6	0.12
硬土	0.04	10	9	0.10
软硬土过渡区	0.11	12	7	0.16
软土（古湖床）	0.20	61	21	1.02

2.1.2 不利和危险地段

抗震不利地段，包括软弱土、液化土，条状突出的山嘴、高耸孤立的山丘，非岩质的陡坡，河岸和边坡的边缘，平面分布上成因、岩性、状态明显不均匀的土层等地段。抗震危险地段，是指地震时可能发生滑坡、崩塌、地陷、地裂、泥石流等的地段及发震断裂带上可能发生地表位错的部位。

抗震危险地段与不利地段的主要差异体现在危险地段在地震时场地、地基的稳定性可能遭到破坏，建造在其上的建筑物地震破坏不易用工程措施加以解决，或所花代价极为昂贵。

断层是地质构造上的薄弱环节，从对建筑物危害的角度来看，断层可以分为发震断层和非发震断层。

2.2 建筑形体与结构规则性

建筑形体是指建筑平面形状和立面、竖向剖面的变化，一般情况下，它主要由场地形状、场地的建筑布置要求、相关规划以及建筑师或业主的理念决定。建筑结构的平面、立面规则与否，对建筑的抗震性具有重要的影响。建筑结构不规则，可能造成较大扭转，产生严重应力集中，或形体抗震薄弱层。国内外多次震害表明，房屋体形不规则、平面上凸出凹进、立面上高低错落，破坏程度比较严重，而简单、对称的建筑的震害较轻。

2.2.1 建筑平面

建筑平面布置宜简单、规则，尽量减少凸出、凹进等复杂平面，尽可能使刚度中心与质量中心靠近，减少扭转。建筑物较理想的平面形状为方形、矩形、圆形、正多边形、椭圆形等，但在实际工程中，建筑物也会出现 L 形、T 形、Y 形等各种平面形状，这一类平面也不一定就是不规则平面。

对于如图 2—2 所示的建筑结构平面的扭转不规则，假设楼板平面内为刚性，当最大层间位移与层间位移平均值的比值为 1.2 时，相当于层间位移最小一端为 1.0，层间位移最大一端为 1.45。

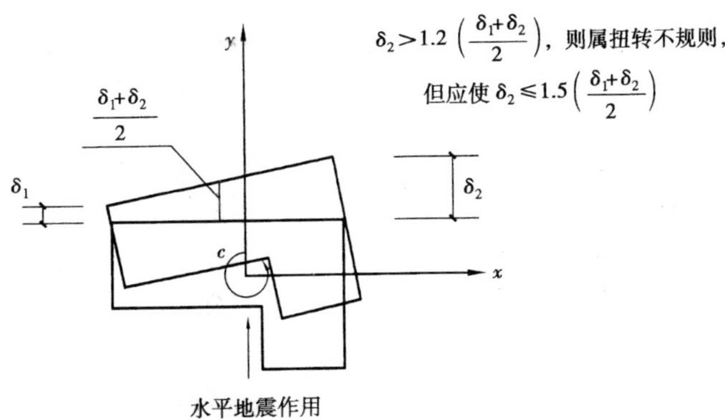

图 2—2　建筑结构平面的扭转不规则

对于如图 2—3 所示的凹凸不规则，建筑平面的凹凸尺寸应尽可能小，这是为了保证楼板在平面内有很大的刚度，同时也是为了避免建筑各部分之间振动不同步、凹凸部位局部破坏。

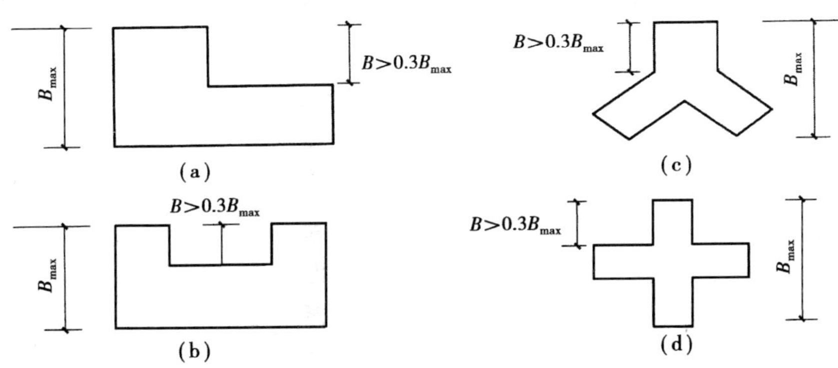

图 2—3　建筑结构平面的凹凸不规则

楼板洞口过大将削弱其平面内刚度，结构分析时若仍采用楼板平面内为刚性的假定，则开洞部位的抗侧力构件的内力计算值就会偏小，导致不安全。错层部位的短柱、矮墙地震剪力复杂，地震时很容易发生较严重的破坏，这些都是不利于抗震的，如图 2－4 所示。

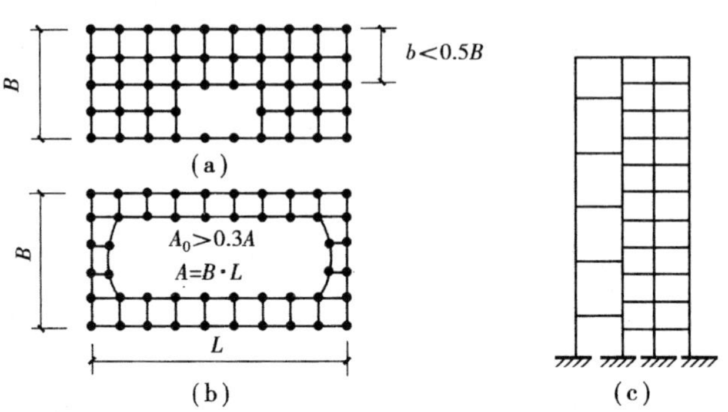

图 2－4 建筑结构平面的楼板局部不连续

此外，平面的长宽比不宜过大，一般宜小于 6。这是由于平面长宽比过大的建筑对土体的运动差异非常敏感，不同部位地基震动的差异带来建筑内水平振动和竖向振动各自的差异和不同步，并伴随扭转振动的发生，导致结构受损，如图 2－5 所示。

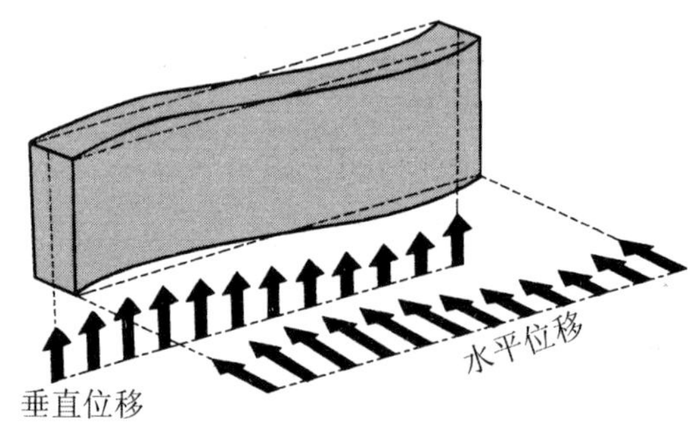

图 2－5 平面长宽比过大的建筑

在简单的平面中，如果结构刚度在平面的分布不均匀，与质量中心有偏差，仍然会产生扭转。地震作用是地面运动在建筑物中引起的惯性力，其作用点在建筑的质量中心。而建筑抗水平作用的能力是由其刚度保证的，结构抗力的合力通过其刚度中心。如果结构的刚度中心偏离建筑的质量中心，则结构即使在地面平动作用下，也会产生扭转振动（图 2－6），且刚度中心 CR 与质量中心 CG 的距离越大，扭矩就越大。距离刚度中心较远一侧的结构构件（如角部），由于扭转，侧移量加大很多，所分担的水平地震剪力显著增大，容易出现破坏，甚至导致整体结构因一侧构件失效而倒塌，如图 2－7 所示。

因此，在结构布置中应特别注意具有很大侧向刚度的钢筋混凝土墙体和钢筋混凝土芯筒的位置，力求在平面上对称，不宜偏置在建筑的一边，如图 2－8 所示。

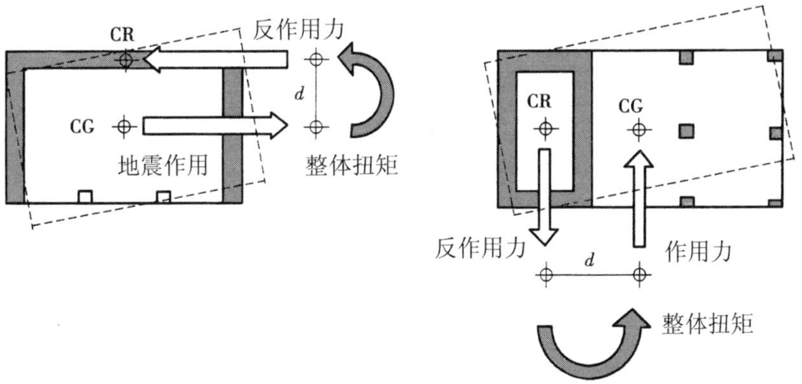

图 2－6　刚度中心偏离质量中心引起的扭转

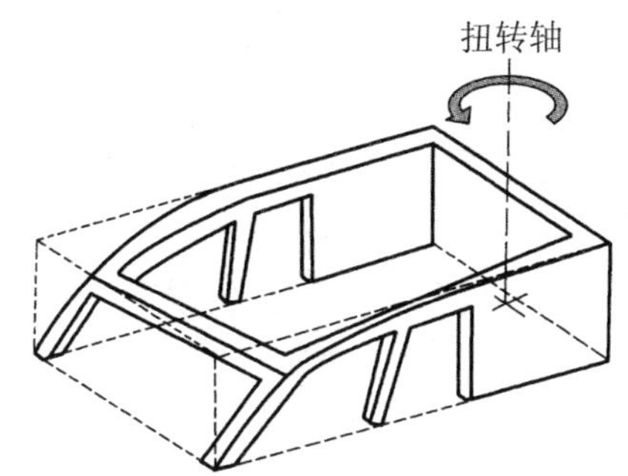

图 2－7　距离刚度中心较远一侧的结构构件扭转破坏

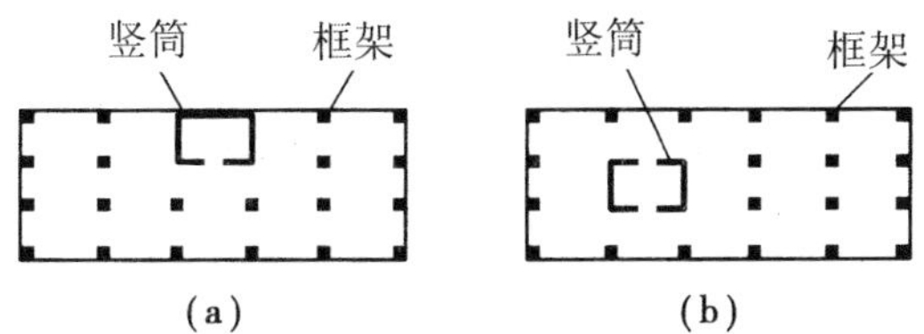

图 2－8　结构刚度在平面上的分布不均匀

2.2.2 建筑立面

建筑立面形状的突变，必然带来质量和侧向刚度的突变，地震时会导致突变部位产生过大的地震反应或弹塑性变形，加重建筑物破坏。因此，地震区的建筑物，沿竖向结构质量和侧向刚度不宜有悬殊变化，尽量不采用突变性的大底盘建筑（图 2－9）；尽量避免出现过大的内收（图 2－10），因为楼层收进形成的凹角是应力集中的部位，收进越深，应力集中越大。如果上部收进层结构刚度很小（图 2－10(a)），就有可能产生鞭梢效应，使上部结构发生倾倒。带有大悬挑的阳台或楼层也是不合理的（图 2－11），大悬挑结构根部容易产生裂缝，导致大悬挑与主体结构脱离。当然，普通尺寸的悬挑阳台是允许的。

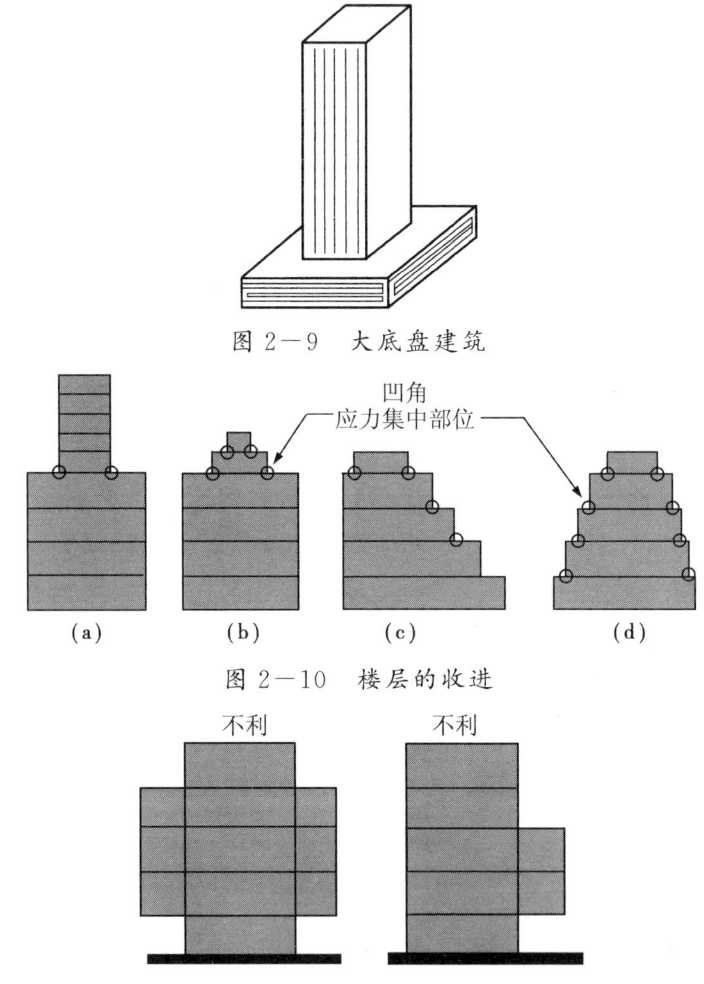

图 2－9　大底盘建筑

图 2－10　楼层的收进

图 2－11　大悬挑结构

建筑立面采用矩形、梯形和三角形等均匀变化的几何形状为好，以求沿竖向质量、刚度变化均匀，如图 2－12 所示。

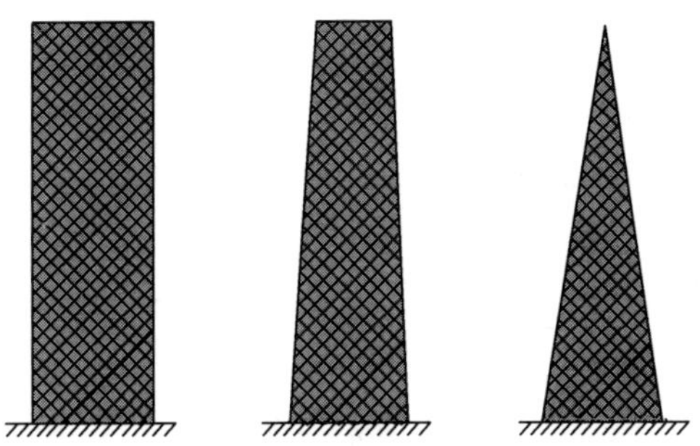

图 2—12　良好的建筑立面

侧向刚度不规则是指侧向刚度沿竖向产生突变，如图 2—13 所示。侧向刚度小的楼层易形成薄弱层，在地震作用下，塑性变形集中发生在薄弱层，加速结构破坏、倒塌，如图 2—14 所示。

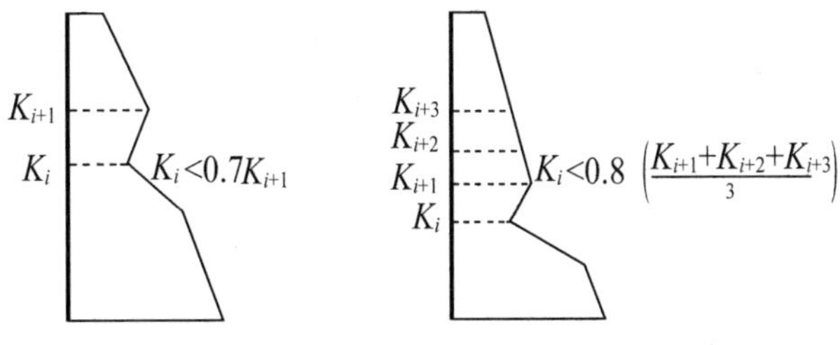

图 2—13　沿竖向的侧向刚度不规则

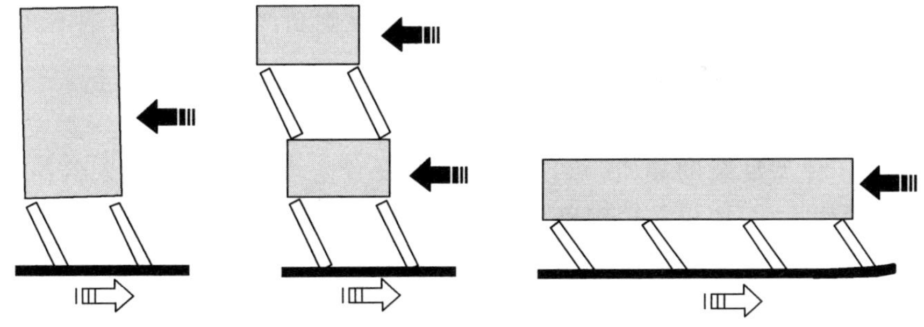

图 2—14 薄弱层破坏

竖向抗侧力构件不连续是指框架柱或抗震墙不落地，如图 2—15 所示。这些不落地的框架柱或抗震墙承担的地震作用不能直接向下传给基础，而是由转换构件向下传递。转换构件一旦破坏，则后果严重。

楼层的受剪承载力沿高度突变的情况如图 2—16 所示。层间受剪承载力小的楼层也易形成薄弱层。薄弱层在地震作用下率先屈服，刚度降低，产生明显的弹塑性变形，而其他楼层不屈服，耗能作用不能充分发挥，不利于结构抗震。

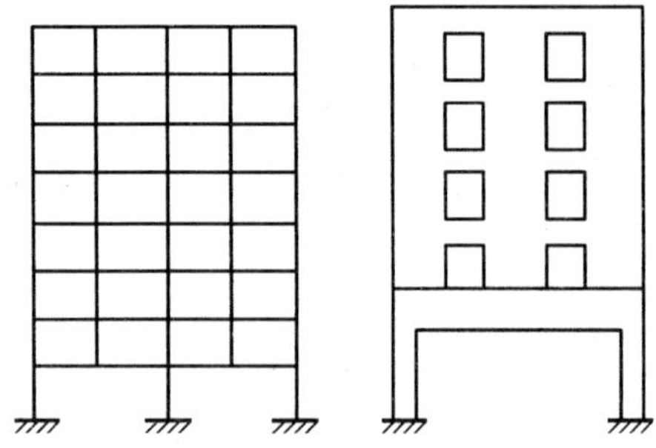

图 2—15　竖向抗侧力构件不连续

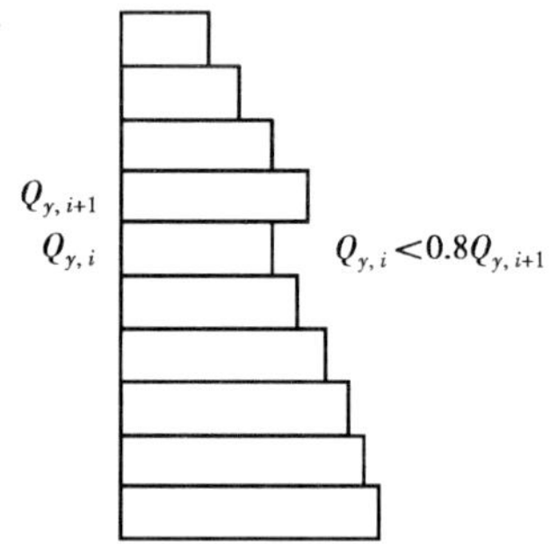

图 2—16　楼层承载力突变

工程实际情况千变万化，出现不规则的建筑设计方案是不可避免的。建筑结构按不规则的程度，分为不规则、特别不规则和严重不规则 3 种程度。

2.2.3 防震缝

对于体型复杂的建筑，可以通过合理设置防震缝，将其分成若干个“规则”的结构单元，使得各结构单元独立振动，降低结构抗震设计的难度。如图 2—17 所示，通过设置防震缝可将平面凸凹不规则的 L 形建筑划分为两个规则的矩形结构单元。但是，在建筑中设置防震缝也会带来一些问题：一是改变了结构的自振周期，有可能使结构自振周期与场地卓越周期接近而加重震害；二是要保证防震缝上下都有一定的宽度，否则地震时可能造成相邻结构单元之间的碰撞而加重震害；三是影响建筑立面、多用材料、构造复杂、防水处理困难。例如：1976 年唐山地震中，在京津唐地区设缝的高层建筑（缝宽 50～150mm），除北京饭店东楼（18 层，框架—剪力墙结构，缝宽 600mm）外，均发生不同程度的碰撞。

建筑结构设计和施工经验表明，体型复杂的建筑并不一概提倡设防震缝，而应当调整平面尺寸和结构布置，采取构造措施和施工措施，可设缝可不设缝时就不设缝，能少设缝时就少设缝，必须设缝时，应保证必要的缝宽。

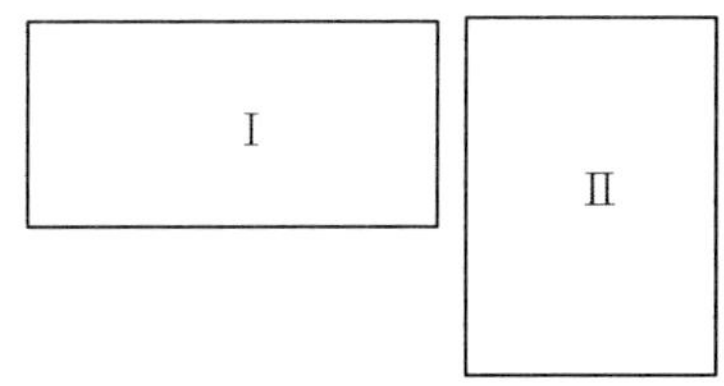

图 2—17　设置防震缝

此外，防震缝在建筑平面和立面均应直线设置，平面和立面不出现卡扣，没有局部的凸出部位和缺口。牛腿和槽形的防震缝是不合理的，如图 2—18 所示。

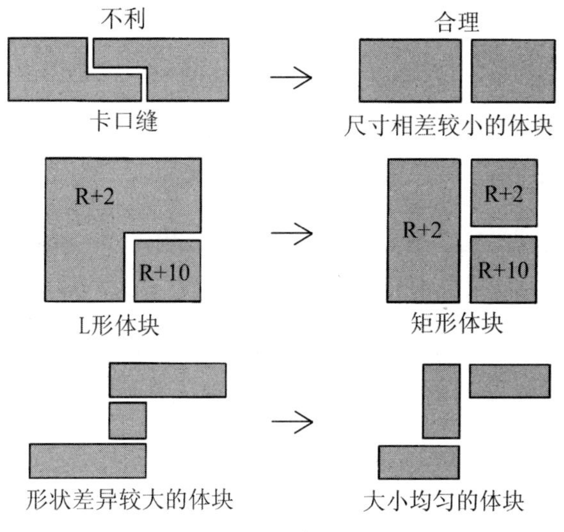

图 2—18　防震缝的设置

2.3 抗震结构选型

抗震结构体系是建筑抗震设计应考虑的关键问题。按结构材料分类，目前常用的建筑结构主要有砌体结构、混凝土结构、钢结构、钢一混凝土混合结构等。抗震结构体系应根据建筑的抗震设防类别、抗震设防烈度、建筑高度、场地条件、地基、结构材料和施工等因素，经技术、经济和使用条件综合比较确定。通常情况下，每个建筑的结构体系应该保持一致性，即一个建筑只能采用一种结构体系。因为不同的结构体系有不同的动力特性，当两个动力特性不同的结构体系相连时，会在连接构件中产生应力集中。如果建筑由防震缝分隔为若干个独立振动的结构单元，则各结构单元的结构体系可以不同。

2.3.1 抗震结构体系的要求

《抗震规范》规定，抗震结构体系应符合下列要求：

①应具有明确的计算简图和合理的地震作用传递途径。

②应避免因部分结构或构件破坏而导致整个结构丧失抗震能力或对重力荷载的承载能力。

③应具备必要的抗震承载力、良好的变形能力和消耗地震能量的能力。

④对可能出现的薄弱部位，应采取措施提高其抗震能力。

如图 2－19(a)所示为荷载传力途径不直接的结构体系，如图 2－19(b)所示为墙体复杂错位洞口导致受力不明确的结构体系，这些都应避免。

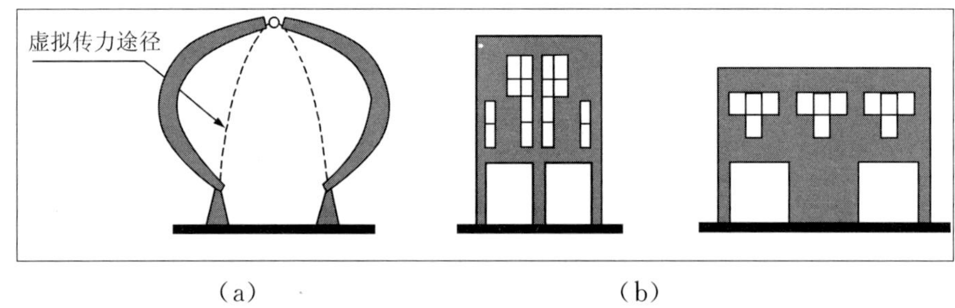

(a)　　(b)

图 2－19　不合理的结构体系

(a)传力路径不直接的结构体系；(b)受力不明确的结构体系

2.3.2 设置多道抗震防线

1.多道抗震防线的必要性

多道抗震防线对保障结构抗震的安全性至关重要。多道抗震防线的含义如下：

①整个抗震结构体系是由若干个延性较好的分体系组成。

②抗震结构体系应有最大可能数量的内部、外部赘余度，能建立起一系列分布的塑性屈服区，使结构能吸收和耗散大量的地震能量，一旦破坏也易于修复。应使第一道设防结构中的某一部分屈服或破坏只会减少结构超静定次数，另一部分抗侧力结构仍能发挥较大作用。设计计算时，需要考虑部分构件出现塑性变形后的内力重分布。例如，对于框架结构，要求“强柱弱梁”，也就是通过梁先于柱屈服来实现内力重分布，提高耗能和变形能力。

尼加拉瓜的马拉瓜市美洲银行大厦，地面以上 18 层，高 61m，就是一个运用多道抗震防线概念的成功实例，其结构布置如图 2－20 所示。

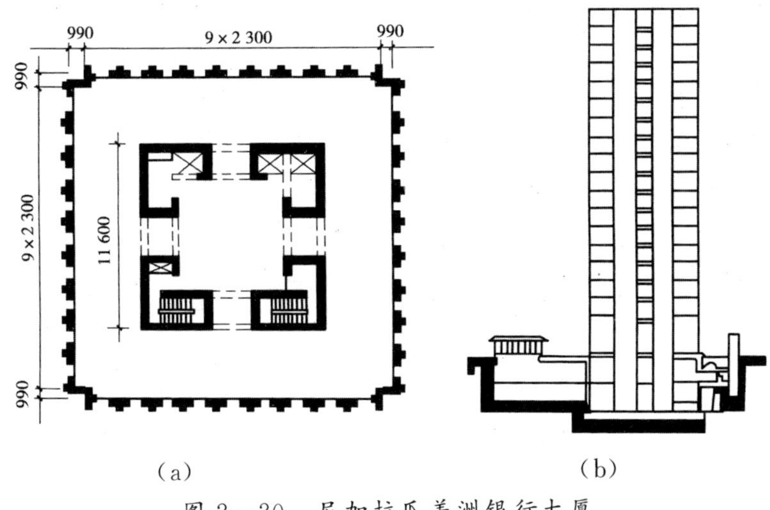

图 2—20 尼加拉瓜美洲银行大厦

2.第一道抗震防线构件的选择

地震的往复作用，使结构遭到严重破坏，而最后倒塌则是结构因破坏而丧失了承受重力荷载的能力。因此，要求充当第一道抗震防线的构件即使有损坏，也不会对整个结构的竖向承载能力有太大影响。例如，对于纯框架体系，框架是整个体系中唯一的抗侧力结构；就重力荷载而言，梁仅承担一层的竖向荷载，而柱承担着上面各楼层的总荷载，它的破坏将危及整个上部楼层的安全，这就要求将框架梁作为第一道抗震防线，框架柱作为第二道抗震防线。对于框架—抗震墙、框架—支撑、框架—筒体等结构体系，由于抗震墙、支撑、筒体的侧向刚度比框架大得多，在水平地震作用下，通过楼板的协同工作，大部分水平力首先由这些侧向刚度大的抗侧力构件承担，而形成第一道抗震防线，框架则成为第二道抗震防线。

3.利用赘余构件增加抗震防线

对于框架—抗震墙、框架—支撑、框架—筒体、内墙筒—外框筒等双重抗侧力体系，还可以利用设置赘余杆件来增加抗震防线。例如，可以将位于同一轴线上的两片单肢抗震墙、抗震墙与框架、两列竖向支撑、芯筒与外框架之间，于每层楼盖处设置一根两端刚接的连梁，如图 2—21 所示。显然，在未用梁连接之前，主体结构已是静定或超静定结构，这些连梁在整个结构中是附加的赘余杆件，其先期破坏并不影响整个结构的稳定。通过合理设计，使结构遭遇地震时，连梁先于主体结构进入屈服状态，用连梁的弹塑性变形来消耗部分地震能量，以达到保护主体结构的目的。从效果上来看，它相当于增多了一道防线，将原来处于第一道抗震防线的主体结构中的构件，推至第二道抗震防线。

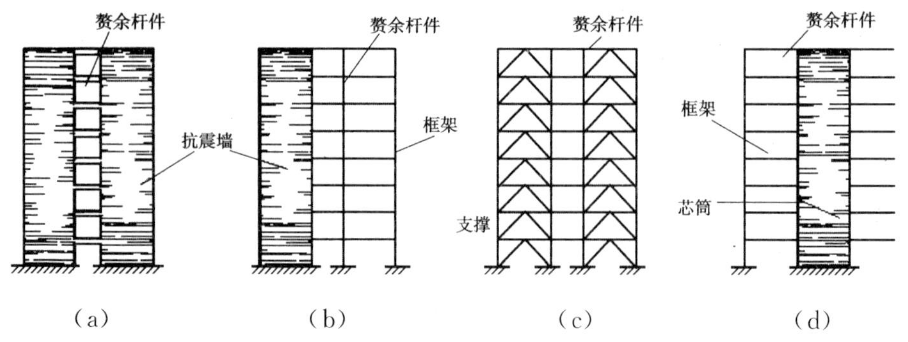

图 2—21　设置赘余杆件来增加抗震防线

(a)双肢墙；(b)框架—抗震墙；(c)两列竖向支撑；(d)芯筒—框架

2.4 结构延性的利用

结构体系的抗震能力是由强度(承载力)、刚度和延性共同决定的，即抗震结构体系应具备必要的强度、刚度和良好塑性变形能力，其吸收的地震能量可以通过力—变形图表示，如图 2—22 所示。显然，仅有较高强度和刚度而无塑性变形能力的脆性结构，吸收地震能量的能力差，一旦遭遇超过设计水平的地震作用，很容易发生破坏甚至突然倒塌；延性结构虽然抗震承载力较低，但吸收地震能量的能力强，能经受住较大的变形，避免结构倒塌，可实现“大震不倒”的设防目标。

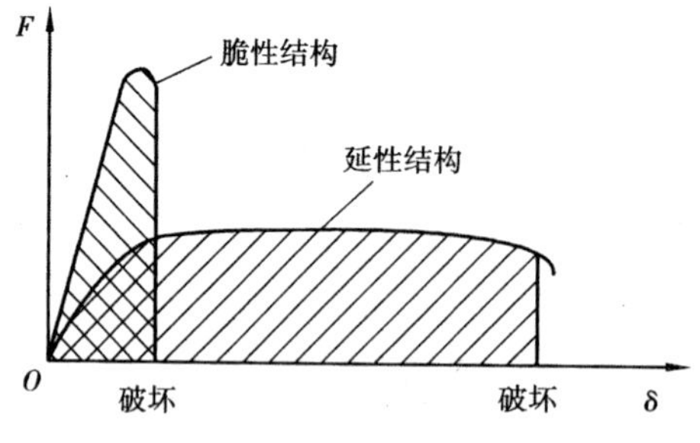

图 2—22　脆性结构与延性结构

2.4.1 延性的概念

结构延性可定义为：结构承载能力无明显降低的前提下，结构发生非弹性变形的能力。这里“无明显降低”的衡量标准一般指不低于其极限承载力的 80%～85%。结构延性的大小一般用延性系数 μ 表示，其表达式为

$$\mu=\frac{\delta'_p}{\delta_y}$$

式中，δ'_p、δ_y 分别为最大允许变形和屈服变形，如图 2－23 所示。

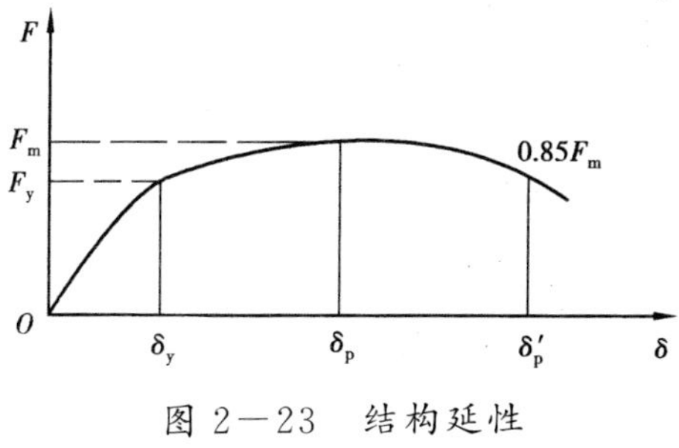

图 2－23　结构延性

2.4.2 延性对结构抗震的作用

结构延性在建筑抗震性能中起着十分重要的作用。弹性结构的地震作用随结构变形的增长而加大，直至结构破坏，其着眼点是强度(承载力)，而用加大抗力来提高结构的抗震能力，这既不经济又不能有效防止结构倒塌。延性结构的地震作用一旦达到结构屈服抗力就不再增长，仅结构变形继续发展，其着眼点是变形能力。塑性变形可吸收大量地震能量，并使结构周期延长，降低地震作用，同时结构还保持着相当的承载能力以承受竖向重力荷载，保证结构不倒塌。因此，提高结构延性，对于增强结构的抗倒塌能力具有重要意义，并可使抗震设计做到经济合理。

2.5 非结构构件的抗震

结构抗震的第一目标是保证生命安全，因此，主体结构的安全性必须得到保证。非结构构件作为非承重结构构件，一般不属于主体结构的一部分，在抗震设计时往往容易被忽视。震害调查表明，很多情况下建筑的主体结构完好地保存了下来，而非结构构件却遭到严重破坏。非结构构件的破坏也会造成倒塌伤人、砸坏设备财产、破坏主体结构等附加灾害，其修复往往花费大量资金并影响建筑功能的使用。同时，在地震作用下，非结构构件受主体结构变形影响，或多或少地参与工作，从而改变了整个结构或某些构件的刚度、阻尼、承载力和传力路线，影响建筑结构的抗震性能。因此，应该重视非结构构件的抗震问题。

2.5.1 非结构构件抗震设防目标

非结构构件在地震中的破坏允许大于结构构件，其抗震设防目标要低于《抗震规范》规定的建筑主体结构“三个水准”抗震设防标准。但非结构构件的地震破坏会影响安全和使用功能，需引起重视，应进行抗震设计。非结构构件的抗震设计涉及的专业领域较多，应由相关专业人员分别负责进行，这里仅介绍涉及主体结构的有关内容。

2.5.2 非结构构件的抗震措施

1.砌体填充墙

在钢筋混凝土框架结构中，隔墙和围护墙采用砌体填充墙时将在很大程度上改变结构的动力特性，对整个结构的抗震性能带来一些有利的或不利的影响，应在工程设计中考虑其有利一面，防止其不利一面。概括起来，砌体填充墙对结构抗震性能的影响有以下几点：

①使结构抗侧刚度增大，自振周期减小，从而增加整个建筑结构的水平地震作用(增加的幅度可达30％～50％)。

②砌体填充墙具有较大的抗侧刚度，可限制框架的变形，从而减小整个结构的侧移。

③改变结构的地震剪力分布状况。由于砌体填充墙参与抗震，分担很大一部分水平地震剪力，反使框架所承担的楼层地震剪力减小。此时，砌体填充墙为第一道抗震防线，框架为第二道抗震防线。

例如，一幢20层钢筋混凝土框架结构体系的住宅建筑，采用砌块作隔墙和围护墙，由于建筑功能上的需要，第6层未设置砌块填充墙。对此建筑按不考虑和考虑填充墙的抗震作用两种情况进行结构地震内力分析，其框架楼层剪力V如图2－24所示。可见，框架所承担的水平地震剪力在第6层处突然增大很多，对整个结构的抗震带来不良影响。

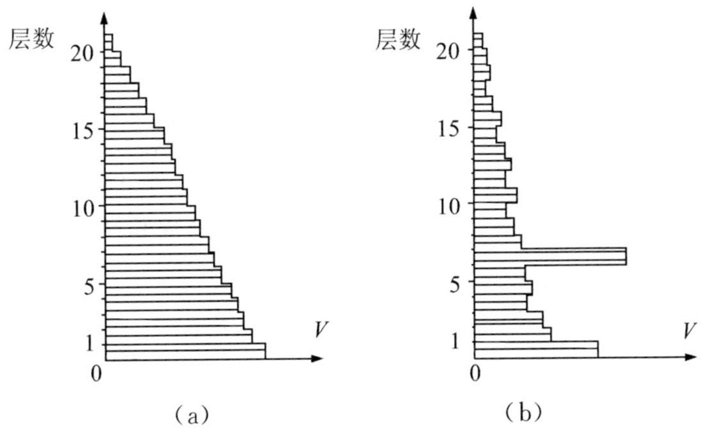

图 2—24　砌体填充墙对框架楼层剪力的影响

(a)不考虑填充墙作用;(b)考虑填充墙作用

④当填充墙处理不当使框架柱形成短柱时,将会造成短柱的剪切破坏,如图 2—25 所示。

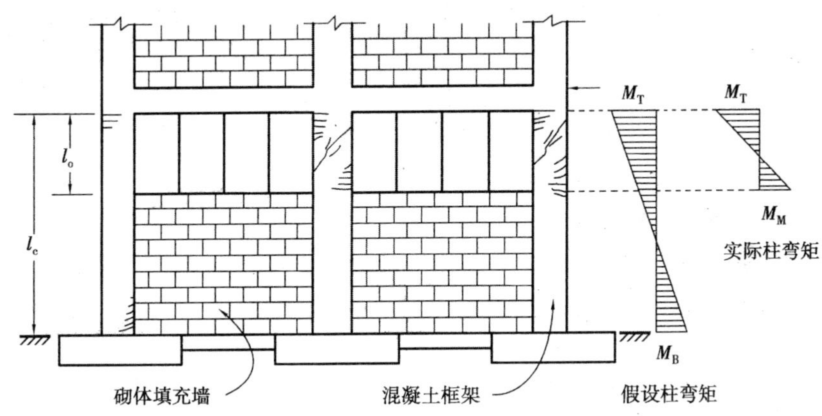

图 2—25　填充墙处理不当使框架柱形成短柱

以上事实说明,框架体系若采用砌体填充墙,设计中必须考虑围护墙和隔墙对结构抗震的不利影响,避免不合理设置导致主体结构的破坏。

2.非结构构件与主体结构的连接

对于附着于楼、屋面结构上的非结构构件(如女儿墙、檐口、雨篷等),以及楼梯间的非承重墙体,因其往往在人流出入口、通道及重要设备附近,其破坏倒塌往往伤人或砸坏设备,故要求与主体结构有可靠的连接或锚固。

对于幕墙和装饰贴面,与主体结构应有可靠连接,避免地震时脱落伤人。现代多、高层建筑中常设置大面积玻璃幕墙,设计此类建筑时,要根据结构在地震作用下可能产生的最大侧移，来确定玻璃与钢框格之间的有效间隙。一般情况下，尽管幕墙的设计已经考虑了风荷载引起的结构侧移以及温度变形等因素，在玻璃与钢框格之间留有一定的间隙，但这样的间隙对于预防地震来说还是偏小的。高层建筑在地震作用下所产生的侧移往往很大，层间位移角有时达到甚至超过1/200，正是由于这个原因，在美国和拉丁美洲发生的较强地震中，一些高层建筑的玻璃幕墙出现大片玻璃挤碎和掉落的震害。

第 3 章　结构抗震计算

结构的地震作用计算、地震反应分析以及抗震验算是建筑结构抗震设计的重要环节。本章将对地震作用的计算方法及结构抗震验算的有关内容进行详细介绍。

3.1 单自由度体系的弹性地震反应分析

3.1.1 运动方程的建立

如图 3－1 所示，单自由度弹性体系，质量为 m，弹性直杆的侧移刚度系数为 K。设地震时地面的水平位移为 $x_g(t)$，质点相对地面的水平位移为 $x(t)$，则质点的总位移为 $x_g(t)+x(t)$。取质点作为隔离体，由动力学原理可知，作用在质点上的水平力有 3 种：惯性力、弹性恢复力及阻尼力。

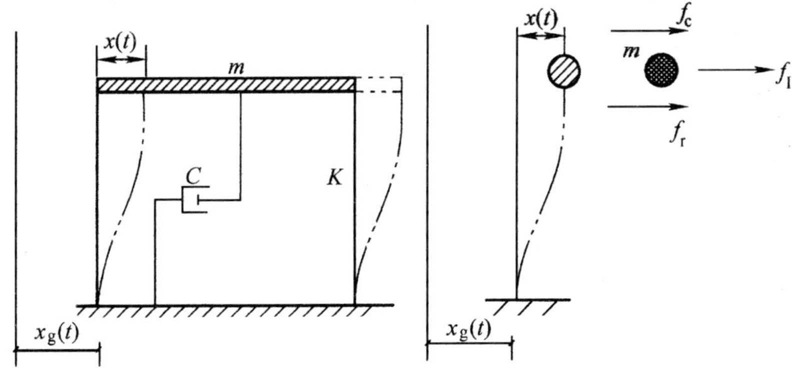

图 3－1　单质点弹性体系在水平地震作用下的变形与受力简图

(1)惯性力 f_I

根据牛顿第二定理，可得

$$f_I=-m\left[\ddot{x}_g(t)+\ddot{x}(t)\right]$$

(2)弹性恢复力 f_r

根据胡克定律，弹性恢复力为

$$f_r=-Kx(t)$$

(3)阻尼力 f_c

阻尼力的计算有几种不同的理论，目前工程计算中应用最多的是粘滞阻尼理论，即

$$f_c=-c\dot{x}(t)$$

式中，c 为阻尼系数。

根据达朗贝尔(D'Alembert)原理，在质点运动的任一瞬时，都有

$$f_r+f_c+f_I=0$$

将 f_I、f_r、f_c 表达式代入后，可以推导出在水平地震作用下单自由度弹性体系的运动方程为

$$-m[\ddot{x}_g(t)+\ddot{x}(t)]-c\dot{x}(t)-Kx(t)=0 \tag{3-1a}$$

或

$$m\ddot{x}(t)+c\dot{x}(t)+Kx(t)=-m\ddot{x}_g(t) \tag{3-1b}$$

为了将式(3－1)进一步简化，令

$$\left.\begin{aligned}\omega&=\sqrt{\frac{K}{m}}\\ \zeta&=\frac{c}{2\omega m}\end{aligned}\right\} \tag{3-2}$$

式中，ω 为圆频率，只与结构固有参数 m 和 K 有关，与外荷载无关，因此也称为体系的固有频率；ζ 为结构阻尼比，可以通过结构的振动试验确定，一般工程结构的阻尼比为 0.01～0.10。

将式(3－2)代入方程(3－1b)整理后得到

$$\ddot{x}(t)+2\zeta\omega\dot{x}(t)+\omega^2x(t)=-\ddot{x}_g(t) \tag{3-3}$$

式(3－3)为一常系数二阶非齐次常微分方程，其通解由两部分组成：一为齐次解，一为特解。前者代表体系的自由振动，后者代表体系在地震作用下的强迫振动。

3.1.2 运动方程的解

1.方程的齐次解

对应方程(3－3)的齐次方程为 $\ddot{x}(t)+2\zeta\omega\dot{x}(t)+\omega^2x(t)=0$，即取式(3－3)等号右边的荷载项等于零，表示质点在振动过程中无外部干扰，体系做自由振动。

对于一般结构，由于其阻尼比较小($\zeta<1$)，齐次方程的解可表示为

$$x(t)=e^{-\zeta\omega t}(A\cos\omega' t+B\sin\omega' t)$$

式中，ω' 为有阻尼单自由度弹性体系的圆频率，$\omega'=\omega\sqrt{1-\zeta^2}$；$A$，$B$ 为任意常

数，由初始条件确定。

若假定 $t=0$ 时体系的初始位移和初始速度分别为 $x(0)$ 和 $\dot{x}(0)$ 则

$$A=x(0),B=\frac{\dot{x}(0)+\zeta\omega x(0)}{\omega'}$$

进一步得到

$$x(t)=\mathrm{e}^{-\zeta\omega t}\left[x(0)\cos\omega' t+\frac{\dot{x}(0)+\zeta\omega x(0)}{\omega'}\sin\omega' t\right] \tag{3-4}$$

根据式(3—4)可以绘出有阻尼单自由度体系自由振动的位移时程曲线，如图 3—2 所示。可知，有阻尼自由振动的曲线是一条逐渐衰减的波动曲线。

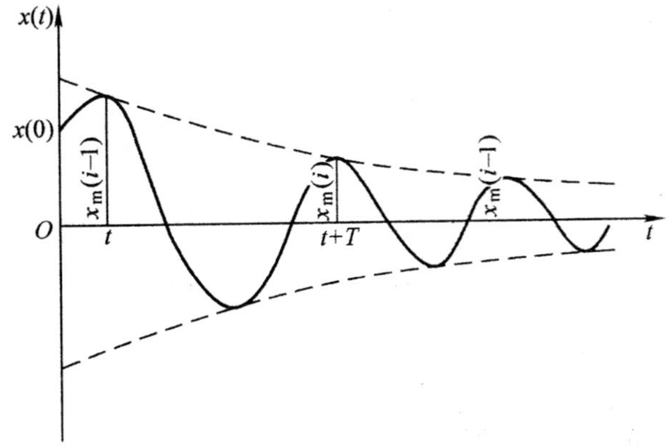

图 3—2　有阻尼状态下单自由度弹性体系的自由振动位移时程曲线

2. 自振周期与自振频率

当 $\zeta=0$ 时，得到无阻尼单自由度体系自由振动位移表达式

$$x(t)=x(0)\cos\omega t+\frac{\dot{x}(0)}{\omega}\sin\omega t$$

由上式可知其为一周期函数，即如果给时间以一个增量 $T=\frac{2\pi}{\omega}$，则位移 $x(t)$ 的数值不变，同时速度 $\dot{x}(t)$ 的数值也不变，也就是每隔一个 T 时间，质点又回到原来的运动状态。T 称为结构的自振周期，它是体系振动一次所需要的时间，单位为 s。

将式(3—2)代入后得到

$$T=\frac{2\pi}{\omega}=2\pi\sqrt{\frac{m}{K}} \tag{3-5}$$

自振周期的倒数即为单位时间内质点振动的次数，称为频率 f。即

$$f=\frac{1}{T} \tag{3-6}$$

频率 f 的单位为 $1/s$，或称为 Hz。

由式(3－5)和式(3－6)可得

$$\omega=\frac{2\pi}{T} \tag{3-7}$$

3.方程的特解——杜哈曼(Duhamel)积分

设一荷载作用于单质点体系，荷载随时间的变化如图 3－3(a)所示。荷载 P 与其作用时间 Δt 的乘积称为冲量，当作用时间为瞬时 dt 时，则称 $P dt$ 为瞬时冲量。根据动量定律，冲量等于动量的增量，即

$$P\,dt=\dot{x}(t)-m\dot{x}(0)$$

设体系原先处于静止状态，则初速度 $\dot{x}(0)=0$，故体系在瞬时冲量作用下获得的速度为

$$\dot{x}(t)=\frac{P\,dt}{m}$$

而原本体系处于静止状态，故初位移 $x(0)=0$。可以认为，在瞬时荷载作用后的瞬间，体系位移仍为零。这样，原来为静止的体系在瞬时冲量的影响下将以初速度$\frac{P\,dt}{m}$作自由振动。根据自由振动的方程式，并令其中的 $x(0)=0$ 和 $\dot{x}(0)=\frac{P\,dt}{m}$，则可得到瞬时咏冲作用下单自由度体系的自由振动位移时程表达式(图 3－3(b)为时程曲线)

$$x(t)=e^{-\zeta\omega t}\frac{P\,dt}{m\omega'}\sin\omega' t \tag{3-8}$$

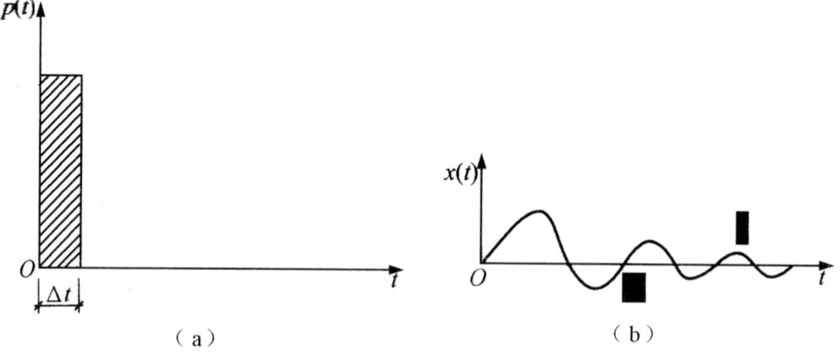

图 3－3　瞬时冲量及其引起的自由振动

运动方程(3－3)的特解就是质点由地震地面运动引起的强迫振动，因此

可以从上述瞬时冲量的概念出发进行推导。将图 3－4(a)所示的地面运动加速度时程曲线看作是无穷多个连续作用的微分脉冲组成。图中的阴影部分就是一个微分脉冲，它在 $t=\tau-\mathrm{d}\tau$ 时刻开始作用在体系上，其作用时间为 $\mathrm{d}\tau$，大小为 $-\ddot{x}_g(\tau)\mathrm{d}\tau$。在这一瞬时冲量作用下，质点的自由振动方程可由式(3－8)得到。只需将式中的 $P\mathrm{d}t$ 改为 $-\ddot{x}_g(\tau)\mathrm{d}\tau$，并取 $m=1$，同时将 t 改为 $t-\tau$，即可得到体系由任意 $t=\tau$ 时刻的地面脉冲 $-\ddot{x}_g(\tau)\mathrm{d}\tau$ 引起的自由振动

$$\mathrm{d}x(t)=\begin{cases}0 & t<\tau \\ -\mathrm{e}^{-\zeta\omega(t-\tau)}\dfrac{\ddot{x}(\tau)\mathrm{d}\tau}{\omega'}\sin\omega'(t-\tau) & t\geqslant\tau\end{cases}$$

只要把这无穷多个脉冲作用后产生的自由振动叠加起来即可求得体系在地震过程中的总位移反应，即对上式进行积分得

$$x(t)=\int_0^t\mathrm{d}x(t)=-\frac{1}{\omega'}\int_0^t\ddot{x}_g(\tau)\mathrm{e}^{-\zeta\omega(t-\tau)}\sin\omega' t(t-\tau)\mathrm{d}\tau$$

式(3－9)称为杜哈曼(Duhamel)积分，它与式(3－4)之和构成了微分方程式(3－3)的通解，即

$$x(t)=\mathrm{e}^{-\zeta\omega(t-\tau)}\left[x(0)\cos\omega' t+\frac{\dot{x}(0)+\zeta\omega x(0)}{\omega'}\sin\omega' t\right]$$
$$-\frac{1}{\omega'}\int_0^t\ddot{x}_g(\tau)\mathrm{e}^{-\zeta\omega(t-\tau)}\sin\omega' t(t-\tau)\mathrm{d}\tau$$

当体系初始处于静止状态时，其初位移 $x(0)$ 和初速度 $\dot{x}(0)$ 均等于零，则式(3－10)第一项自由振动项为零(即使体系初位移和初速度不为零，由于阻尼的存在使得体系自由振动很快衰减，通常也不需考虑此项)，故杜哈曼积分式(3－9)即为单自由度体系地震位移反应的计算公式。考虑到实际工程结构阻尼比 ζ 很小，可近似取 $\omega'=\omega\sqrt{1-\zeta^2}\approx\omega$，故计算弹性体系的地震位移反应公式可写成

$$x(t)=-\frac{1}{\omega'}\int_0^t\ddot{x}_g(\tau)\mathrm{e}^{-\zeta\omega(t-\tau)}\sin\omega(t-\tau)\mathrm{d}\tau \tag{3－11}$$

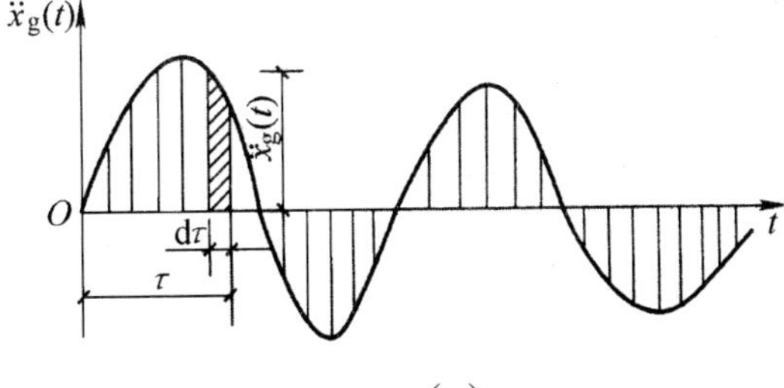

(a)

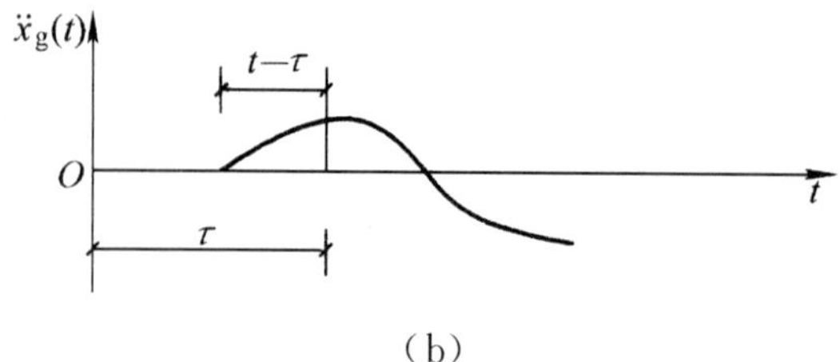

(b)

图 3—4　有阻尼单自由度弹性体系地震作用下运动方程解答图示
(a)地面运动加速度时程曲线;(b)微分脉冲引起的自由振动

3.1.3 水平地震作用与地震加速度反应谱

当地面在地震作用下作水平运动时,作用于单自由度弹性体系质点上的惯性力 $-m[\ddot{x}_g(t)+\ddot{x}(t)]$ 可以得到如下表达方式

$$-m[\ddot{x}_g(t)+\ddot{x}(t)]=Kx(t)+c\dot{x}(t)$$

上式等号右边的阻尼项相对于弹性恢复力项很小,可略去不计,故有

$$-m[\ddot{x}_g(t)+\ddot{x}(t)]=Kx(t) \tag{3-12}$$

这样,在地震作用下质点任一时刻的相对位移 $x(t)$ 将与该时刻的瞬时惯性力 $-m[\ddot{x}_g(t)+\ddot{x}(t)]$ 成正比。①

由式(3—12)可知,水平地震作用是时间 t 的函数,可通过数值积分方法计算出在各个时刻的值。结构在地震过程中所受到的最大水平地震作用可以表示为

$$\begin{aligned} F &= \left|-m[\ddot{x}_g(t)+\ddot{x}(t)]\right|_{\max} \\ &= \left|Kx(t)\right|_{\max} \\ &= m\omega^2\left|-\frac{1}{\omega'}\int_0^t \ddot{x}_g(\tau)e^{-\zeta\omega(t-\tau)}\sin\omega(t-\tau)d\tau\right|_{\max} \\ &= m\omega\left|\int_0^t \ddot{x}_g(\tau)e^{-\zeta\omega(t-\tau)}\sin\omega(t-\tau)d\tau\right|_{\max} \end{aligned} \tag{3-13}$$

令

$$\begin{aligned} a_{\max} &= \omega\left|\int_0^t \ddot{x}_g(\tau)e^{-\zeta\omega(t-\tau)}\sin\omega(t-\tau)d\tau\right|_{\max} \\ &= \frac{2\pi}{T}\left|\int_0^t \ddot{x}_g(\tau)e^{-\zeta\frac{2\pi}{T}(t-\tau)}\sin\frac{2\pi}{T}(t-\tau)d\tau\right|_{\max} \end{aligned} \tag{3-14}$$

① 可以认为这一相对位移是由于惯性力的作用引起的,虽然惯性力并不是真实作用于质点上的力,但惯性力对结构体系的作用和地震对结构体系的作用效果相当,所以通常把这一惯性力看作是一种反映地震对结构体系影响的等效作用,称为水平地震作用。

a_{max}称为单自由度弹性体系的最大绝对加速度。

若给定地震加速度记录和体系的阻尼比，则 a_{max}是体系自振周期 T 的函数。以 T 为横坐标，以 a_{max}为纵坐标可绘制出一条关系曲线，称这类曲线为地震加速度反应谱曲线（图 3－5）。

图 3－6 给出了不同场地条件上的平均加速度反应谱。

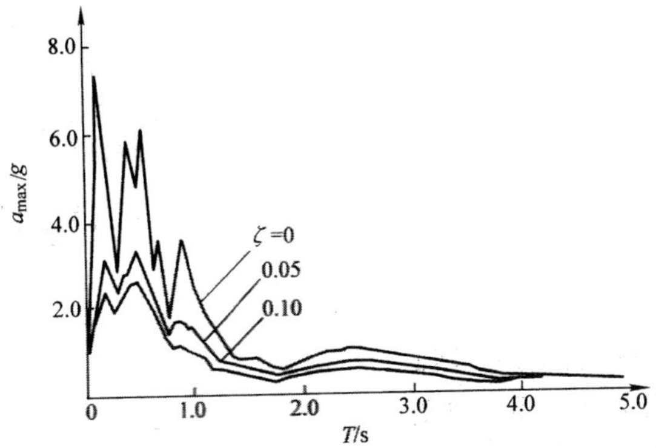

图 3－5　1940 年 El－Centro 地震加速度反应谱曲线

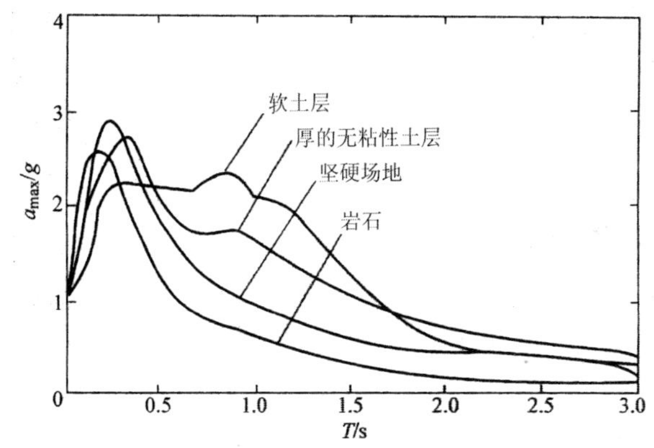

图 3－6　不同场地条件的平均加速度反应谱 $\zeta=0.05$

由式（3－13）和式（3－14）可知，水平地震作用的绝对最大值可表示为单自由度弹性体系的最大加速度 a_{max}与质点质量 m 的乘积，即

$$F=ma_{max} \tag{3-15}$$

利用地震加速度反应谱对结构进行地震作用计算，使得抗震计算这一动力问题转化为相当于静力荷载作用下的静力计算问题；这给结构地震反应分析带来了极大的简化。

3.1.4 地震系数、动力放大系数、水平地震影响系数

式（3－15）为计算水平地震作用的基本公式，为便于应用，在式中引入能

表示地震动强弱的地面运动最大加速度$|\ddot{x}_g(t)|_{max}$而将其改写成如下形式

$$F=ma_{max}=mg\cdot\frac{|\ddot{x}_g(t)|_{max}}{g}\cdot\frac{a_{max}}{|\ddot{x}_g(t)|_{max}}=Gk\beta=G\alpha \tag{3-16}$$

式中,G为重力荷载代表值;k、β、α分别为地震系数、动力系数和水平地震影响系数。

G、k、β、α都具有一定的工程意义,详述如下:

(1)重力荷载代表值G

根据《监护抗震设计规范》规定,建筑的重力荷载代表值应取结构和配件自重标准值加上各可变荷载组合值,即

$$G=G_k+\sum\psi_{Qi}Q_{ik} \tag{3-17}$$

式中,G_k为结构或构件的永久荷载标准值;Q_{ik}为第i个可变荷载标准值;ψ_{Qi}为第i个可变荷载的组合值系数。

(2)地震系数k

地震系数k是指地面运动最大加速度与重力加速度的比值,即

$$k=\frac{|\ddot{x}_g(t)|_{max}}{g}$$

地震系数反映了该地区基本烈度的大小。根据统计分析,烈度每增加一度,地震系数k值大致增加一倍。

(3)动力放大系数β

指单自由度弹性体系的最大加速度反应与地面运动最大加速度的比值,即

$$\beta=\frac{a_{max}}{|\ddot{x}_g(t)|_{max}}=\frac{1}{|\ddot{x}_g(t)|_{max}}\frac{2\pi}{T}\left|\int_0^t\ddot{x}_g(\tau)\,\mathrm{e}^{-\zeta\frac{2\pi}{T}(t-\tau)}\sin\frac{2\pi}{T}(t-\tau)\,\mathrm{d}\tau\right|_{max}$$

它是量纲为一的量,主要反映结构的动力效应,表示由于地震地面运动使得质点的最大绝对加速度比地面最大加速度放大了多少倍。用β作为纵坐标,以T作为横坐标,可绘制出一条$\beta-T$曲线。它实际上就是相对于地面最大加速度的加速度反应谱,两者在形状上完全一致。

(4)水平地震影响系数α

为单质点弹性体系在地震时以重力加速度为单位的质点最大加速度反应,即

$$\alpha=k\beta=\frac{|\ddot{x}_g(t)|_{max}}{g}\cdot\frac{a_{max}}{|\ddot{x}_g(t)|_{max}}=\frac{a_{max}}{g}$$

当基本烈度确定后,地震系数k为常数,α仅随β值而变化。同样,$\alpha-T$曲线也与$a_{max}-T$曲线的形状相同,只是纵坐标为$\frac{a_{max}}{g}$。

3.1.5 抗震设计反应谱

影响地震反应谱的因素很多，结构体系的阻尼、地震动的特性等都将影响地震反应谱曲线，并且地震是随机的，不同的加速度时程 $\ddot{x}_g(t)$ 可以算得不同的反应谱曲线。必须根据同一场地上所得到的大量强震地面运动加速度记录分别计算出相应的反应谱曲线，按照影响反应谱曲线形状的因素进行分类，然后按每种分类进行统计分析，求出其中最有代表性的平均反应谱曲线（通常称其为标准反应谱）。

抗震设计反应谱即是以标准反应谱为基础，基于可靠度理论而人为拟订的规则平滑反应谱。

1.地震影响系数谱曲线

GB J11—1989《建筑抗震设计规范》（简称《89 规范》）提出了反映地震和场地特征的地震影响系数 $\alpha-T$ 曲线。①

2001 年我国对《89 规范》进行了修订，修订后的设计反应谱其范围由 3s 延伸到 6s，在 $5T_g$ 以内与《89 规范》相同，从 $5T_g$ 起改为倾斜下降段，斜率为 0.02，保持了规范的延续性，如图 3－7 所示。

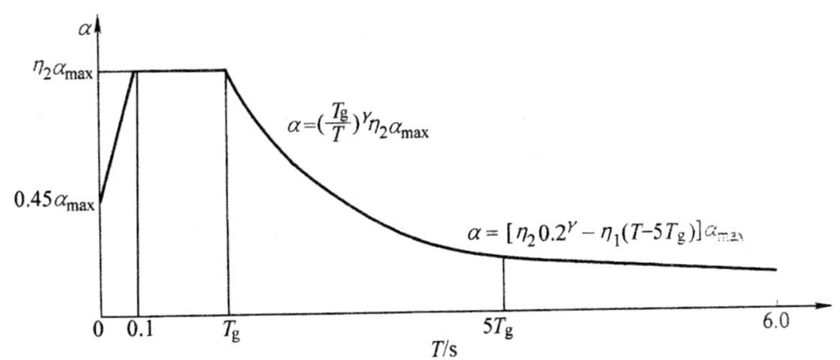

图 3－7　地震影响系数谱曲线

α_{max}—地震影响系数最大值；α—地震影响系数；

η_1—直线下降段的下降斜率调整系数；η_2—阻尼调整系数；

γ—衰减指数；T_g—特征周期；T—结构自振周期

2.地震影响系数最大值 $\boldsymbol{\alpha_{max}}$

由 $\alpha=k\beta$ 知：当基本烈度确定后，地震系数 k 为常数，水平地震影响系数

---

① 它是设计反应谱的具体表达，其周期范围是 0～3s，阻尼比为 0.05，适用于一般的砖石结构和钢筋混凝土结构。

仅仅随 β 值而变化。通过大量的计算分析表明，在相同阻尼比情况下，β 的最大值 β_{max} 的离散性不是很大。为简化计算，《建筑抗震设计规范》取 $\beta_{max}=2.25k$（对应 $\zeta=0.05$），进而有 $\alpha=k\beta_{max}=2.25k$，由此可以得到水平影响系数最大值 α_{max} 与基本烈度的关系。

根据统计资料，多遇地震烈度比基本烈度低约 1.55 度，其对应的 k 值约为相应基本烈度 k 值的 1/3 左右，相当于地震作用值乘以 0.35，从而得到用于第一阶段设计验算的水平地震影响系数最大值。而罕遇地震烈度比基本烈度高 1 度左右（在不同的基本烈度地区有所差别），其对应的 k 值相当于基本烈度对应 k 值的 1.5～2.2 倍，从而可以得到用于第二阶段设计验算的水平地震影响系数最大值。

在图 3－9 中，当自振周期 $T=0$ 时，结构视为一刚体，其最大反应加速度将与地面加速度相等，即 $\beta=l$，故此时

$$\alpha=k=\frac{k\beta_{max}}{\beta_{max}}=\frac{\alpha_{max}}{2.25}=0.45\alpha_{max}$$

即 $0.45\alpha_{max}$ 对应于 $\beta=1$（不放大）时的地震动；α_{max} 对应于 $\beta=2.25$ 时的地震动。

3. 特征周期 T_g

宏观震害资料表明，在强震中距震中较远的高柔建筑，其震害比发生在同一地区的中、小地震中距震中较近的严重得多，这说明随着震源机制不同、震级大小、震中距远近的变化，在同样场地条件的反应谱形状有较大差别。

特征周期 T_g 是反应谱峰值拐点处的周期，反映了当结构的自振周期与场地自振周期相等或接近时，由于共振作用使得结构的地震反应放大。特征周期对应的反应谱的峰值位置与场地类别和震中距直接相关，在《89 规范》中，适当考虑了震级、震中距对谱形状的影响，区分为抗震设计近震和抗震设计远震两组地震影响系数曲线。我国新的地震动参数区划图已较好地考虑了地震震级大小、震中距和场地条件的影响，将同一类场地的反应谱特征周期分为三个区。在 GB 50011—2010《建筑抗震设计规范》中分为三个组，分别为第一组、第二组和第三组。

特征周期 T_g 应根据场地类别和设计地震分组按表 3－3 采用。计算 8、9 度罕遇地震作用时，其值应增加 0.05s。

表3－3　特征周期值（单位：s）

设计地震分组	场地类别				
	I_0	I_1	Ⅱ	Ⅲ	Ⅳ
第一组	0.20	0.25	0.35	0.45	0.65
第二组	0.25	0.30	0.40	0.55	0.75
第三组	0.30	0.35	0.45	0.65	0.90

4.建筑结构地震影响系数曲线的阻尼调整和形状参数

(1)曲线下降段的衰减指数 γ 应按下式确定

$$\gamma=0.9+\frac{0.05-\zeta}{0.3+6\zeta}$$

(2)直线下降断的下降斜率调整系数 η_1 应按下式确定

$$\eta_1=0.02+\frac{0.05-\zeta}{4+32\zeta}$$

当 $\eta_1<0$ 时，取 $\eta_1=0$。

(3)阻尼调整系数 η_2 应按下式确定

$$\eta_2=1+\frac{0.05-\zeta}{0.08+1.6\zeta}$$

当 $\eta_2<0.55$ 时，取 $\eta_2=0.55$。

3.2 多自由度弹性体系的地震反应分析

在实际的建筑结构中，大量的多(高)层工业与民用建筑、工业厂房等，由于质量比较分散，都应简化为多自由度体系来分析：多自由度弹性体系的地震反应分析要比单自由度弹性体系复杂得多，本节将重点介绍两种基本方法：振型分解反应谱法和底部剪力法。

3.2.1 水平地震作用下多自由度体系的运动方程

对于大多数质量和刚度分布比较均匀和对称的多(高)层结构，往往不需要考虑地震作用转动分量的影响，只在结构的两个主轴方向分别考虑水平地震作用，所以，在单一方向水平地震作用下的一个 n 质点的结构体系自由度数为 n。

图 3－8 给出的是多自由度体系在单向水平地震 $x_g(t)$ 作用下的变形示意图。取任意质点 i 为隔离体，m_i 为该质点的集中质量，则作用在其上的力有：

惯性力 $f_{Ii}(t)$

$$f_{Ii}(t)=-m_i[\ddot{x}_i(t)+\ddot{x}_g(t)]$$

弹性恢复力 $f_{ri}(t)$

$$f_{ri}(t)=-[K_{i1}x_1(t)+K_{i2}x_2(t)+\cdots+K_{in}x_n(t)]=-\sum_{j=1}^{n}K_{ij}x_j(t)$$

阻尼力 $f_{ci}(t)$

$$f_{ci}(t)=-[C_{i1}\dot{x}_1(t)+C_{i2}\dot{x}_2(t)+\cdots+C_{in}\dot{x}_n(t)]=-\sum_{j=1}^{n}C_{ij}\dot{x}_j(t)$$

式中，$x_i(t)$、$\dot{x}_i(t)$、$\ddot{x}_i(t)$ 分别为质点 i 在 t 时刻相对于基础的位移、速度和加速度；K_{ij} 为刚度系数，即为质点 i 处产生单位侧移，而其他质点保持不动时，在质点 i 处引起的弹性反力；C_{ij} 阻尼系数，即质点 i 处产生单位速度，而其他质点保持不动时，在质点 i 处产生的阻尼力。

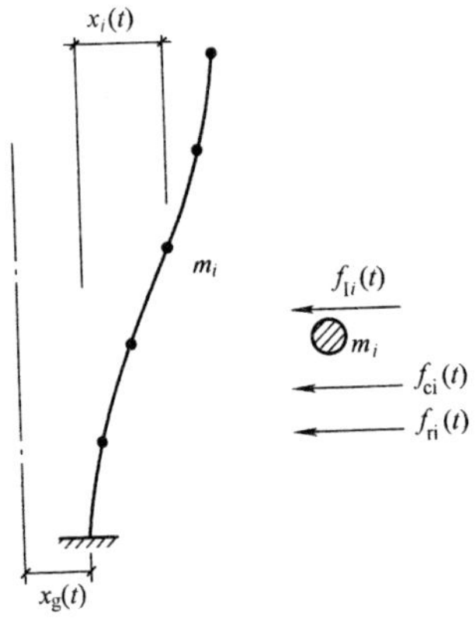

图 3－8 地震作用下多自由度体系计算简图

根据达朗贝尔（D'Alembert）原理，以上作用在质点上的 3 种力在质点运动的任一瞬时都保持相互平衡，即

$$f_{Ii}(t)+f_{ri}(t)+f_{ci}(t)=0$$

进一步得到

$$m_i\ddot{x}_i(t)+\sum_{j=1}^{n}C_{ij}\dot{x}_j(t)+\sum_{j=1}^{n}K_{ij}x_j(t)=-m_i\ddot{x}_g(t)$$

体系有 n 个质点，可写出 n 个如上式的方程，将其组成微分方程组并用矩阵形式表达为

$$[M]\{\ddot{x}(t)\}+[C]\{\dot{x}(t)\}+[K]\{x(t)\}=-[M]\{I\}\ddot{x}_g(t) \tag{3-18}$$

式中，$[M]$为质量矩阵，是一对角矩阵；$[K]$、$[C]$为刚度矩阵和阻尼矩阵，两者均为 $n\times n$ 阶方阵；$\{x(t)\}$、$\{\dot{x}(t)\}$、$\{\ddot{x}(t)\}$分别为各质点相对于基础的位移、速度和加速度的列矢量；$\{I\}$为单位列矢量。

3.2.2 多自由度体系的自振周期与振型分析

1.自振周期及振型的计算

根据多自由度体系的自由振动分析可以得到体系的自振周期（自振频率）以及相应的振型。由式（3－18）可以得到多自由度体系的无阻尼自由振动方程

$$[M]\{\ddot{x}(t)\}+[K]\{x(t)\}=0 \tag{3-19}$$

设其解的形式为

$$\{x(t)\}=\{X\}\sin(\omega t+\varphi)$$

式中，$\{X\}$为体系的振动幅值向量；φ 为初相角。

微分两次得到

$$\{\ddot{x}(t)\}=-\omega^2\{X\}\sin(\omega t+\varphi)=-\omega^2\{x(t)\}$$

将$\{x(t)\}$、$\{\ddot{x}(t)\}$的表达式代入式（3－19），因 $\sin(\omega t+\varphi)\neq 0$，可以得到

$$([K]-\omega^2[M])\{X\}=0$$

由于体系振动过程中$\{X\}\neq 0$（否则体系就不可能产生振动），因此，为了得到$\{X\}$的非零解，根据线性代数理论，式（3－20）的系数行列式必须等于零，即

$$|[K]-\omega^2[M]|=\begin{vmatrix} K_{11}-\omega^2 m_1 & K_{12} & \cdots & K_{1i} & \cdots & K_{1n} \\ K_{21} & K_{22}-\omega^2 m_2 & \cdots & K_{2i} & \cdots & K_{2n} \\ \vdots & \vdots & \ddots & \vdots & \ddots & \vdots \\ K_{i1} & K_{i2} & \cdots & K_{ii}-\omega^2 m_i & \cdots & K_{in} \\ \vdots & \vdots & \ddots & \vdots & \ddots & \vdots \\ K_{n1} & K_{n2} & \cdots & K_{ni} & \cdots & K_{nn}-\omega^2 m_n \end{vmatrix}=0 \tag{3-21}$$

式（3－21）称为体系的频率方程或特征方程。展开后是一个以 ω^2 为未知数的 n 次代数方程，求解可以得到方程的 n 个根（特征值），将其由小到大顺序地排列为 $\omega_1^2<\omega_2^2<\cdots<\omega_n^2$，即为体系的 n 个自振频率。利用式（3－5）可以求得个孔自振周期，将其由大到小顺序地排列为 $T_2>T_2>\cdots>T_n$。自振频率和自振周期称为第一频率和第一周期（或基本频率和基本周期）。

将求得的自振频率值依次回代到式（3－20），便可得到对应于每一频率

值时体系各质点的相对振幅值。在振动过程中的任意时刻，体系各个质点振幅之间的比例始终保持不变。用这些相对振幅值绘制的体系各质点的侧移曲线就是对应于该频率的主振型。

2. 主振型的正交性

多自由度弹性体系作自由振动时，各振型对应的频率各不相同，任意两个不同的振型之间存在着正交性。

①振型关于质量矩阵是正交的，即

$$\{X\}_j^T[M]\{X\}_k=0 \tag{3-22}$$

式中，$\{X\}_j$、$\{X\}_k$ 分别为体系第 j、k 振型的振幅矢量。

其物理意义是：某一振型在振动过程中所引起的惯性力不在其他振型上做功，这说明体系按某一振型作自由振动时不会激起该体系其他振型的振动。

当 $j=k$ 时，式(3－22)不等于零，可用 M_j^* 表示，称为体系第 j 振型的广义质量，则有

$$M_j^*=\{X\}_j^T[M]\{X\}_j \tag{3-23}$$

②振型关于刚度矩阵是正交性的，即

$$\{X\}_j^T[K]\{X\}_k=0 \quad \{j\neq k\} \tag{3-24}$$

$[K]\{X\}_k$ 为体系按尼振型振动时，在各质点处引起的弹性恢复力，上式表示该体系按 k 振型振动所引起的弹性恢复力在 j 振型位移上所作功之和等于零，即体系按某一振型振动时，它的势能不会转移到其他振型上去。

当 $j=k$ 时，式(3－24)不等于零，可用 K_j^* 表示，称为体系第 j 振型的广义刚度，则有

$$K_j^*=\{X\}_j^T[K]\{X\}_j \tag{3-25}$$

③振型关于阻尼矩阵是正交的，由于阻尼矩阵是质量矩阵和刚度矩阵的线性组合，运用振型关于质量和刚度矩阵的正交性原理，振型关于阻尼矩阵也是正交的，即

$$\{X\}_j^T[C]\{X\}_k=0 \quad \{j\neq k\} \tag{3-26}$$

同理，当 $j=k$ 时，可得 j 振型的广义阻尼 C_j^* 为

$$C_j^*=\{X\}_j^T[C]\{X\}_j \tag{3-27}$$

3. 振型分解

按照振型叠加原理，任一质点 m_i 在任一时刻的位移 $x_i(t)$ 可以通过振型的线性组合来表示，即

$$x_i(t)=\sum_{j=1}^{n}q_j(t)X_{ji} \tag{3-28}$$

$q_j(t)$实际上表示在质点任一时刻的位移中第 j 振型所占的分量，称为第 j 振型的广义坐标，是以振型为坐标系的位移值，与 $x_i(t)$一样是时间的函数。

写成矩阵形式

$$\{x(t)\}=[X]\{q(t)\} \tag{3-29a}$$

式中，

$$\{x(t)\}=\begin{Bmatrix}x_1(t)\\x_2(t)\\\vdots\\x_i(t)\\\vdots\\x_n(t)\end{Bmatrix};\{q(t)\}=\begin{Bmatrix}q_1(t)\\q_2(t)\\\vdots\\q_j(t)\\\vdots\\q_n(t)\end{Bmatrix}$$

$$[X]=\begin{Bmatrix}\{X\}_1\\\{X\}_2\\\vdots\\\{X\}_i\\\vdots\\\{X\}_n\end{Bmatrix}=\begin{Bmatrix}X_{11}&X_{21}&\cdots&X_{j1}&\cdots&X_{n1}\\X_{12}&X_{22}&\cdots&X_{j2}&\cdots&X_{n2}\\\vdots&\vdots&\ddots&\vdots&\ddots&\vdots\\X_{1i}&X_{2i}&\cdots&X_{ji}&\cdots&X_{ni}\\\vdots&\vdots&\ddots&\vdots&\ddots&\vdots\\X_{1n}&X_{2n}&\cdots&X_{jn}&\cdots&X_{nn}\end{Bmatrix};$$

同理，结构体系的速度列矢量、加速度列矢量可分别表示为

$$\{\dot{x}(t)\}=[X]\{\dot{q}(t)\} \tag{3-29b}$$

$$\{\ddot{x}(t)\}=[X]\{\ddot{q}(t)\} \tag{3-29c}$$

以上三式即为多自由度弹性体系的各种反应量按振型进行分解的表达式。

3.2.3 利用振型分解法求解多自由度弹性体系的地震反应

将式(3－29)代入运动方程式(3－18)，得到

$$[M][X]\{\ddot{q}(t)\}+[C][X]\{\dot{q}(t)\}+[K][X]\{q(t)\}=-[M]\{I\}\ddot{x}_g(t)$$

将上式等号两边各项左乘$\{X\}_j^T$，得

$$\{X\}_j^T[M][X]\{\ddot{q}(t)\}+\{X\}_j^T[C][X]\{\dot{q}(t)\}+\{X\}_j^T[K][X]\{q(t)\}$$
$$=-\{X\}_j^T[M]\{I\}\ddot{x}_g(t) \tag{3-30}$$

根据振型关于质量矩阵、刚度矩阵和阻尼矩阵的正交性原理对上式进行化简，具体过程如下：

式(3－30)等号左边的第一项为

$$\{X\}_j^T[M][X]\{\ddot{q}(t)\}=\{X\}_j^T[M][\{X\}_1\{X\}_2\cdots\{X\}_j\cdots\{X\}_n]\begin{Bmatrix}\ddot{q}_1(t)\\\ddot{q}_2(t)\\\vdots\\\ddot{q}_j(t)\\\vdots\\\ddot{q}_n(t)\end{Bmatrix}$$

$$=\{X\}_j^T[M]\{X\}_1\ddot{q}_1(t)+\{X\}_j^T[M]\{X\}_2\ddot{q}_2(t)+\cdots$$

$$+\{X\}_j^T[M]\{X\}_j\ddot{q}_j(t)+\cdots+\{X\}_j^T[M]\{X\}_n\ddot{q}_n(t)$$

可知上式中除了$\{X\}_j^T[M]\{X\}_j\ddot{q}_j(t)$项以外，其余项均等于零，故得

$$\{X\}_j^T[M][X]\{\ddot{q}(t)\}=\{X\}_j^T[M]\{X\}_j\ddot{q}_j(t)$$

同理，式(3－30)等号右边第二项和第三项，利用振型对阻尼矩阵和刚度矩阵的正交性可写成

$$\{X\}_j^T[C][X]\{\dot{q}(t)\}=\{X\}_j^T[C]\{X\}_j\{\dot{q}_j(t)\}$$

$$\{X\}_j^T[K][X]\{q(t)\}=\{X\}_j^T[M]\{X\}_jq_j(t)$$

代回式(3－30)，整理得到

$$\{X\}_j^T[M]\{X\}_j\ddot{q}_j(t)+\{X\}_j^T[C]\{X\}_j\{\dot{q}_j(t)\}+\{X\}_j^T[M]\{X\}_jq_j(t)$$

$$=-\{X\}_j^T[M]\{I\}_j\ddot{x}_g(t)$$

再引入式(3－23)、式(3－25)、式(3－27)的广义质量、广义刚度和广义阻尼的符号，则上式可写成

$$M_j^*\ddot{q}_j(t)+C_j^*\dot{q}_j(t)+K_j^*q_j(t)=-\{X\}_j^T[M]\{I\}_j\ddot{x}_g(t) \quad (3-31)$$

广义阻尼、广义刚度与广义质量有下列关系

$$\begin{cases}C_j^*=2\zeta_j\omega_jM_j^*\\K_j^*=\omega_j^2M_j^*\end{cases} \quad (3-32)$$

式中，ζ_j、ω_j 分别为体系第 j 振型的阻尼比和圆频率。

将式(3－32)代入式(3－31)，并用 j 振型的广义质量除等式两端，得

$$\ddot{q}_j(t)+2\zeta_j\omega_j\dot{q}_j(t)+\omega_j^2q_j(t)=\frac{-\{X\}_j^T[M]\{I\}}{\{X\}_j^T[M]\{X\}_j}\ddot{x}_g(t)$$

$$=-\gamma_j\ddot{x}_g(t)\quad(j=1,2,\cdots,n) \quad (3-33)$$

式中，γ_j 为 j 振型的振型参与系数，表达式为

$$\gamma_j=\frac{\{X\}_j^T[M]\{I\}}{\{X\}_j^T[M]\{X\}_j}=\frac{\sum_{i=1}^{n}m_iX_{ji}}{\sum_{i=1}^{n}m_iX_{ji}^2}=\frac{\sum_{i=1}^{n}X_{ji}G_i}{\sum_{i=1}^{n}X_{ji}^2G_i} \quad (3-34)$$

γ_j 实际上是当各质点位移 $x_1=x_2=\cdots=x_j=\cdots=x_n=1$ 时的 q_j 值，满足以下关系式

$$\sum_{j=1}^{n}\gamma_j X_{ji}=1 \quad (j=1,2,\cdots,n) \tag{3-35}$$

在式(3－33)中，依次取 $j=1,2,\cdots,n$，可得 n 个独立微分方程，即在每一方程中仅含有一个未知量 q_j，由此可分别解得 $q_1,q_2,\cdots,q_n$。可以看到，式(3－33)与单自由度体系在地震作用下的运动微分方程式(3－3)在形式上基本相同，只是等号右边多了一个系数 γ_j，所以方程式(3－33)的解可以比照方程式(3－3)的解写出

$$q_j(t)=-\frac{\gamma_j}{\omega}\int_0^t \ddot{x}_g(t)_{\max}\mathrm{e}^{-\zeta_j\omega_j(t-\tau)}\sin\omega_j(t-\tau)\mathrm{d}\tau \tag{3-36}$$

或

$$q_j(t)=\gamma_j\Delta_j(t) \tag{3-37}$$

式中，

$$\Delta_j(t)=-\frac{1}{\omega}\int_0^t \ddot{x}_g(t)_{\max}\mathrm{e}^{-\zeta_j\omega_j(t-\tau)}\sin\omega_j(t-\tau)\mathrm{d}\tau \tag{3-38}$$

$\Delta_j(t)$ 即相当于阻尼比为 ζ_j、自振频率为 ω_j 的单自由度弹性体系在地震作用下的位移反应。

将式(3－36)代入式(3－28)，得

$$x_i(t)=\sum_{j=1}^{n}q_j(t)X_{ji}=\sum_{j=1}^{n}\gamma_j\Delta_j(t)X_{ji}$$

由式(3－39)可知，多自由度弹性体系在地震作用下任一质点处水平位移 $x_i(t)$ 可通过分解为各阶振型的地震反应来求解，故称振型分解法。

3.3 竖向地震作用计算

地震时，地面运动的竖向分量引起建筑物的竖向振动。震害调查表明，在高烈度区，竖向地震作用的影响十分明显，尤其是对高柔结构。因此，《抗震规范》规定，8 度、9 度时的大跨度结构和长悬臂结构，以及 9 度时的高层建筑，应考虑竖向地震作用的影响。竖向地震作用的计算应根据结构的不同类型选用不同的计算方法：对于高层建筑、烟囱和类似的高耸结构，可采用反应谱法；对于平板网架、大跨度结构及长悬臂结构，一般采用静力法。

3.3.1 高层建筑和高耸结构的竖向地震作用计算

分析表明，高层建筑和高耸结构的竖向自振周期很短，其反应以第一振型为主，且该振型接近倒三角形，如图 3－13 所示。因此，竖向地震作用的简

化计算可采用类似于水平地震作用计算的底部剪力法，先求出总竖向地震作用，然后再在各质点上分配。故可得：

$$F_{Evk}=\alpha_{v\max}G_{eq} \tag{3-58}$$

$$F_{vi}=\frac{G_iH_i}{\sum_{j=1}^{n}G_jH_j}F_{Evk} \tag{3-59}$$

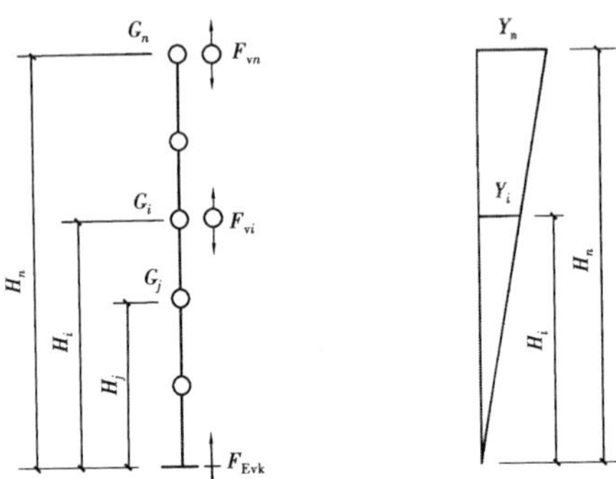

图 3—13　竖向地震作用与倒三角形振型简图

式中，F_{Evk} 为结构总竖向地震作用标准值；F_{vi} 为质点 i 的竖向地震作用标准值；α_{vmax} 为竖向地震影响系数的最大值，可取水平地震影响系数最大值的 65%；G_{eq} 为结构等效总重力荷载，可取其重力荷载代表值的 75%。其余符号意义同前。

对于 9 度时的高层建筑，楼层的竖向地震作用效应可按各构件承受的重力荷载代表值的比例分配，并宜乘以增大系数 1.5。这主要是根据中国台湾“9・21”大地震的经验而提出的要求，目的是为了使结构总竖向地震作用标准值，在 8 度和 9 度时分别略大于重力荷载标准值的 10%和 20%。

3.3.2 大跨度结构和长悬臂结构的竖向地震作用计算

研究表明，对于平板型网架、大跨度屋盖、长悬臂结构等大跨度结构的各主要构件，其竖向地震作用产生的内力与重力荷载作用下的内力比值比较稳定，因而可认为竖向地震作用的分布与重力荷载的分布相同。因此，对于跨度小于 120m 的平板型网架屋盖和跨度大于 24m 屋架、屋盖横梁及托架的竖向地震作用标准值，可用静力法计算，即：

$$F_v=\alpha_{v\max}G \tag{3-60}$$

式中，F_v 为竖向地震作用标准值；$\alpha_{v\max}$ 为竖向地震作用系数，按表 3—2 采用；G 为重力荷载代表值。

表 3－2　竖向地震作用系数 α_{vmax}

结构类型	烈度	场地类别		
		I	Ⅱ	Ⅲ、Ⅳ
平板型网架、钢屋架	8	可不计算(0.10)	0.08(0.12)	0.10(0.15)
	9	0.15	0.15	0.20
钢筋混凝土屋架	8	0.10(0.15)	0.13(0.19)	0.13(0.19)
	9	0.20	0.25	0.25

注：括号中数值用于设计基本地震加速度为0.30g的地区。

除了上述高层建筑、高耸结构和屋盖结构外，对于长悬臂和其他大跨度结构在考虑竖向地震作用时，其竖向地震作用标准值仍可按式(3－26)计算，但烈度为 8 度和 9 度时，α_{vmax}分别为 0.10 和 0.20，设计基本地震加速度为 0.30g时，α_{vmax}可取 0.15。

大跨度空间结构的竖向地震作用，还可按竖向振型分解反应谱法计算。其竖向地震影响系数可取水平地震影响系数的 65%，但特征周期可均按设计第一组采用。

3.4 结构抗震验算

为了实现“小震不坏，中震可修，大震不倒”的三水准抗震设防目标，《抗震规范》对建筑结构抗震采用了两阶段设计方法，其中包括结构构件截面抗震承载力和结构抗震变形验算。

3.4.1 截面抗震验算

根据《建筑结构设计统一标准》的规定，截面抗震验算应根据可靠度理论的分析结果，采用多遇地震时的地震作用效应与其他荷载效应组合的多系数表达式来进行结构构件的抗震承载力验算，具体按下式计算：

$$S=\gamma_G S_{GE}+\gamma_{Eh}S_{Ehk}+\gamma_{Ev}S_{Evk}+\psi_w\gamma_w S_{wk} \quad (3-61)$$

式中，S 为结构构件内力(弯矩、轴力和剪力)组合的设计值；γ_G 为重力荷载分项系数，一般情况下采用 1.2，但当重力荷载效应对构件承载力有利时，不应大于 1.0；γ_{Eh}、γ_{Ev} 分别为水平、竖向地震作用分项系数；γ_w 为风荷载分项系数，应采用 1.4；S_{GE} 为重力荷载代表值的效应，但有吊车时，尚应包括悬挂物重力标准值的效应；S_{Ehk} 为水平地震作用标准值的效应，尚应乘以相应的增大系数或调整系数；S_{Evk} 为竖向地震作用标准值的效应，尚应乘以相应的增大系数或调整系数；S_{wk} 为风荷载标准值的效应；ψ_w 为风荷载组合值系数，一般结构取 0，风荷载起控制作用的建筑应采用 0.2。

多遇地震作用下的构件截面抗震承载力验算，应按下式进行：

$$S \leqslant \frac{R}{\gamma_{RE}} \tag{3-62}$$

式中，R 为结构构件承载力设计值；γ_{RE} 为承载力抗震调整系数，用以反映不同材料、不同受力状态的结构或构件所具有的不同抗震可靠度指标，除另有规定外。当仅考虑竖向地震作用时，对各类构件均取 $\gamma_{RE}=1.0$。

3.4.2 抗震变形验算

结构抗震变形验算包括多遇地震作用下结构的弹性变形验算和罕遇地震作用下结构的弹塑性变形验算。前者属于第一阶段的抗震设计要求，后者属于第二阶段的抗震设计要求。

1.多遇地震作用下结构的弹性变形验算

在多遇地震作用下，结构一般不发生承载力破坏而保持弹性状态，抗震变形验算是为了保证结构弹性侧移在允许范围内，以防止围护墙、隔墙和各种装修等不出现过重的损坏。根据各国规范的规定、震害经验、实验研究结果以及工程实例分析，采用层间位移角作为衡量结构变形能力是否满足建筑功能要求的指标是合理的。因此，《抗震规范》规定，各类结构在其楼层内最大的弹性层间位移应符合下式要求：

$$\Delta u_e \leqslant [\theta_e]h \tag{3-63}$$

式中，Δu_e 为多遇地震作用标准值产生的楼层内最大的弹性层间位移；计算时，除了以弯曲变形为主的高层建筑外，可不扣除结构整体弯曲变形；应计入扭转变形，各作用分项系数均应采用 1.0；钢筋混凝土结构构件的截面刚度可采用弹性刚度；$[\theta_e]$ 为弹性层间位移角限值；h 为计算楼层层高。

2.罕遇地震作用下结构的弹塑性变形验算

结构抗震设计要求，在罕遇地震作用下，结构不发生倒塌。罕遇地震的地面运动加速度峰值一般是多遇地震的 4～6 倍，所以在多遇地震烈度下处于弹性阶段的结构，在罕遇地震烈度下将进入弹塑性阶段，结构接近或达到屈服。此时，结构的承载能力已不能满足抵抗大震的要求，而是依靠结构的延性，即塑性变形能力来吸收和耗散地震输入结构的能量。若结构的变形能力不足，势必会由于薄弱层（部位）弹塑性变形过大而发生倒塌。因此，为了满足“大震不倒”的要求，需进行罕遇地震作用下结构的弹塑性变形验算。

(1)验算范围

由于大震作用下，结构的弹塑性变形并不是均匀分布在每个楼层上，而是主要分布在结构的薄弱层或薄弱部位，这些地方在大震作用下一般首先屈服，产生较大的弹塑性变形，严重时会发生倒塌破坏，这应该避免。为此，《抗震规范》规定，下列结构应进行罕遇地震作用下薄弱层(部位)的弹塑性变形验算：

①8 度Ⅲ、Ⅳ类场地和 9 度时，高大的单层钢筋混凝土柱厂房的横向排架。

②7 度～9 度时楼层屈服强度系数小于 0.5 的钢筋混凝土框架结构和框排架结构。

③高度大于 150m 的结构。

④甲类建筑和 9 度时乙类建筑中的钢筋混凝土结构和钢结构。

⑤采用隔震和消能减震设计的结构。

(2)验算方法

结构在罕遇地震作用下的弹塑性变形计算是一个比较复杂的问题，且计算工作量较大。因此，《抗震规范》建议，验算结构在罕遇地震作用下薄弱层(部位)弹塑性变形时，可采用下列方法：

①不超过 12 层且层间刚度无突变的钢筋混凝土框架结构和框排架结构、单层钢筋混凝土柱厂房可采用下述的简化计算方法。

②除上述第①款以外的建筑结构，可采用静力弹塑性分析方法或弹塑性时程分析法等。

③规则结构可采用弯剪层模型或平面杆系模型，不规则结构应采用空间结构模型。

第4章　混凝土结构房屋抗震设计

目前，在我国地震区的多层和高层房屋建筑中大量采用钢筋混凝土结构形式，根据房屋的高度和抗震设防烈度的不同分别采用框架结构、框架—抗震墙结构、抗震墙结构、筒体结构等。另外，异型柱框架结构也逐渐被采用，它使住宅的房间内无凸出的柱角而受到用户的欢迎。

4.1　混凝土框架结构抗震设计

4.1.1 抗震设计步骤

与非抗震结构设计相比，考虑抗震的结构设计在确定结构方案和结构布置时要考虑使结构的自振周期避开场地卓越周期，否则应调整结构平面，直至满足为止。图4—1给出了多高层结构抗震设计流程图。

4.1.2 地震作用计算

框架结构地震作用的计算有三种方法，即底部剪力法、振型分解反应谱法和时程分析法。确定结构自振周期方法有以下几种：

①对结构动力方程组的动力矩阵求特征值（相应于结构自振频率）和特征向量（相应于结构振型）。这一方法的精度取决于动力矩阵是否真正反映了结构的刚度特征。一般说来，这种方法精度较高，由于计算工作量较大，一般均借助于计算机和特定的程序，在计算机比较普及的现在已不是难事。

②利用对已有建筑物实测的自振周期经数理统计得出的经验公式。工程中常用的经验公式有：

a.民用框架和框架—抗震墙房屋

$$T_1=0.33+0.00069\frac{H^2}{\sqrt[3]{B}} \tag{4—1}$$

式中，H 为房屋主体结构的高度（m），不包括屋面以上特别细高的突出部分；B 为房屋振动方向的长度（m）。

b.多层钢筋混凝土框架厂房

$$T_1=1.25\times\left(0.25+0.00013\frac{H^{2.5}}{\sqrt[3]{L}}\right) \tag{4—2}$$

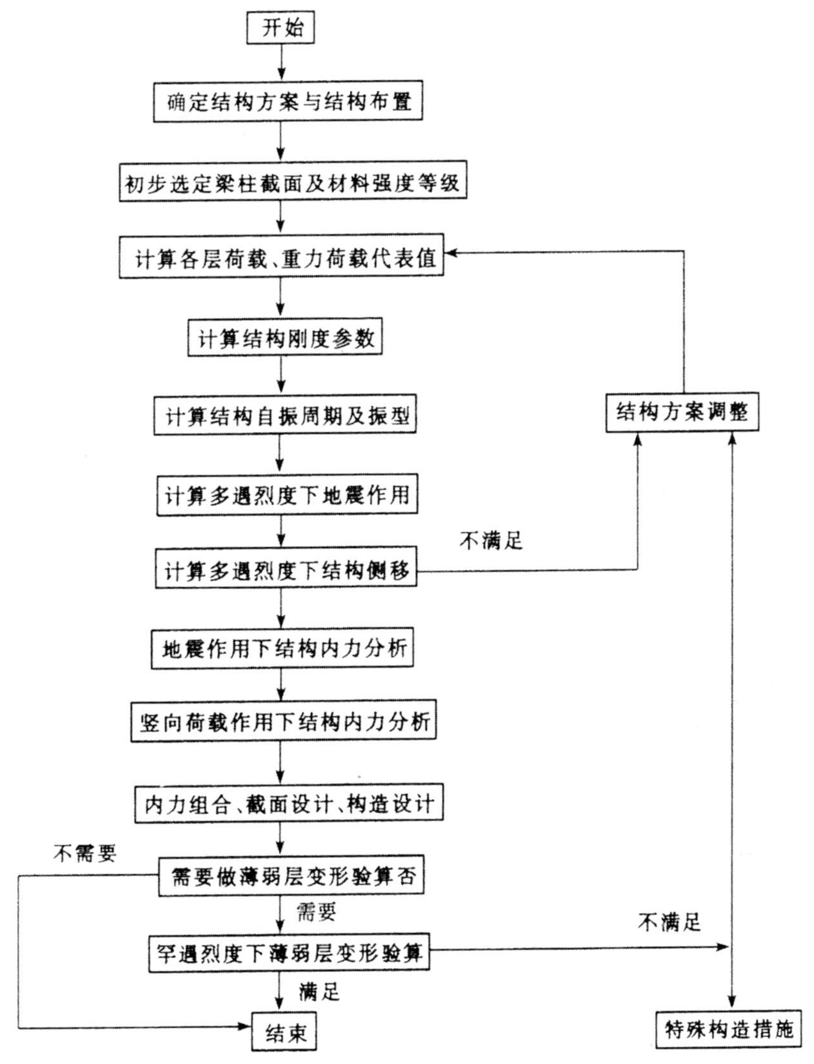

图 4—1　多、高层结构抗震设计流程图

式中，H 为房屋折算高度（m）；L 为房屋折算宽度（m）。

房屋折算高度和宽度，分别按下式计算：

$$H = H_1 + \left(\frac{n}{m}\right) H_2 \tag{4—3}$$

$$L = L_1 + \left(\frac{n}{m}\right) L_2 \tag{4—4}$$

式中，H_1，H_2，L_1，L_2，n 和 m 的意义参见图 4—2。

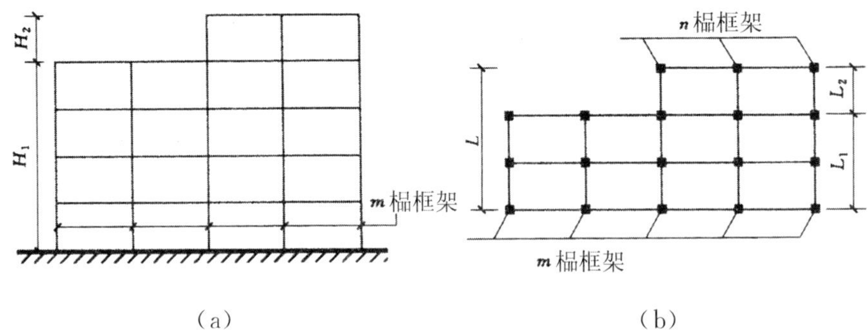

图 4—2　房屋折算高度和宽度

由于建筑物本身千差万别，且场地地基条件各不相同，结构布局也有差异，因此，这类方法精度较低，可用于初步设计阶段估算结构自振周期，或者作为对计算机计算结果的评估。

其他还有一些实用近似计算方法，如能量法、顶点位移法等，这类方法物理概念明确，计算结果有一定的精度。但由于PC计算机的普及，实际工程中很少有人用这些方法去计算，有兴趣的读者可参阅其他有关著作。

4.1.3 框架内力和侧移的计算

1.水平地震作用下框架内力分析

(1)反弯点法

框架在水平荷载作用下，结点将同时产生转角和侧移。根据分析，当梁的线刚度 k_b 和柱的线刚度 k_c 之比大于3时，结点转角 θ 将很小，其对框架的内力影响不大。因此，为简化计算，通常假定 $\theta=0$。实际上，这等于把框架横梁简化成线刚度无限大的刚性梁。这种处理，可使计算大大简化，而其误差一般不超过5%。见图4—3。

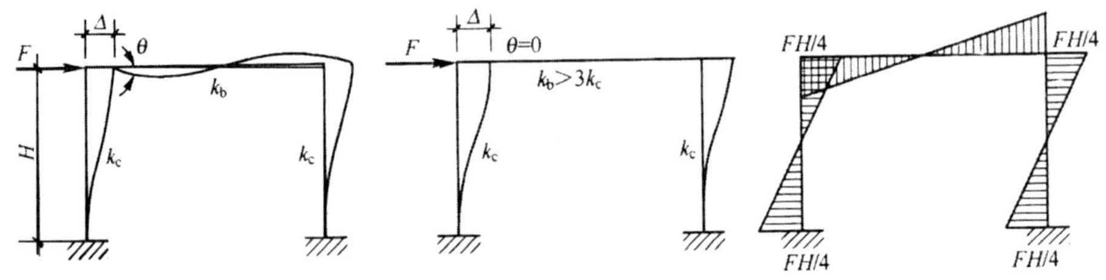

图 4—3　反弯点法

采用上述假定后，对一般层柱，在其1/2高度处截面弯矩为零，柱的弹性曲线在该处改变凹凸方向，故此处称为反弯点。反弯点距柱底的距离称为反弯点高度。而对于首层柱，取其 2/3 高度处截面弯矩为零。

柱端弯矩可由柱的剪力和反弯点高度的数值确定，边结点梁端弯矩可由结点力矩平衡条件确定，而中间结点两侧梁端弯矩则可按梁的转动刚度分配柱端弯矩求得。

假定楼板平面内刚度无限大，楼板将各平面抗侧力结构连接在一起共同承受水平力，当不考虑结构扭转变形时，同一楼层柱端侧移相等。根据同一楼层柱端侧移相等的假定，框架各柱所分配的剪力与其侧移刚度成正比，即第 i 层第 k 根柱所分配的剪力为：

$$V_{ik}=(k_{ik}/\sum_{k=1}^{m}k_{ik})V_i \quad (k=1,2,\cdots,m) \tag{4-5}$$

式中，k_{ik} 为第 i 层第 k 根柱的侧移刚度；V_i 为第 i 层楼层剪力。

反弯点法适用于层数较少的框架结构，因为这时柱截面尺寸较小，容易满足梁柱线刚度比大于 3 的条件。

(2)修正反弯点法(D 值法)

根据底部剪力法或振型分解反应谱法求得了各楼层质点的水平地震作用。当用底部剪力法时，各楼层的地震剪力可按下式求得：

$$V_i=\sum_{k=i}^{n}F_k+\Delta F_n \tag{4-6}$$

当用振型分解反应谱法时，各楼层的地震剪力为：

$$V_i=\sum_{j=1}^{n}(\sum_{k=i}^{n}F_{jk})^2 \tag{4-7}$$

按式(4—6)或式(4—7)求得结构第 i 层的地震剪力后，再按各柱的刚度求其所承担的地震剪力。

$$V_{ik}=\frac{D_{ik}}{\sum_{k=1}^{n}D_{ik}}V_i \tag{4-8}$$

式中，V_{ik} 为第 i 层第 k 根柱分配到的水平地震引起的剪力；D_{ik} 为第 i 层第 k 根柱的刚度；$\sum_{k=1}^{n}D_{ik}$ 为第 i 层所有柱刚度之和。

柱的侧移刚度 D 按下式计算：

当柱端固定无转动时，

$$D=D_0=\frac{12i_c}{h^2} \tag{4-9}$$

当梁柱线刚度之比 $\bar{i}>3$ 时，可近似采用式(4—9)；当梁柱刚度之比 $\bar{i}<3$ 时，因误差较大，需按式(4—10)进行修正。

$$D=\alpha D_0=\frac{12i_c\alpha}{h^2} \tag{4-10}$$

式中，i_c 为柱的线刚度，$i_c=\frac{12E_cI_c}{h}$；h 为柱的计算高度；E_c，I_c 分别为柱混凝土的弹性模量和柱的截面惯性矩；α 为结点转动影响系数，α 值与梁柱线刚度之比、柱端约束等有关，其值见表 4－1。

表 4－1　α 值计算公式表

层	边柱	中柱	α
一般层	i_{b1}, i_{b3}, i_c $\bar{i}=\frac{i_{b1}+i_{b3}}{2i_c}$	i_{b1}, i_{b2}, i_c, i_{b3}, i_{b4} $\bar{i}=\frac{i_{b1}+i_{b2}+i_{b3}+i_{b4}}{2i_c}$	$\alpha=\frac{\bar{i}}{2+\bar{i}}$
首层	i_{b5}, i_c $\bar{i}=\frac{i_{b5}}{i_c}$	i_{b5}, i_{b6}, i_c $\bar{i}=\frac{i_{b5}+i_{b6}}{i_c}$	$\alpha=\frac{0.5+\bar{i}}{2+\bar{i}}$

表 4－1 中，$i_{b1}\sim i_{b6}$ 为梁的线刚度，i_c 为柱的线刚度。梁的线刚度表达式为 E_cI_b/l，这里 l 为梁的跨度，i_b 为梁的惯性矩，E_c 为混凝土弹性模量。计算梁的线刚度时，可考虑楼板对梁刚度的有利影响，即板作为梁的翼缘参加工作。实际工程中为简化计算，梁均先按矩形截面计算其惯性矩 I_0，然后再乘表 4－2 中的增大系数，以考虑现浇楼板或装配整体式楼板上的现浇层对梁的刚度的影响。

表 4－2　框架梁截面惯性矩增大系数

结构类型	中框架	边框架
现浇整体梁板结构	2.0	1.5
装配整体式叠合梁	1.5	1.2

注：中框架是指梁两侧有楼板的框架，边框架是指梁一侧有楼板的框架。

混凝土弹性模量 E_c 在结构进入塑性变形阶段后其值会有所降低，导致结构刚度也会随之降低。为此，计算结构刚度应乘以表 4－3 中刚度折减系数 β，如果各构件的 β 值相同，则计算内力时，折减 E_cI_c 值后计算内力值与不折减 E_cI_c 值的计算结果应该是相同的。但计算位移时，必须考虑刚度的折减。

表 4－3　刚度折减系数 β

结构类型	框架及抗震墙	框架与抗震墙相连的系梁
现浇结构	0.65	0.35
装配式结构	0.50～0.65	0.25～0.35

(3)柱端弯矩计算

根据上面算得的柱中地震剪力去确定柱端弯矩的关键在于确定柱的反弯点位置，当梁柱线刚度之比 $\bar{i}>3$ 时，可近似认为底层柱的反弯点在 $\frac{2}{3}h$ 处，其他各层均位于 $\frac{1}{2}h$ 处；当梁柱线刚度之比 $\bar{i}<3$ 时，D 值法的反弯点高度按下式确定：

$$h'=(y_0+y_1+y_2+y_3)h \tag{4-11}$$

式中，y_0 为标准反弯点高度比，其值根据框架总层数 m，该柱所在层数 n 和梁柱线刚度比 $\bar{i}$，由表 4－4 查得；y_1 为某层上下梁线刚度不同时，该层反弯点高度比的修正值，其值根据上下层梁线刚度和之比由表 4－5 查得，当上层梁线刚度之和小于下层梁线刚度之和时，反弯点上移，故 y_1 取正值，当上层梁线刚度之和大于下层梁线刚度之和时，反弯点下移，故 y_1 取负值；y_2 上层高度 h_u 与本层高度 h 不同时，反弯点高度比的修正值，其值根据 $\alpha_2=h_u/h$ 和 $\bar{i}$ 的值由表 4－6 查得；y_3 为下层高度 h_l，与本层高度 h 不同时，反弯点高度比的修正值，其值根据 $\alpha_3=h_l/h$ 和 $\bar{i}$ 值由表 4－7 查得。

当确定了柱的高度后，即可按下式确定柱端弯矩：

$$M_{kl}=V_{ik}h' \tag{4-12}$$

$$M_{ku}=V_{ik}(h-h') \tag{4-13}$$

式中，V_{ik} 为第 i 层第 k 柱分配到的地震剪力；h 为本层柱高。

表 4—4　反弯点高度比 y_0(倒三角形节点荷载)

m	n $\bar{i}$	0.1	0.2	0.3	0.4	0.5	0.6	0.7	0.8	0.9	1.0	2.0	3.0	4.0	5.0
1	1	0.80	0.75	0.70	0.65	0.65	0.60	0.60	0.60	0.60	0.55	0.55	0.55	0.55	0.55
2	2	0.50	0.45	0.40	0.40	0.40	0.40	0.40	0.40	0.40	0.45	0.45	0.45	0.45	0.50
	1	1.00	0.85	0.25	0.70	0.65	0.65	0.65	0.65	0.60	0.60	0.55	0.55	0.55	0.55
3	3	0.25	0.25	0.25	0.30	0.30	0.35	0.35	0.35	0.40	0.40	0.45	0.45	0.45	0.45
	2	0.60	0.50	0.50	0.50	0.50	0.45	0.45	0.45	0.45	0.45	0.50	0.50	0.50	0.50
	1	1.15	0.90	0.80	0.75	0.75	0.70	0.70	0.65	0.65	0.65	0.55	0.55	0.55	0.55
4	4	0.10	0.15	0.20	0.25	0.30	0.35	0.35	0.35	0.35	0.40	0.45	0.45	0.45	0.45
	3	0.35	0.35	0.35	0.40	0.40	0.40	0.40	0.45	0.45	0.45	0.45	0.50	0.50	0.50
	2	0.70	0.60	0.55	0.50	0.50	0.50	0.50	0.50	0.50	0.50	0.50	0.50	0.50	0.50
	1	1.20	0.95	0.85	0.80	0.75	0.70	0.70	0.65	0.65	0.65	0.55	0.55	0.55	0.55
5	5	0.05	0.10	0.20	0.25	0.30	0.30	0.35	0.35	0.35	0.35	0.40	0.45	0.45	0.45
	4	0.20	0.25	0.35	0.35	0.40	0.40	0.40	0.40	0.45	0.45	0.45	0.50	0.50	0.50
	3	0.45	0.40	0.45	0.45	0.45	0.45	0.45	0.45	0.45	0.50	0.50	0.50	0.50	0.50
	2	0.75	0.60	0.55	0.55	0.55	0.50	0.50	0.50	0.50	0.50	0.50	0.50	0.50	0.50
	1	1.30	1.00	0.85	0.80	0.75	0.70	0.70	0.65	0.65	0.65	0.60	0.55	0.55	0.55
6	6	0.15	0.05	0.15	0.20	0.25	0.30	0.35	0.35	0.35	0.40	0.40	0.45	0.45	0.45
	5	0.10	0.25	0.30	0.35	0.35	0.40	0.40	0.40	0.45	0.45	0.45	0.50	0.50	0.50
	4	0.30	0.35	0.40	0.40	0.40	0.45	0.45	0.45	0.45	0.45	0.50	0.50	0.50	0.50
	3	0.50	0.45	0.45	0.45	0.45	0.45	0.45	0.45	0.50	0.45	0.50	0.50	0.50	0.50
	2	0.80	0.65	0.55	0.55	0.55	0.55	0.50	0.50	0.50	0.50	0.50	0.50	0.50	0.50
	1	1.30	1.00	0.85	0.80	0.75	0.70	0.70	0.65	0.65	0.65	0.55	0.55	0.55	0.55
7	7	0.20	0.05	0.15	0.20	0.25	0.30	0.30	0.35	0.35	0.35	0.45	0.45	0.45	0.45
	6	0.05	0.20	0.30	0.35	0.35	0.40	0.40	0.40	0.40	0.45	0.45	0.50	0.50	0.50
	5	0.20	0.30	0.35	0.40	0.40	0.45	0.45	0.45	0.45	0.45	0.50	0.50	0.50	0.50
	4	0.35	0.40	0.40	0.45	0.45	0.45	0.45	0.45	0.45	0.45	0.50	0.50	0.50	0.50
	3	0.55	0.50	0.50	0.50	0.50	0.50	0.50	0.50	0.50	0.50	0.50	0.50	0.50	0.50
	2	0.80	0.65	0.60	0.55	0.55	0.55	0.50	0.50	0.50	0.50	0.50	0.50	0.50	0.50
	1	1.30	1.00	0.90	0.80	0.75	0.70	0.70	0.70	0.65	0.65	0.60	0.55	0.55	0.55

续表

m	n $\bar{i}$	0.1	0.2	0.3	0.4	0.5	0.6	0.7	0.8	0.9	1.0	2.0	3.0	4.0	5.0
8	8	0.20	0.05	0.15	0.20	0.25	0.30	0.30	0.35	0.35	0.35	0.45	0.45	0.45	0.45
	7	0.00	0.20	0.30	0.35	0.35	0.40	0.40	0.40	0.40	0.45	0.50	0.50	0.50	0.50
	6	0.15	0.30	0.35	0.40	0.40	0.45	0.45	0.45	0.45	0.45	0.50	0.50	0.50	0.50
	5	0.30	0.35	0.40	0.45	0.45	0.45	0.45	0.45	0.45	0.45	0.50	0.50	0.50	0.50
	4	0.40	0.45	0.45	0.45	0.45	0.45	0.45	0.50	0.50	0.50	0.50	0.50	0.50	0.50
	3	0.60	0.50	0.50	0.50	0.50	0.50	0.50	0.50	0.50	0.50	0.50	0.50	0.50	0.50
	2	0.85	0.65	0.60	0.55	0.55	0.55	0.50	0.50	0.50	0.50	0.50	0.50	0.50	0.50
	1	1.30	1.00	0.90	0.80	0.75	0.70	0.70	0.70	0.65	0.65	0.60	0.55	0.55	0.55
9	9	0.25	0.00	0.15	0.20	0.25	0.30	0.30	0.35	0.35	0.40	0.45	0.45	0.45	0.45
	8	0.00	0.20	0.30	0.35	0.35	0.40	0.40	0.40	0.40	0.45	0.45	0.50	0.50	0.50
	7	0.15	0.30	0.35	0.40	0.40	0.45	0.45	0.45	0.45	0.45	0.50	0.50	0.50	0.50
	6	0.25	0.35	0.40	0.40	0.45	0.45	0.45	0.45	0.45	0.50	0.50	0.50	0.50	0.50
	5	0.35	0.40	0.45	0.45	0.45	0.45	0.45	0.45	0.50	0.50	0.50	0.50	0.50	0.50
	4	0.45	0.45	0.45	0.45	0.45	0.50	0.50	0.50	0.50	0.50	0.50	0.50	0.50	0.50
	3	0.60	0.50	0.50	0.50	0.50	0.50	0.50	0.50	0.50	0.50	0.50	0.50	0.50	0.50
	2	0.85	0.65	0.60	0.55	0.55	0.55	0.55	0.50	0.50	0.50	0.50	0.50	0.50	0.50
	1	1.35	1.00	0.90	0.80	0.75	0.75	0.70	0.70	0.65	0.65	0.60	0.55	0.55	0.55
10	10	0.25	0.00	0.15	0.20	0.25	0.30	0.30	0.35	0.35	0.40	0.45	0.45	0.45	0.45
	9	0.05	0.20	0.30	0.35	0.35	0.40	0.40	0.40	0.40	0.45	0.45	0.50	0.50	0.50
	8	0.10	0.30	0.35	0.40	0.40	0.40	0.45	0.45	0.45	0.45	0.50	0.50	0.50	0.50
	7	0.20	0.35	0.40	0.40	0.45	0.45	0.45	0.45	0.45	0.50	0.50	0.50	0.50	0.50
	6	0.30	0.40	0.40	0.45	0.45	0.45	0.45	0.45	0.45	0.50	0.50	0.50	0.50	0.50
	5	0.40	0.45	0.45	0.45	0.45	0.45	0.45	0.50	0.50	0.50	0.50	0.50	0.50	0.50
	4	0.50	0.45	0.45	0.45	0.50	0.50	0.50	0.50	0.50	0.50	0.50	0.50	0.50	0.50
	3	0.60	0.55	0.50	0.50	0.50	0.50	0.50	0.50	0.50	0.50	0.50	0.50	0.50	0.50
	2	0.85	0.65	0.55	0.55	0.55	0.55	0.55	0.50	0.50	0.50	0.50	0.50	0.50	0.50
	1	1.35	1.00	0.80	0.80	0.75	0.75	0.70	0.70	0.65	0.65	0.60	0.55	0.55	0.55
11	11	0.25	0.00	0.15	0.20	0.25	0.30	0.30	0.30	0.35	0.35	0.45	0.45	0.45	0.45
	10	0.05	0.20	0.25	0.30	0.35	0.40	0.40	0.40	0.40	0.45	0.45	0.50	0.50	0.50
	9	0.10	0.30	0.35	0.40	0.40	0.40	0.45	0.45	0.45	0.45	0.50	0.50	0.50	0.50
	8	0.20	0.35	0.40	0.40	0.45	0.45	0.45	0.45	0.45	0.45	0.50	0.50	0.50	0.50
	7	0.25	0.40	0.40	0.45	0.45	0.45	0.45	0.45	0.45	0.50	0.50	0.50	0.50	0.50
	6	0.3	0.40	0.45	0.45	0.45	0.45	0.45	0.50	0.50	0.50	0.50	0.50	0.50	0.50
	5	0.40	0.44	0.45	0.45	0.45	0.50	0.50	0.50	0.50	0.50	0.50	0.50	0.50	0.50
	4	0.50	0.50	0.50	0.50	0.50	0.50	0.50	0.50	0.50	0.50	0.50	0.50	0.50	0.50
	3	0.65	0.55	0.50	0.50	0.50	0.50	0.50	0.50	0.50	0.50	0.50	0.50	0.50	0.50
	2	0.85	0.65	0.60	0.55	0.55	0.5 5	0.55	0.50	0.50	0.50	0.50	0.50	0.50	0.50
	1	1.35	1.50	0.90	0.80	0.80	0.75	0.70	0.70	0.65	0.65	0.60	0.55	0.55	0.55

续表

m	n $\bar{i}$	0.1	0.2	0.3	0.4	0.5	0.6	0.7	0.8	0.9	1.0	2.0	3.0	4.0	5.0
12层以上	1	0.30	0.00	0.1 5	0.20	0.25	0.30	0.30	0.30	0.35	0.35	0.40	0.45	0.45	0.45
	自 2	0.10	0.20	0.25	0.30	0.35	0.40	0.40	0.40	0.40	0.40	0.45	0.45	0.45	0.50
	上 3	0.05	0.25	0.35	0.40	0.40	0.40	0.45	0.45	0.45	0.45	0.45	0.50	0.50	0.50
	4	0.15	0.30	0.40	0.40	0.45	0.45	0.45	0.45	0.45	0.45	0.45	0.50	0.50	0.50
	5	0.2	0.35	0.40	0.45	0.45	0.45	0.45	0.45	0.45	0.45	0.50	0.50	0.50	0.50
	6	0.30	0.40	0.40	0.45	0.45	0.45	0.45	0.45	0.45	0.45	0.50	0.50	0.50	0.50
	7	0.35	0.40	0.40	0.45	0.45	0.45	0.50	0.50	0.50	0.50	0.50	0.50	0.50	0.50
	8	0.35	0.45	0.45	0.45	0.50	0.50	0.50	0.50	0.50	0.50	0.50	0.50	0.50	0.50
	中间	0.45	0.45	0.45	0.45	0.50	0.50	0.50	0.50	0.50	0.50	0.50	0.50	0.50	0.50
	4	0.55	0.45	0.50	0.50	0.50	0.50	0.50	0.50	0.50	0.50	0.50	0.50	0.50	0.50
	自 3	0.65	0.55	0.50	0.50	0.50	0.50	0.50	0.50	0.50	0.50	0.50	0.50	0.50	0.50
	下 2	0.70	0.70	0.60	0.55	0.55	0.55	0.55	0.50	0.50	0.50	0.50	0.50	0.50	0.55
	1	1.35	1.05	0.90	0.80	0.75	0.70	0.70	0.70	0.70	0.65	0.60	0.55	0.55	0.50

注：m 为总层数；n 为所在楼层的位置；$\bar{i}$为平均线刚度比。

表 4—5　上下层横梁线刚度比对 y_0 的修正值 y_1

$\bar{i}$ / α_1	0.1	0.2	0.3	0.4	0.5	0.6	0.7	0.8	0.9	1.0	2.0	3.0	4.0	5.0
0.4	0.55	0.40	0.30	0.25	0.20	0.20	0.20	0.15	0.15	0.15	0.05	0.05	0.05	0.05
0.5	0.45	0.30	0.20	0.20	0.15	0.15	0.15	0.10	0.10	0.10	0.05	0.05	0.05	0.05
0.6	0.30	0.20	0.15	0.15	0.10	0.10	0.10	0.10	0.05	0.05	0.05	0.05	0	0
0.7	0.20	0.15	0.10	0.10	0.10	0.10	0.10	0.05	0.05	0.05	0.05	0	0	0
0.8	0.15	0.10	0.05	0.05	0.05	0.05	0.05	0.05	0.05	0	0	0	0	0
0.9	0.05	0.05	0.05	0.05	0	0	0	0	0	0	0	0	0	0

表 4—6　上下层高度变化对 y_0 的修正值 y_2 和 y_3

α_2	$\bar{i}$ / α_3	0.1	0.2	0.3	0.4	0.5	0.6	0.7	0.8	0.9	1.0	2.0	3.0	4.0	5.0
2.0		0.25	0.15	0.15	0.10	0.10	0.10	0.10	0.10	0.05	0.05	0.05	0.05	0.0	0.0
1.8		0.20	0.15	0.10	0.10	0.10	0.05	0.05	0.05	0.05	0.05	0.05	0.0	0.0	0.0
1.6	0.4	0.15	0.10	0.10	0.05	0.05	0.05	0.05	0.05	0.05	0.05	0.0	0.0	0.0	0.0
1.4	0.6	0.10	0.05	0.05	0.05	0.05	0.05	0.05	0.05	0.05	0.0	0.0	0.0	0.0	0.0
1.2	0.8	0.05	0.05	0.05	0.0	0.0	0.0	0.0	0.0	0.0	0.0	0.0	0.0	0.0	0.0
1.0	1.0	0.0	0.0	0.0	0.0	0.0	0.0	0.0	0.0	0.0	0.0	0.0	0.0	0.0	0.0
0.8	1.2	−0.05	−0.05	−0.05	0.0	0.0	0.0	0.0	0.0	0.0	0.0	0.0	0.0	0.0	0.0
0.6	1.4	−0.10	−0.05	−0.05	−0.05	−0.05	−0.05	−0.05	−0.05	−0.05	0.0	0.0	0.0	0.0	0.0
0.4	1.6	−0.15	−0.10	−0.10	−0.05	−0.05	−0.05	−0.05	−0.05	−0.05	−0.05	0.0	0.0	0.0	0.0
	1.8	−0.20	−0.15	−0.10	−0.10	−0.10	−0.05	−0.05	−0.05	−0.05	−0.05	−0.05	0.0	0.0	0.0
	2.0	−0.25	−0.15	−0.15	−0.10	−0.10	−0.10	−0.10	−0.10	−0.05	−0.05	−0.05	−0.05	0.0	0.0

2.竖向荷载作用下框架内力计算

框架结构在竖向荷载作用下的内力分析，除可采用精确计算法（如矩阵位移法）以外，还可以采用分层法、弯矩二次分配法等近似计算法。以下介绍弯矩二次分配法。

(1)弯矩二次分配法

这种方法的特点是先求出框架梁的梁端弯矩，再对各结点的不平衡弯矩同时作分配和传递，并且以两次分配为限，故称弯矩二次分配法。这种方法虽然是近似方法，但其结果与精确法相比，相差甚小，其精度可满足工程需要。其原理和计算方法可参阅相关文献，这里不再详述。

(2)梁端弯矩的调幅

在竖向荷载作用下梁端的负弯矩较大，导致梁端的配筋量较大；同时柱的纵向钢筋以及另一个方向的梁端钢筋也通过节点，因此节点的施工较困难。即使钢筋能排下，也会因钢筋过于密集使浇筑混凝土困难，不容易保证施工质量。考虑到钢筋混凝土框架属超静定结构，具有塑性内力重分布的性质，因此可以通过在重力荷载作用下，梁端弯矩乘以调整系数 p 的办法适当降低梁端弯矩的幅值。根据工程经验，考虑到钢筋混凝土构件的塑性变形能力有限的特点，调幅系数 β 的取值如下：

对现浇框架：$\beta=0.8\sim0.9$；对装配式框架：$\beta=0.7\sim0.8$。

梁端弯矩降低后，由平衡条件可知，梁跨中弯矩相应增加。按调幅后的梁端弯矩的平均值与跨中弯矩之和不应小于按简支梁计算的跨中弯矩值，即可求得跨中弯矩。如图 4－4 所示，跨中弯矩为：

$$M_4=M_3+[0.5(M_1+M_2)-0.5(\beta M_1+\beta M_2)] \tag{4-14}$$

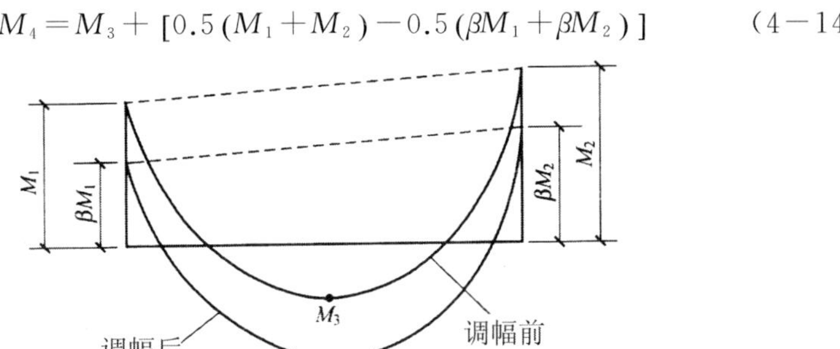

图 4－4　框架梁在竖向荷载作用下的调幅

梁端弯矩调幅后，不仅可以减小梁端配筋数量，方便施工，而且还可以使框架在破坏时梁端先出现塑性铰，保证柱的相对安全，以满足“强柱弱梁”的设计原则。这里应注意，梁端弯矩的调幅只是针对竖向荷载作用下产生的弯矩进行的，而对水平荷载作用下产生的弯矩不进行调幅。因此，不应采用先组合后调幅的做法。

4.1.4 梁柱截面内力组合和截面设计

1.框架结构的内力调整及其内力不利组合

由于考虑活荷载最不利布置的内力计算量太大，故一般不考虑活荷载的最不利布置，而采用“满布荷载法”进行内力分析。这样求得的结果与按考虑活荷载最不利位置所求得的结果相比，在支座处极为接近，在梁跨中则明显偏低。因此，应对梁在竖向活荷载作用下按不考虑活荷载的最不利布置所计算出的跨中弯矩进行调整，通常乘以 1.1～1.2 的系数。

结构设计时，应根据可能出现的、最不利情况确定构件内力设计值，进行截面设计。多、高层钢筋混凝土框架结构抗震设计时，一般应考虑以下两种基本组合。

①地震作用效应与重力荷载代表值效应的组合。对于一般的框架结构，可不考虑风荷载的组合。当只考虑水平地震作用和重力荷载代表值参与组合的情况时，其内力组合设计值 S 为：

$$S=\gamma_G S_{GE}+\lambda_{Eh} S_{Ehk} \tag{4-15}$$

②竖向荷载效应(包括全部恒荷载与活荷载的组合)。无地震作用时，结构受到全部恒荷载和活荷载的作用，其值一般要比重力荷载代表值大。且计算承载力时不引入承载力抗震调整系数，因此，非抗震情况下所需的构件承载力有可能大于水平地震作用下所需要的构件承载力，竖向荷载作用下的内力组合，就可能对某些截面设计起控制作用。此时，其内力组合设计值 S 为：

$$S=1.2S_{Gk}+1.4S_{Qk} \tag{4-16}$$

$$S=1.35S_{Gk}+0.7\times1.4S_{Qk} \tag{4-17}$$

式中，S_{Gk}，S_{Qk} 分别为恒荷载和活荷载的荷载效应值。

下面给出不考虑风荷载参与组合时，框架梁、柱的内力组合及控制截面内力：

①框架梁。框架梁通常选取梁端支座内边缘处的截面和跨中截面作为控制截面。

梁端负弯矩，应考虑以下三种组合，并选取不利组合值，取以下公式绝对值较大者：

$$M=1.3M_{Ek}+1.02M_{GE}$$

$$M=1.2M_{GE}+1.4M_{Qk}$$

$$M=1.35M_{GE}+0.98M_{Qk}$$

梁端正弯矩按下式确定：

$$M=1.3M_{Ek}-1.0M_{GE}$$

梁端剪力，取下式较大者：

$$V=1.3V_{Ek}+1.2V_{GE}$$

$$V=1.2V_{Gk}+1.4V_{Qk}$$

$$V=1.35V_{Gk}+0.98V_{Qk}$$

跨中正弯矩，取下式较大者：

$$M=1.3M_{Ek}+1.02M_{GE}$$

$$M=1.2M_{GE}+1.4M_{Qk}$$

$$M=1.35M_{GE}+0.98M_{Qk}$$

式中，M_{Ek}，V_{Ek}分别表示由地震作用在梁内产生的弯矩标准值和剪力标准值；M_{GE}，V_{GE}分别表示由重力荷载代表值在梁内产生的弯矩标准值和剪力标准值；M_{Gk}，V_{Gk}分别表示由竖向恒荷载在梁内产生的弯矩标准值、剪力标准值；M_{Qk}，V_{Qk}分别表示由竖向活荷载在梁内产生的弯矩标准值、剪力标准值。

②框架柱。框架柱通常选取上梁下边缘处和下梁上边缘处的柱截面作为控制截面。由于框架柱一般是偏心受力构件，而且通常为对称配筋，故其同一截面的控制弯矩和轴力应同时考虑以下四组，分别配筋后选用最多者作为最终配筋方案。

有地震作用时的组合：

$$M=1.2M_{GE}\pm1.3M_{Ek}$$

$$N=1.2N_{GE}\pm1.3N_{Ek}$$

当无地震作用时以可变荷载为主的组合：

$$M=1.2M_{GE}+1.4M_{Qk}$$

$$N=1.2N_{Gk}+1.4N_{Qk}$$

当无地震作用时以永久荷载为主的组合：

$$M=1.35M_{GE}+0.98M_{Qk}$$

$$N=1.35N_{Gk}+0.98N_{Qk}$$

式中，N_{Gk}是由竖向恒载在柱内产生的轴力标准值；N_{Qk}是由竖向活载在柱内产生的轴力标准值。其他各符号意义同前。

2.框架梁的截面设计

钢筋混凝土结构按前述规定调整地震作用效应后，在地震作用下不利组合下，可按本规范和《混凝土结构设计规范》有关的要求进行构件截面抗震验算。

（1）框架梁

1)框架梁的正截面受弯承载力验算

矩形截面或翼缘位于受拉边的 T 形截面梁，其正截面受弯承载力应按下列公式验算(图 4—5)：

$$M_b \leqslant \frac{1}{\gamma_{RE}}\left[\alpha_1 f_c bx\left(h_0-\frac{x}{2}\right)+f'_y A'_s(h_0-a'_s)\right] \tag{4—18}$$

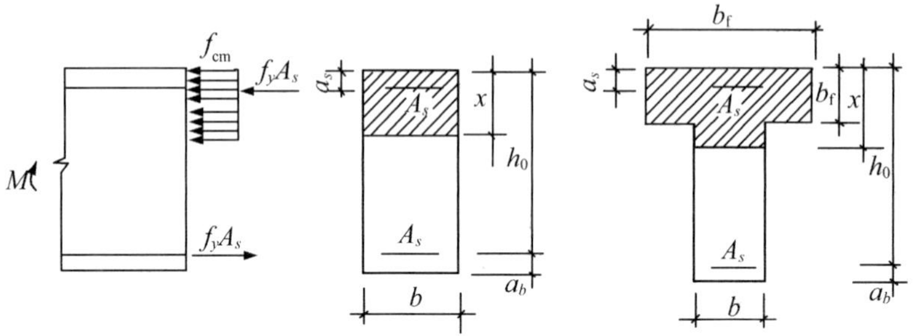

图 4—5 梁截面的有关参数

此时，受压区高度 x 由下式确定：

$$x=(f_yA_s-f'_yA'_s)/\alpha_1 f_c b \tag{4—19}$$

式中，α_1 为受压区混凝土矩形应力图的应力值与混凝土轴心抗压强度设计值的比值；当混凝土强度等级不超过 C50 时，α_1 取为 1.0；当混凝土强度等级为 C80 时，α_1 取为 0.94，其他按线性内插法确定。

混凝土受压区高度应符合下列要求：

一级 $x \leqslant 0.25h_0$

二、三级 $x \leqslant 0.35h_0$

同时 $x \geqslant 2a'$

翼缘位于受压区的 T 形截面梁，当符合下式条件时，按宽度为 b'_f 的矩形截面计算。

$$f_yA_s \leqslant \alpha_1 f_c b'_f h'_f + f'_y A'_s \tag{4—20}$$

不符合公式(4—23)条件时，其正截面受弯承载力应按下列公式验算：

$$M_b \leqslant \frac{1}{\gamma_{RE}}\left[\alpha_1 f_c bx\left(b_0-\frac{x}{2}\right)+\alpha_1 f_c(b'_f-b)\left(b_0-\frac{h'_f}{2}\right)h'_f+f'_yA'_s(b_0-a'_s)\right] \tag{4—21}$$

此时，受压区高度 x 由下式确定：

$$\alpha_1 f_c\,[bx+(b'_f-b)h'_f]=f_yA_s-f'_yA'_s \tag{4—22}$$

式中，γ_{RE} 为承载力抗震调整系数，取为 0.75。

梁的实际正截面承载力可按下式确定：

$$M_{by}^a=f_{yk}A_s^a(h_0-a_s) \tag{4—23}$$

2)框架梁的斜截面受剪承载力验算

$$V_b \leqslant \frac{1}{\gamma_{RE}}\left(0.42 f_t b h_0 + 1.2 f_{yv} \frac{A_{sy}}{S} h_0\right) \tag{4-24}$$

且

$$V_b \leqslant \frac{1}{\gamma_{RE}}(0.2\beta_c f_c b h_0) \tag{4-25}$$

式中，β_c 为混凝土强度影响系数，当混凝土强度等级不超过 $C50$ 时，β_c 取为1.0；当混凝土强度等级为 $C80$ 时，β_c 取为0.8，其间按线性内插法确定。

对集中荷载作用下的框架梁（包括有多种荷载，且集中荷载对节点边缘产生的剪力值占总剪力值的75%以上的情况），其斜截面受剪承载力应按下式验算：

$$V_b \leqslant \frac{1}{\gamma_{RE}}\left(\frac{1.05}{\lambda+1} f_t b h_0 + f_{yv} \frac{A_{sv}}{S} h_0\right) \tag{4-26}$$

式中，γ_{RE} 取为0.85。λ 梁的剪跨比，当 $\lambda > 3$ 时，取 $\lambda = 3$；当 $\lambda < 1.5$ 时，取 $\lambda = 1.5$。

（2）框架柱

1）正截面受弯承载力验算

矩形截面柱正截面受弯承载力应按下列公式验算（图4－6）：

$$\eta M_c \leqslant \frac{1}{\gamma_{RE}}\left[\alpha_1 f_c b x\left(h_0 - \frac{x}{2}\right) + f'_y A_s (h_0 - a_s)\right] - 0.5N(h_0 - a_s) \tag{4-27}$$

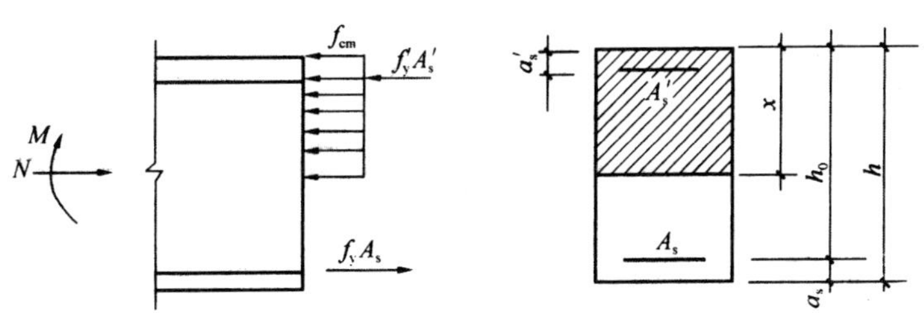

图4－6 柱截面参数

此时，受压高度 x 由下式确定：

$$N = (\alpha_1 f_c b x + f_y A_s - \sigma_s A_s)/\gamma_{RE} \tag{4-28}$$

式中，γ_{RE} 一般为0.8，轴压比小于0.15时，取为0.75；η 偏心距增大系数，一般不考虑；σ_s 受拉边或受压较小边钢筋的应力：

当 $\xi = x/h_0 \leqslant \xi_b$ 时（大偏心受压）

取 $\sigma_s = f_y$。

当 $\xi > \xi_b$ 时（小偏心受压）

$$\sigma_s = \frac{f_y}{\xi_b - 0.8}\left(\frac{x}{h_0} - 0.8\right) \tag{4-29}$$

当 $\xi > h/h_0$ 时，取 $x=h$，σ_s 仍用计算的 ξ 值按公式(4－32)计算。

其中，对于有屈服点钢筋(热轧钢筋、冷拉钢筋)

$$\xi_b = \frac{\beta_c}{1+\dfrac{f_y}{0.0033E_s}} \tag{4－30}$$

柱的实际正截面承载力可按下式确定：

$$M_{cy}^a = f_{yk}A_s^a(h_0 - a_s) + 0.5N_G h\left(1-\frac{N_G}{\alpha_1 f_{ck}bh}\right) \tag{4－31}$$

2)斜截面受剪承载力验算

$$V_c \leqslant \frac{1}{\gamma_{RE}}\left(\frac{1.05}{\lambda+1}f_t bh_0 + f_{yv}\frac{A_{sv}h_0}{s} + 0.056N\right) \tag{4－32}$$

且

$$V_c \leqslant \frac{1}{\gamma_{RE}}(0.2f_c bh_0) \tag{4－33}$$

式中，N 为考虑地震作用组合的柱轴压力设计值，当 $N>0.3f_c bh$，取 $N=0.3f_c bh$；λ 表示框架柱的计算剪跨比，$\lambda=M^c/(V^c h_0)$，应按柱端截面组合的弯矩计算值 M^c、对应的截面组合剪力计算值 V^c 及截面有效高度 h_0 确定，并取上下端计算结果的较大者；反弯点位于柱高中部的框架柱可按柱净高于 2 倍柱截面高度之比计算；当 $\lambda<1$；取 $\lambda=1$；当 $\lambda>3$ 时，取 $\lambda=3$；γ_{RE} 取为 0.85。

(3)框架节点

1)一般框架梁柱节点

节点核芯区组合的剪力设计值，应符合下列要求：

$$V_j \leqslant \frac{1}{\gamma_{RE}}(0.30\eta_j f_c b_j h_j) \tag{4－34}$$

式中，η_j 表示正交梁的约束影响系数；h_j 表示节点核芯区的截面高度，可采用验算方向的柱截面高度；γ_{RE} 表示承载力抗震调整系数，取用 0.85。

若为一、二、三级框架，节点核芯区截面应按下列公式进行抗震验算(图 4－7)：

$$V_j \leqslant \frac{1}{\gamma_{RE}}\left(0.1\eta_j f_t b_j h_j + f_{yv}A_{svj}\frac{h_{b0}-a'_s}{s} + 0.05\eta_j N\frac{b_j}{b_c}\right) \tag{4－35}$$

且

$$V_j \leqslant \frac{1}{\gamma_{RE}}(0.3\eta_j f_c b_j h_j) \tag{4－36}$$

9 度时一级

$$V_j \leqslant \frac{1}{\gamma_{RE}}\left(0.9\eta_j f_t b_j h_j + f_{yv}A_{svj}\frac{h_{b0}-a'_s}{S}\right) \tag{4－37}$$

式中，b_j 表示节点核芯区的截面验算宽度，随验算方向梁、柱截面宽度比值变动：当 $b_b \geqslant 0.5b_c$ 时，取 $b_j = b_c$；当 $b_b < 0.5b_c$ 时，取 $b_j = b_b + 0.5h_c$ 和 $b_j = b_c$ 较小值；当梁、柱中线不重合且偏心距不大于柱宽的 1/4 时，柱配筋宜沿柱全高加密；N 表示对应于重力荷载代表值的上柱轴向压力，其值不应大于 0.5 $f_c b_c h_c$；当 N 为拉力时，取 $N=0$；A_{svj} 核芯区验算宽度 b_j 范围内同一截面验算方向各肢箍筋的总截面面积；s 为箍筋间距；h_j 为节点核芯区的截面高度，可采用验算方向的柱截面高度。

$$b_j = 0.5(b_b + b_c) + 0.25h_c - e \tag{4-38}$$

式中，e 表示梁与柱中线偏心距。

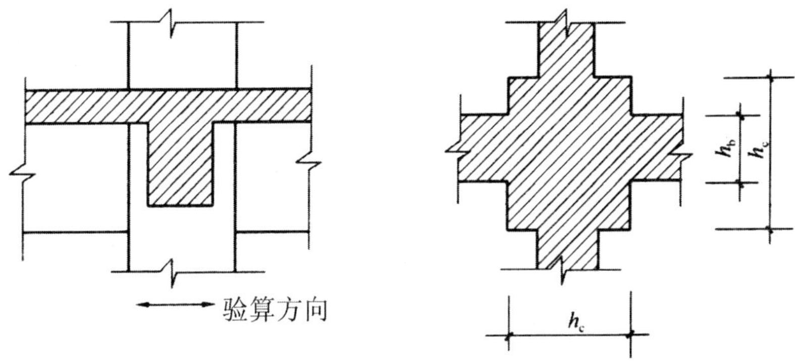

图 4－7　节点截面参数

2）圆柱框架的梁柱节点

梁中线与柱中线重合时，圆柱框架梁柱节点核芯区组合的剪力设计值应符合下式的要求：

$$V_j \leqslant \frac{1}{\gamma_{RE}}(0.30\eta_j f_c A_j) \tag{4-39}$$

式中，η_j 为正交梁的约束影响系数，其中柱截面宽度按柱直径采用；A_j 为节点核芯区有效截面面积，梁宽 b_b 不小于柱直径 D 的一半时，取 $A_j = 0.8D^2$；梁宽 6b 小于柱直径 D 的一半但不小于 0.4D 时，取 $A_j = 0.8D(b_b + D/2)$。

当梁中线与柱中线重合时，圆柱框架梁柱节点核芯区截面抗震受剪承载力应采用下列公式验算：

$$V_j \leqslant \frac{1}{\gamma_{RE}}\left(1.5\eta_j f_t A_j + 0.05\eta_j \frac{N}{D^2} A_j + 1.57 f_{yv} A_{sh} \frac{h_{b0} - a'_s}{s} + f_{yv} A_{svj} \frac{h_{b0} - a_s}{s}\right)$$

9 度时：

$$V_j \leqslant \frac{1}{\gamma_{RE}}\left(1.2\eta_j f_t A_j + 1.57 f_{yv} A_{sh} \frac{h_{b0} - a'_s}{s} + f_{yv} A_{svj} \frac{h_{b0} - a_s}{s}\right) \tag{4-40}$$

式中，A_{sh} 为单根圆形箍筋的截面面积；A_{svj} 为同一截面验算方向的拉筋和非圆形箍筋的总截面面积。

4.2 混凝土抗震墙结构抗震设计

4.2.1 抗震墙的破坏形态

1.单肢抗震墙的破坏形态

单肢墙,也包括小开洞墙,不包括联肢墙,但弱连梁连系的联肢墙墙肢可视作若干个单肢墙。所谓弱连梁联肢墙是指在地震作用下各层墙段截面总弯矩不小于该层及以上连梁总约束弯矩 5 倍的联肢墙。悬臂抗震墙随着墙高 H_w 与墙宽 l_w 比值的不同,大致有以下几种破坏形态。

(1)弯曲破坏(图 4－8(a))

此种破坏多发生在 $H_w/l_w>2$ 时,墙的破坏发生在下部的一个范围内(图 4－8(a)的②),虽然该区段内也有斜裂缝,但它是绕 A 点斜截面受弯,其弯矩与根部正截面①的弯矩相等,若不计水平腹筋的影响,该区段内竖筋(受弯纵筋)的拉力也几乎相等。这是一种理想的塑性破坏,塑性区长度也比较大,要力争实现。为防止在该区段内过早地发生剪切破坏,其受剪配筋及构造应加强,所以该区又称抗剪加强部位。加强部位高度 h_s,取 $H_w/8$ 或 l_w 两者中的较大值。有框支层时,尚应不小于到框支层上一层的高度。

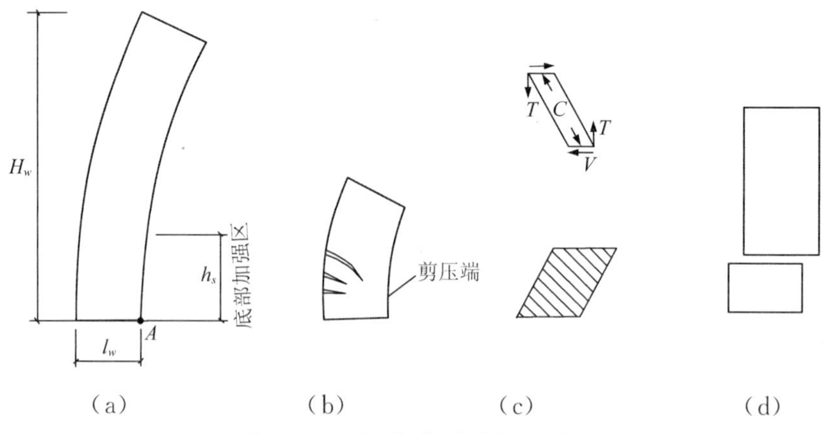

图 4－8　抗震墙的破坏形态

(a)弯曲破坏;(b)剪压型受剪破坏;(c)斜压型受剪破坏;(d)滑移破坏

(2)剪压型剪切破坏(图 4－8(b))

此种破坏发生在 H_w/l_w 为 1～2 时,斜截面上的腹筋及受弯纵筋也都屈服，最后以剪压区混凝土破坏而达到极限状态。为避免发生这种破坏，构造上应加强措施，如墙的水平截面两端设端柱等，以增强混凝土的剪压区。在截面设计上要求剪压区不宜太大。

(3)斜压型剪切破坏(图 4－8(c))

此种破坏发生在 $H_w/l_w<1$ 时，往往发生在框支层的落地抗震墙上。这种形态的斜裂缝将抗震墙划分成若干个平行的斜压杆，延性较差，在墙板周边应设置梁(或暗梁)和端柱组成的边框加强。此外，试验表明，如能严格控制截面的剪压比，则可以使斜裂缝较为分散而细，可以吸收较大地震能量而不致发生突然的脆性破坏。在矮的抗震墙中，竖向腹筋虽不能像水平腹筋那样直接承受剪力，但也很重要，它的拉力 T 将用来平衡 ΔV 引起的弯矩，或是与斜压力 C 合成后与 ΔV 平衡(图 4－8(c))。

(4)滑移破坏(图 4－8(d))

此种破坏多发生在新旧混凝土施工缝的地方。在施工缝处应增设插筋并进行验算。

2.双肢墙的破坏形态

抗震墙经过门窗洞口分割之后，形成了联肢墙。洞口上下之间的部位称为连梁，洞口左右之间的部位称为墙肢，两个墙肢的联肢墙称为双肢墙。墙肢是联肢墙的要害部位，双肢墙在水平地震力作用下，一肢处于压、弯、剪，而另一肢处于拉、弯、剪的复杂受力状态，墙肢的高宽比也不会太大，容易形成受剪破坏，延性要差一些。双肢墙的破坏和框架柱一样，可以分为“弱梁型”及“弱肢型”。弱肢型破坏是墙肢先于连梁破坏，因为墙肢以受剪破坏为主，延性差，连梁也不能充分发挥作用，是不理想的破坏形态。弱梁型破坏是连梁先于墙肢屈服，因为连梁仅是受弯受剪，容易保证形成塑性铰转动而吸收地震变形能从而也减轻了端肢的负担。所以联肢墙的设计应把连梁放在抗震第一道防线，在连梁屈服之前，不允许墙肢破坏。而连梁本身还要保证能做到受剪承载力高于弯曲承载力，概括起来就是“强肢弱梁”和“强剪弱弯”。

国内双肢墙的抗震试验还表明，当墙的一肢出现拉力时，拉肢刚度降低，内力将转移集中到另一墙肢(压肢)，这也应引起注意。

4.2.2 抗震墙的内力设计值

有些部位或部件的抗震墙的内力设计值是按内力组合结果取值的，但是也有一些部位或部件为了实现“强肢弱梁”和“强剪弱弯”的目标，或为了把塑性铰限制发生在某个指定的部位，它们的内力设计值有专门的规定。

1.弯矩设计值

一级抗震等级的单肢墙，其正截面弯矩设计值，不完全依照静力法求得的设计弯矩图，而是按照图 4－9 的简图。

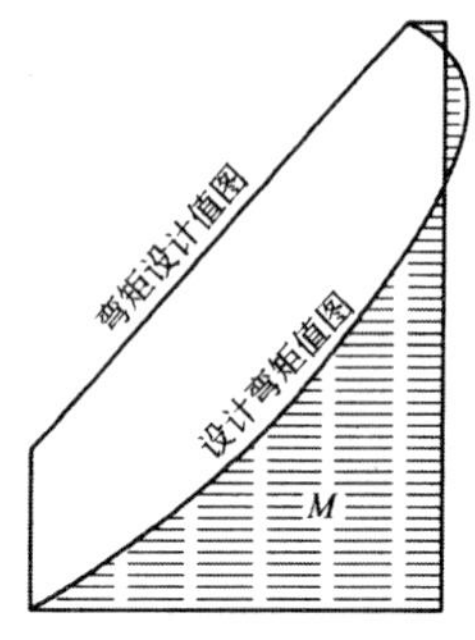

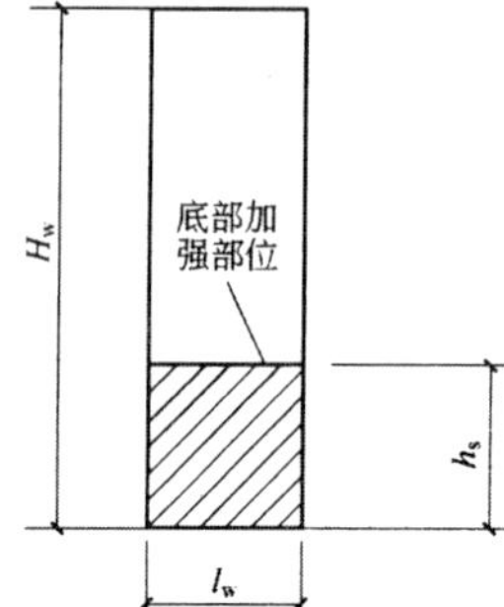

图 4－9　单肢墙的弯矩设计值图

这样的弯矩设计值图有 3 个特点：

①该弯矩设计图基本上接近弹塑性动力法的设计弯矩包络图。

②在底部加强部位，弯矩设计值为定值，考虑了该部位内出现斜截面受弯的可能性。

③在底部加强部位以上的一般部位，弯矩设计值与设计弯矩图相比，有较多的余量，因而大震时塑性铰将必然要发生在 h_s 范围内，这样可以吸收大量的地震能量，缓和地震作用。如果按设计弯矩图配筋，弯曲屈服就可能沿墙任何高度发生。

2.剪力设计值

为保证大地震时塑性铰发生在 h_s 范围内，应满足"强剪弱弯"的条件，使墙体弯曲破坏先于剪切破坏发生。为此，一、二、三级抗震墙底部加强部位，其截面组合的剪力设计值 V 应按下式调整：

$$V=\eta_{vw}V_w$$

9 度时尚应符合：

$$V=1.1(M_{wua}/M_w)V_w \tag{4-41}$$

式中，V、V_w 表示抗震墙底部加强部位截面组合的剪力设计值和计算值；M_{wua} 为抗震受弯承载力所对应的弯矩值；M_w 为抗震墙底部截面组合的弯矩设计值；η_{vw} 为抗震墙剪力增大系数，一级为 1.6，二级为 1.4，三级为 1.2。

3.抗震墙在偏心竖向荷载作用下的计算

偏心竖向荷载可能随梁的集中荷载或随墙的截面而变化。

假定竖向荷载沿高度均匀分布，对双肢墙，计算方法如下(图 4—10、图 4—11)。

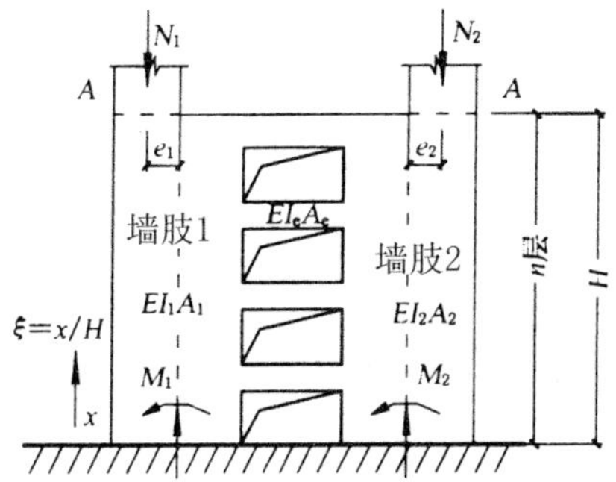

图 4—10　双肢体的荷载分布

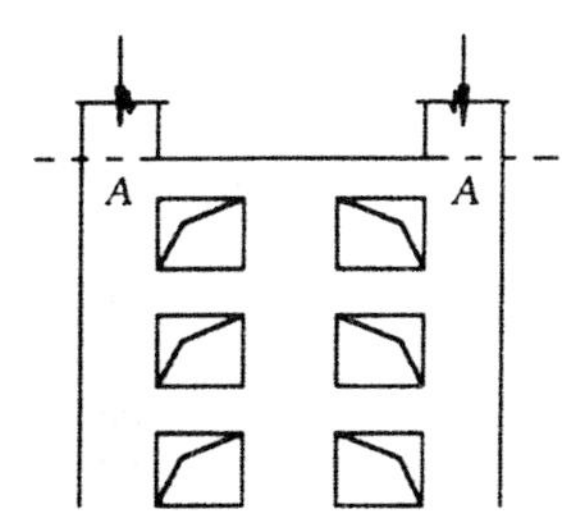

图 4—11　双肢墙的轴向荷载

连梁剪力：

$$V_i = K_0\eta_1 \tag{4—42}$$

连梁弯矩：

$$M_i = \frac{K_0\eta_1 l}{2} \tag{4—43}$$

式中，η_1 由图 4—12 查出；K_0 计算式为

$$K_0 = \frac{S}{I}\left[P_2\left(-e_2 + \frac{I_1+I_2}{aA_2}\right) - P_1\left(e_1 + \frac{I_1+I_2}{aA_2}\right)\right] \tag{4—44}$$

其中，P_1，P_2 为各层平均竖向荷载，$P_1=N_1/n$，$P_2=N_2/n$；

$$I = I_1 + I_2 + Sa$$

$$S = \frac{aA_1A_2}{A_1+A_2}$$

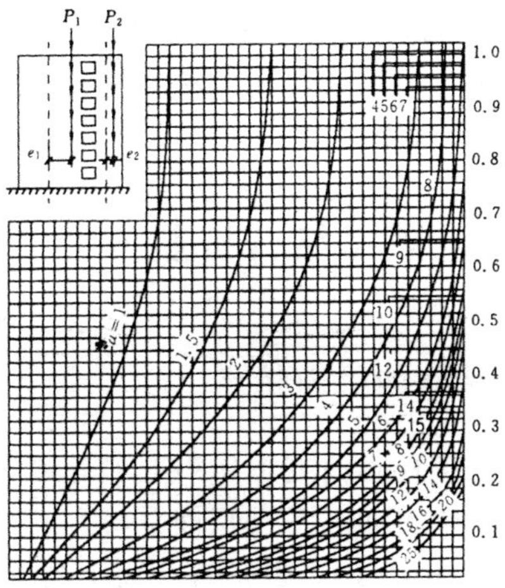

图 4—12　计算连梁剪力及弯矩的系数 η_1(墙肢承受竖向偏心荷载)

墙肢弯矩：

$$M_j=\frac{I_j}{I_1+I_2}\frac{H}{h}[(1-S)(P_1e_1+P_2e_2)-K_0a\eta_2]\quad(j=1,2)\tag{4-45}$$

墙肢轴力：

$$M_j=\frac{H}{h}[-P_j(1-S)\pm K_0\eta_2]\quad(j=1,2)\tag{4-46}$$

式中，η_2 值由图 4－13 查出；j 为墙肢序号。

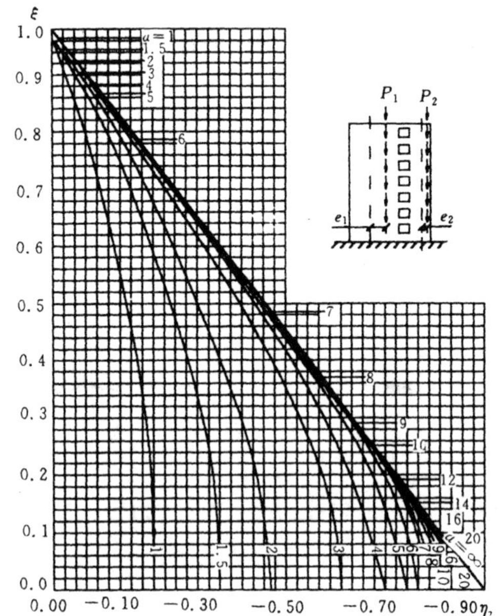

图 4－13　计算墙肢弯矩及轴力的系数 η_2

（墙肢承受竖向偏心荷载）

当为多肢墙时，端部可取相邻两墙肢按双肢墙计算，中间各墙肢可近似取左右两次计算结果的平均值。

4.3 混凝土框架一抗震墙结构抗震设计

4.3.1 框架一抗震墙结构的受力特点

对于纯框架结构，由于柱轴向变形所引起倾覆状的变形影响是次要的，由 D 值法可知，框架结构的层间位移与层间总剪力成正比，自下而上，层间剪力越来越小，因此层间的相对位移，也是自下而上越来越小。这种形式的变形与悬臂梁的剪切变形相一致，故称为剪切型变形。当抗震墙单独承受侧向荷载时，则抗震墙在各层楼面处的弯矩，等于该楼面标高处的倾覆力矩，该力矩与抗震墙纵向变形的曲率成正比，其变形曲线将凸向原始位置。由于这种变形与悬臂梁的弯曲变形相一致，故称为弯曲型变形，如图 4—14 所示。

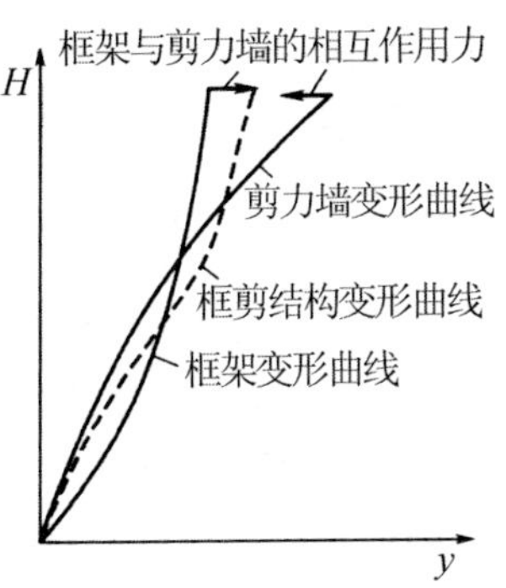

图 4—14　变形曲线对比

抗震墙是竖向悬臂弯曲结构，其变形曲线是悬臂梁型，越向上挠度增加越快(图 4—15(a))。框架的工作特点是类似于竖向悬臂剪切梁，其变形曲线为剪切型，越向上挠度增加越慢(图 4—15(b))。

但是，在框架—抗震墙结构复杂，各自不再能自由变形，而必须在同一楼层上保持位移相等，因此框架—抗震结构的变形曲线是一条反 S 形曲线(图 4—15(c))。

下部楼层—抗震墙位移小，抗震墙承担大部分水平力。在上部楼层，抗震墙外倾，框架除了负担外荷载产生的水平力外，还要把抗震墙拉回来，承担附加的水平力，因此，即使外荷载产生的顶层剪力很小，框架承受的水平力也很大(图 4—15(d))。

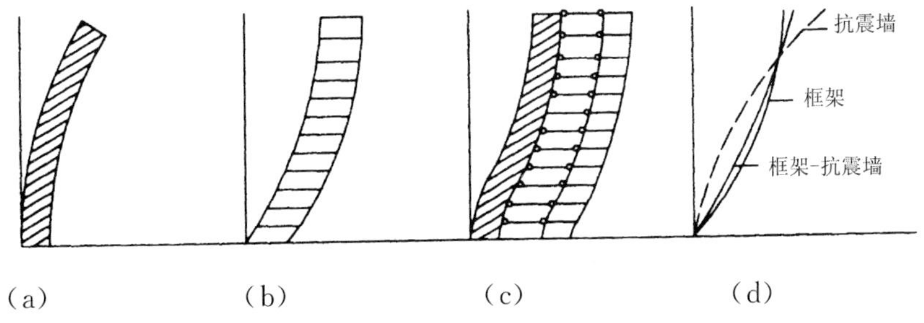

图 4—15　框架—抗震墙结构受力特点

(a)抗震墙；(b)框架；(c)框架—抗震墙；(d)位移曲线

由图 4—16 可见，在框架—抗震墙结构中沿竖向抗震墙与框架水平剪力之比 V_f/V_w 并非常数，它随着楼层标高而变。

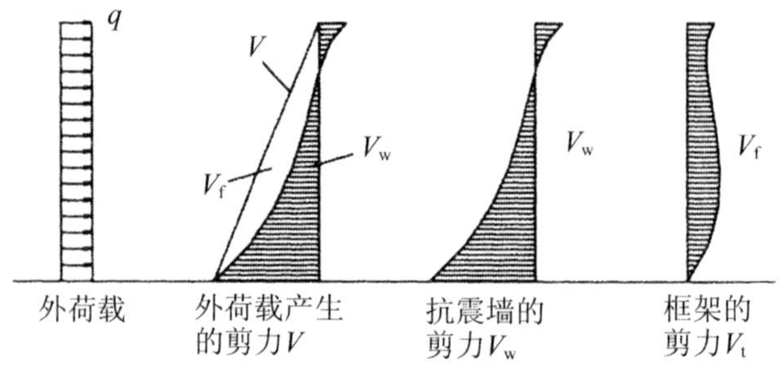

图 4—16　水平力在框架与抗震墙之间分配

因此，在框架一抗震墙结构中的框架受力情况是完全不同于纯框架中的框架受力情况（图 4—17）。在纯框架中，框架受的剪力是下面大，上面小，顶部为零；而在框架一抗震墙结构确框架剪力，却是下部为零，下面小，上面大。

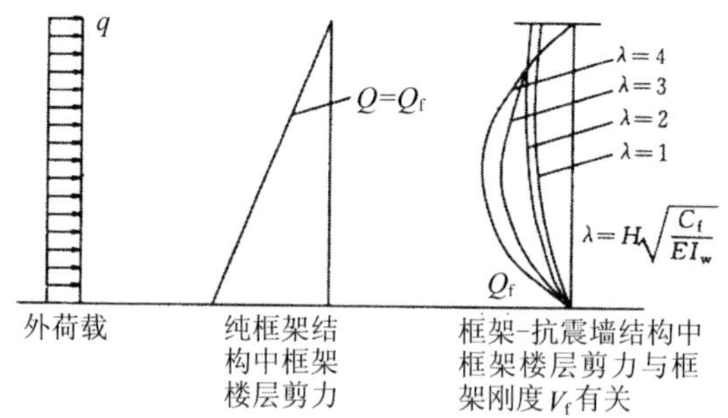

图 4—17　框架的楼层剪力

4.3.2 基本假设和计算简图

1.基本假设

在竖向荷载作用下，框架一抗震墙结构在水平地震作用下的内力和侧移分析，这是一个非常复杂的空间问题。计算时一般采用如下 3 条假设：

①楼板在自身平面内的刚度为无穷大。

②结构的刚度中心与质量中心重合，忽略其扭转影响。

③不考虑抗震墙和框架柱的轴向变形以及基础转动的影响。

2.计算简图

根据以上假设可推知，当结构受到水平地震作用时，框架和抗震墙在同一楼层处的水平位移相等。所有与地震方向平行的抗震墙合并在一起，组成“综合抗震墙”，将所有这个方向的框架合并在一起，组成“综合框架”。如图 4—18(a)所示，这是以防震缝划分的一个结构单元平面，这是一个框架一抗震墙结构体系，它可以简化为图 4－18(b)、图 4－18(c)的计算简化模型。

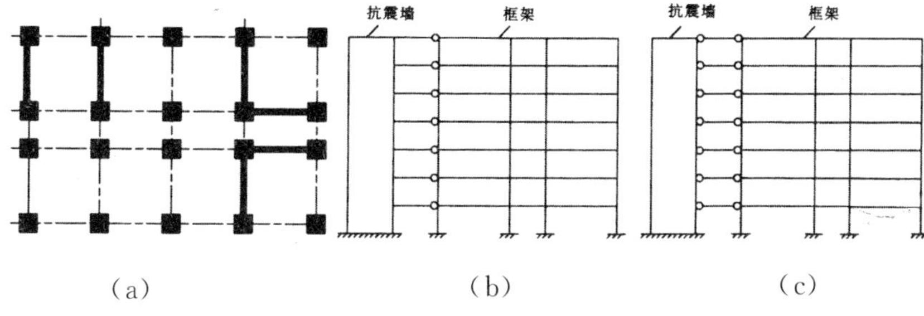

图 4－18　框架—抗震墙结构的简化模型

4.3.3 框架和抗震墙结构的协同工作分析

1.刚接连系梁体系

对于如图 4－19(a)所示的有刚接连系梁的框架—抗震墙结构的计算图，若将结构在连系梁的反弯点处切开(图 4－19(b))，则连系梁中不但有框架和抗震墙之间相互作用水平力 p_i，而且有剪力 Q_i，它将产生约束弯矩 M_i(图 4－19(c))。p_i，M_i 也可进一步化为沿高度分布的 $p(x)$，$M(x)$(图 4－19(d))。因此，对于框架—抗震墙刚接连系梁体系，除了计算水平相互作用下的 $p(x)$外(如铰接体系中所讨论的)，还需要计算连系梁的梁端约束弯矩 M_i。

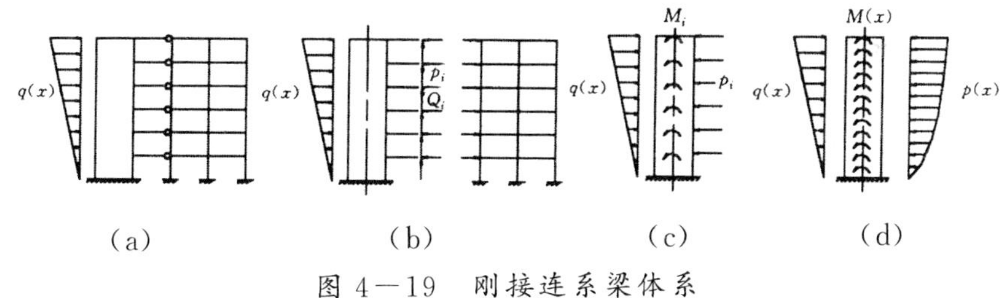

图 4－19　刚接连系梁体系

框架—抗震墙的刚接连系梁，进入抗震墙体部分的刚度可以视为无限大，因此，框架—抗震墙刚接体系的连系梁是在端部带有无限大刚度区段的梁(图 4－20)。

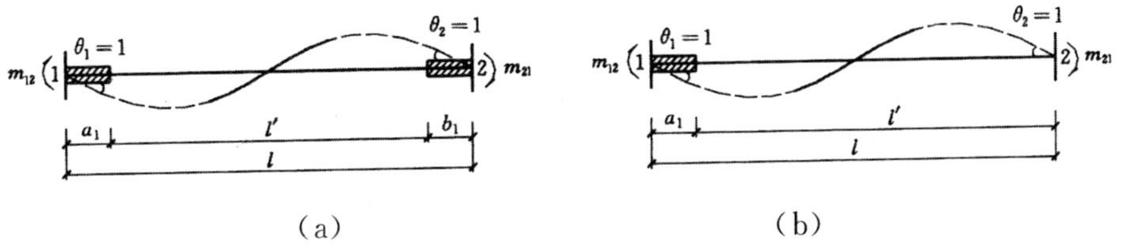

图 4－20　端部带有无限大刚域区段的梁

(a)双肢或多肢剪力墙的连系梁；(b)单肢剪力墙与框架的连系梁

根据结构力学,可以推得两端有刚性段梁的梁端约束弯矩系数:

$$\begin{cases} m_{12}=\dfrac{6EI(1+a)}{l(1-a-b)^3} \\ m_{21}=\dfrac{6EI(1+b-a)}{l(1-a-b)^3} \end{cases} \tag{4-47}$$

式中,m_{12}的物理意义是在梁端 2 产生单位转角时在梁端 1 所需施加的弯矩;m_{21}的意义类似。

令 $b=0$,则得到仅左端带有刚性段梁的梁端约束弯矩系数:

$$\begin{cases} m_{12}=\dfrac{6EI(1+a)}{l(1-a)^3} \\ m_{21}=\dfrac{6EI}{l(1-a)^3} \end{cases} \tag{4-48}$$

相应的梁端约束弯矩为

$$M_{12}=m_{12}\theta, M_{21}=m_{21}\theta$$

注意,在考虑结构协同工作时,假定同一楼层内所有结点的转角 θ 相等。将集中约束弯矩简化为沿结构层高均匀分布的线约束弯矩:

$$m'_{ij}=\frac{M_{ij}}{h}=\frac{m_{ij}}{h}\theta$$

如果同一楼层内 n 个刚接点与抗震墙相连接,则总线弯矩为

$$m=\sum_{k=1}^{n}(m'_{ij})_k=\sum_{k=1}^{n}\left(\frac{m_{ij}}{h}\theta\right)_k \tag{4-49}$$

式中,n 为连梁根数。

图 4—21 是抗震墙脱离体图,由刚接连系梁约束弯矩在抗震墙 x 高度的截面处产生的弯矩为

$$M_m=-\int_x^H m\,dx$$

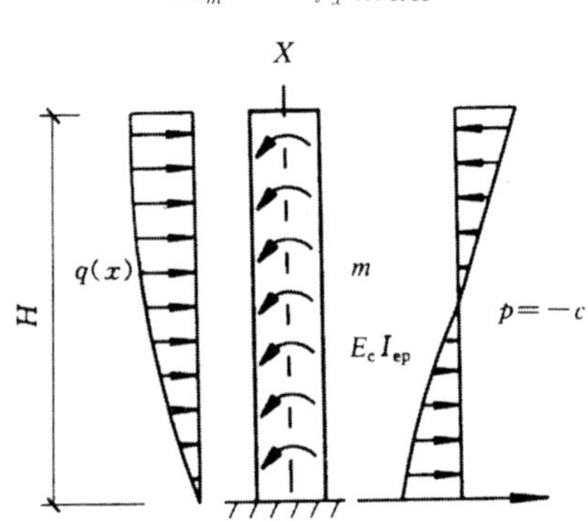

图 4—21　抗震墙脱离体

相应的剪力和荷载为

$$\begin{cases} Q_m = -\dfrac{\mathrm{d}M_m}{\mathrm{d}x} = m = \sum\limits_{k=1}^{n}\left(\dfrac{m_{ij}}{h}\right)_k \dfrac{\mathrm{d}y}{\mathrm{d}x} \\ p_m = -\dfrac{\mathrm{d}Q_m}{\mathrm{d}x} = -\sum\limits_{k=1}^{n}\left(\dfrac{m_{ij}}{h}\right)_k \dfrac{\mathrm{d}y^2}{\mathrm{d}x^2} \end{cases} \tag{4-50}$$

式中，Q_m，p_m 为“等代剪力”、“等代荷载”，分别代表刚性连系梁的约束弯矩所承担的剪力和荷载。

这样，抗震墙部分所受的外荷载为

$$q_w(x) = q(x) - p(x) - p_m(x) \tag{4-51}$$

2.双肢抗震墙的简化计算

由于双肢抗震墙应用较多，下面介绍双肢墙的一种简化计算。

在双肢抗震墙与框架协同工作分析时，可近似按顶点位移相等条件求出双肢抗震墙换算为无洞口墙的等代刚度，再与其他墙和框架一起协同计算(图 4—22)。

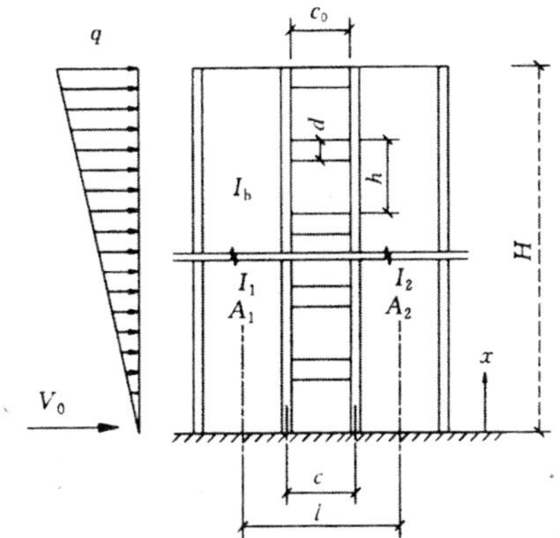

图 4—22　双肢墙的简化

$$E_cI = \frac{1}{\psi}(E_cI_1 + E_cI_2)$$

$$\psi = 1 - \frac{1}{\mu} + \frac{120}{11}\frac{1}{\mu\sigma^2}\left[\frac{1}{3} - \frac{1+\left(\dfrac{\alpha}{2} - \dfrac{1}{\alpha}\right)sh\alpha}{\alpha^2 ch\alpha}\right]$$

式中，系数 ψ 可由图 4—23 查得，图中 α 为区别双肢墙整体性的无量纲特征值。

注：A_1，A_2 为墙肢截面面积；当洞口两侧无柱时，取 $c = c_0 + d/2$。

$$\alpha = H\sqrt{\frac{12\gamma l I_b}{c^3 h(I_1+I_2)}\left[l + \frac{(A_1+A_2)(I_1+I_2)}{A_1A_2l}\right]}$$

$$\gamma = \frac{1}{1+2.8(d/c)^2}$$

式中，γ 为考虑连梁剪切变形对梁抗弯刚度影响的修正系数，当墙或梁的刚度以及各层的层高略有不同时，可用折算法取平均值。

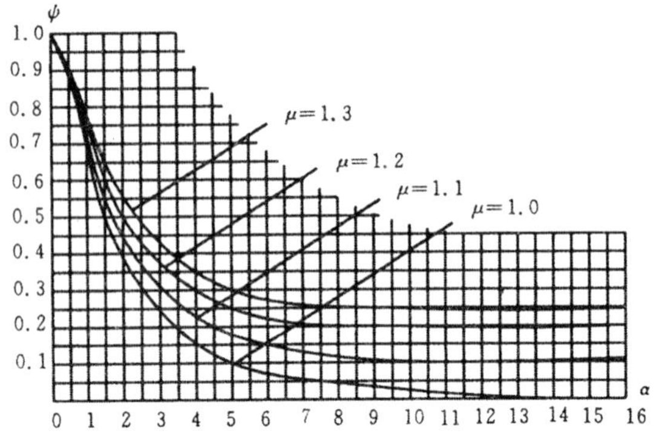

图 4—23 ψ 与 α 的曲线关系图

由协同计算求得双肢墙的基底弯矩，可按基底等弯矩求倒三角分布的等效荷载，然后用以下方法求双肢墙各部的内力。

(1)求连梁最大剪力

$$V_{b\max}=V_0\ \frac{\varphi_{\max}}{I}$$

$$I=I_1+I_2+ml$$

$$m=\frac{l}{\dfrac{1}{A_1}+\dfrac{1}{A_2}}$$

式中，V_0 为按倒三角形荷载求得的双肢墙基剪力；$\varphi_{\max}$可由图 4—24 查得。

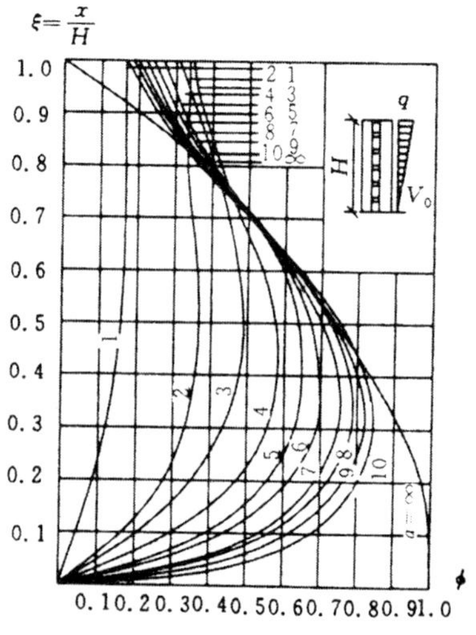

图 4—24 剪力系数 φ 与 ξ 的关系曲线

(2)求连梁最大受剪承载力

$$V_{b\max} \leqslant 0.15 f_c bh_0$$

梁高跨比>2.5 时

$$V_{b\max} \leqslant 0.20 f_c bh_0$$

式中,bh_0 为连梁有效截面面积。

$$\varphi = \frac{2}{\alpha}\left[\frac{sh\alpha - \frac{\alpha}{2} + \frac{1}{2}}{ch\alpha} ch(1-\xi)\alpha - sh\alpha(1-\xi) + \alpha(1-\xi) - \frac{\alpha}{2}(1-\xi)^2 - \frac{1}{\alpha}\right]$$

按基底等弯矩求等效荷载时,基底剪力应与实际剪力值相近,如相差较大,则可分别按两种荷载分布情况求等效荷载,然后叠加(图 4—25),例如,连梁的剪力系数 φ 值为

顶部集中荷载

$$\varphi_1 = 1 - \frac{ch\alpha(1-\xi)}{ch\alpha}$$

均布荷载

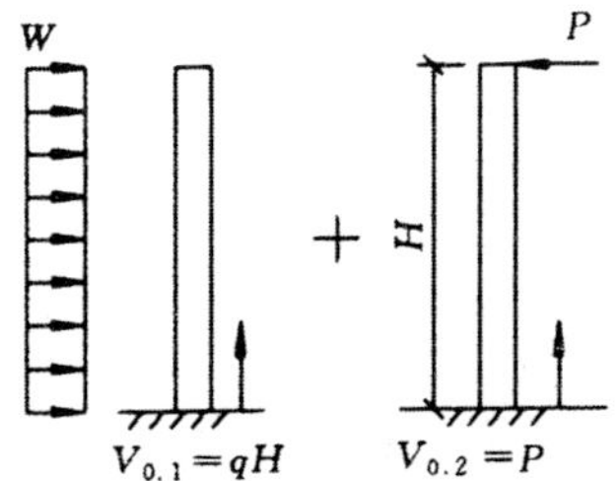

图 4—25　分两种情况求等效荷载

第5章　砌体结构房屋抗震设计

实践证明，除高烈度地震区外，砌体结构房屋只要做到合理设计、按规范采取有效的抗震措施、精心施工，在地震区可以采用并能够达到相应的抗震设防要求。

5.1　多层砌体房屋的震害及其分析

5.1.1 房屋倒塌

当房屋墙体特别是底层墙体整体抗震强度不足时，易造成房屋整体倒塌；当房屋局部或上层墙体抗震强度不足或个别部位构件间连接强度不足时，易造成局部倒塌(图5—1)。

图5—1　砌体房屋倒塌

5.1.2 墙体的破坏

墙体出现斜裂缝主要是由于抗剪强度不足，如图5—2所示。出现水平裂缝的主要原因是墙片平面外受弯。出现竖向裂缝可能是纵墙交接处的连接不好。

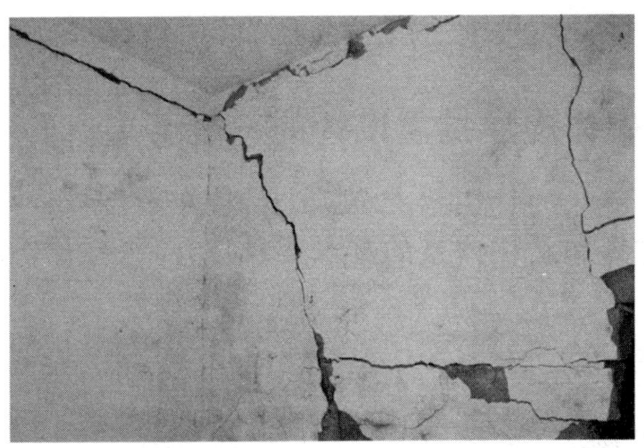

图 5－2　砌体房屋墙体开裂

5.1.3 墙体转角处的破坏

由于墙角位于房屋尽端，房屋对它的约束作用减弱，使该处抗震能力相对降低，还有一个原因就是在地震过程中，如果房屋发生扭转时，墙角处位移反应比房屋其他部位大。

5.1.4 纵横墙连接破坏

纵横墙连接处受力比较复杂，如果施工时纵横墙没有很好地咬槎和连接，地震时易出现竖向裂缝、拉脱，甚至造成外纵墙整片倒塌。

5.1.5 楼梯间破坏

砌体结构的楼梯间一般开间较小，其墙体分配的水平地震作用较多，且沿高度方向缺乏有效支撑，空间整体刚度较小，高厚比较大，稳定性差，地震时易遭破坏。

5.1.6 楼、屋盖的破坏

楼、屋盖是地震时传递水平地震作用的主要构件，其水平刚度和整体性对房屋抗震性能影响很大。楼、屋盖的破坏，主要是由于楼板或梁在墙上的支承长度不够，端部缺乏足够拉结，引起局部倒塌，或因下部支撑墙体破坏倒塌，引起楼、屋盖塌落。

5.1.7 其他破坏

其他破坏主要包括：建筑非结构构件的破坏，围护墙、隔墙、室内装饰的开裂、倒塌；防震缝宽度不够，导致强震时缝两侧墙体碰撞造成损坏等等。

5.2 多层砌体房屋抗震设计的一般要求

5.2.1 建筑布置和结构体系的基本要求

1.平、立面布置

房屋的平、立面布置应尽可能简单、规则、对称，避免采用不规则的平、立面。

2.结构体系

纵墙承重的结构体系，由于横向支承少，纵墙易产生平面外弯曲破坏而导致结构倒塌，因此，对多层砌体房屋应优先采用横墙承重结构方案，其次考虑纵横墙共同承重的结构方案，尽可能避免纵墙承重方案。

砌体墙和混凝土墙混合承重时，由于两种材料性能不同，易出现墙体各个被击破的现象，故应避免。

结构框架体系有以下几种：

①框架一支撑体系(图5—3、图5—4)。

②框架一抗震墙板体系。

③筒体体系(图5—5、图5—6)。

④巨型框架体系(图5—7)。

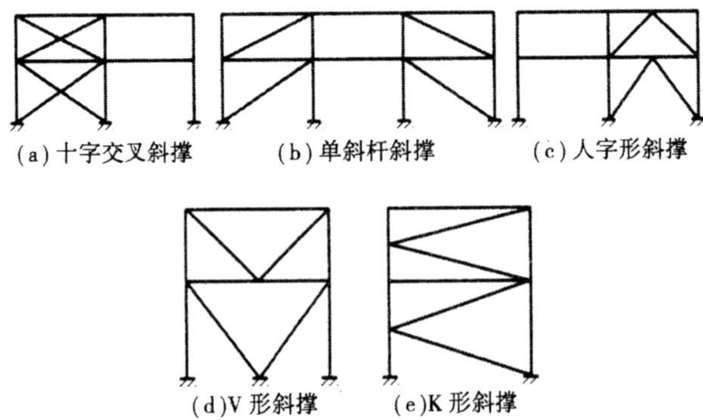

图5—3 各种框架一中心支撑结构支撑体系

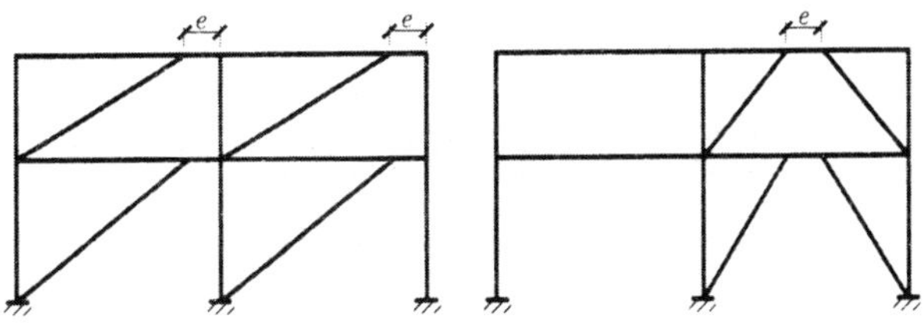

图 5—4　框架—偏心支撑结构体系

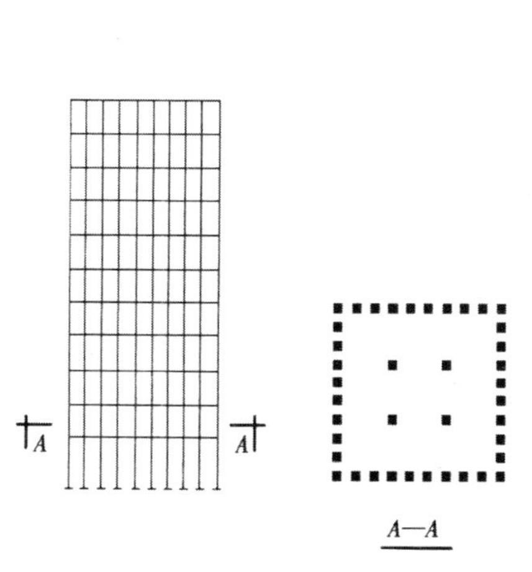

图 5—5　筒体体系

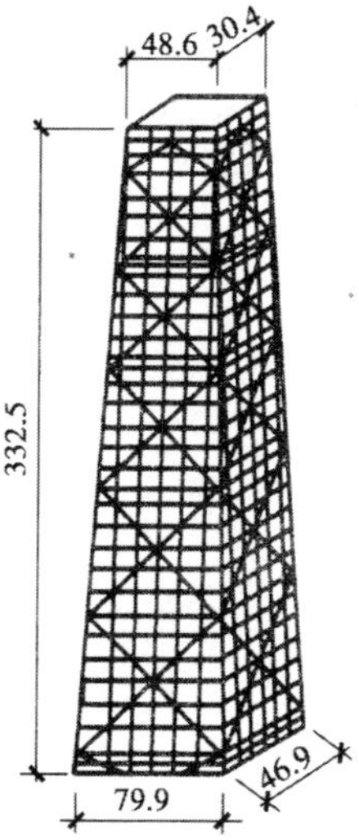

图 5—6　桁架筒体系

图 5—7　巨型框架结构体系

3.纵横墙的布置

砌体房屋纵横墙的布置要求如图 5—8 所示：

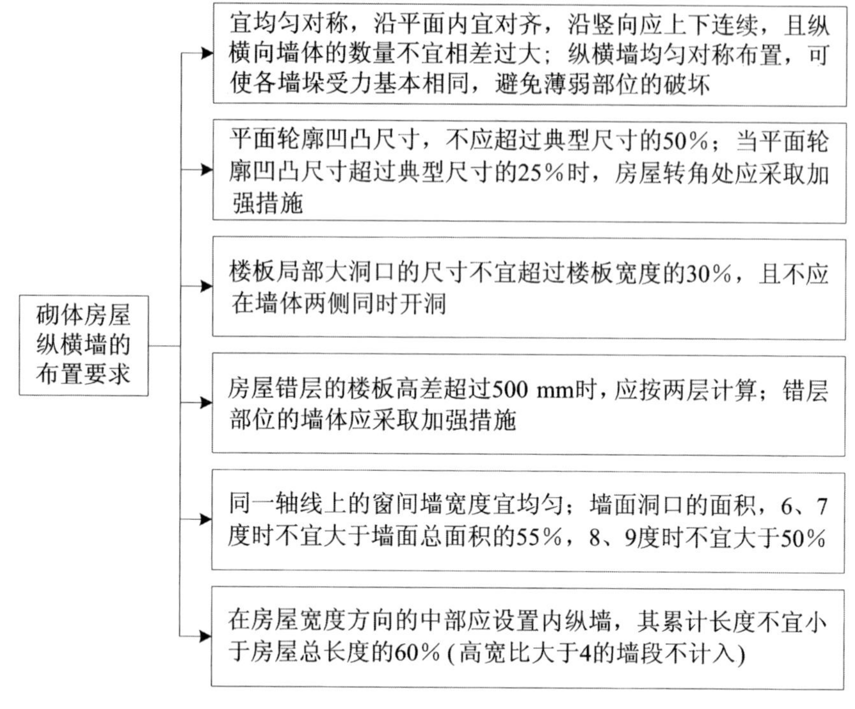

图 5－8　砌体房屋纵横墙的布置要求

5.2.2 房屋总高度和层数限值

历次震害调查表明，砌体房屋的高度越大、层数越多，震害越严重，破坏和倒塌率也越高。因此，对这类房屋的总高度和层数应予以限制，不应超过表 5－1 的限值，且砖房层高不宜超过 4m，砌块房屋层高不宜超过 3.6m。

对医院、教学楼等及横墙较少的多层砌体房屋总高度，应比表 5－1 的规定降低 3m，层数相应减少一层。

表 5—1 房屋的层数和总高度限值

房屋类型		最小抗震墙厚度/mm	烈度和设计基本地震加速度											
			6		7				8				9	
			0.05g		0.10g		0.15g		0.20g		0.30g		0.40g	
			高度	层数	高度	层数	高度	层数	高度	层数	高度	层数	高度	层数
多层砌体房屋	普通砖	240	21	7	21	7	21	7	18	6	15	5	12	4
	多孔砖	240	21	7	21	7	18	6	18	6	15	5	9	3
	多孔砖	190	21	7	18	6	15	5	15	5	12	4		
	小砌块	190	21	7	21	7	18	6	18	6	15	5	9	3
底部框架一抗震墙房屋	普通砖、多孔砖	240	22	7	22	7	19	6	16	5				
	多孔砖	190	22	7	19	6	16	5	13	4				
	小砌块	190	22	7	22	7	19	6	16	5				

5.2.3 房屋最大高宽比

随高宽比增大，多层砌体房屋变形中弯曲效应增加，因此在墙体水平截面产生的弯曲应力也将增大，而砌体的抗拉强度较低，故很容易出现水平裂缝，发生明显的整体弯曲破坏。为此，多层砌体房屋的最大高宽比应符合表5—2的规定，以限制弯曲效应，保证房屋的稳定性。

表 5—2 房屋最大高宽比

烈度	6	7	8	9
最大高宽比	2.5	2.5	2	1.5

5.2.4 抗震横墙的间距

房屋的抗震横墙间距大、数量少，房屋结构的空间刚度就小，同时纵墙的侧向支撑就少，房屋的整体性降低，因而其抗震性能就差。此外，横墙间距过大，楼盖刚度可能不足以传递水平地震作用到相邻墙体，可能使纵墙发生较大的平面弯曲而导致破坏，如图5—9所示。因此，应对砌体房屋抗震横墙间距作限制，表5—3为《抗震规范》对砌体房屋抗震横墙间距的限值。

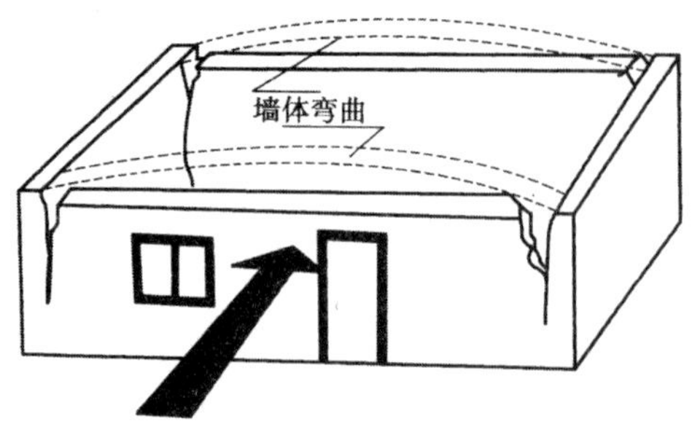

图 5—9　横墙间距过大引起的破坏

表 5—3　砌体房屋抗震横墙间距的限值

房屋类别		烈度			
		6 度	7 度	8 度	9 度
多层砌体房屋	现浇或装配整体式钢筋混凝土楼、屋盖	15	15	11	7
	装配式钢筋混凝土楼、屋盖	11	11	9	4
	木屋盖	9	9	4	
底部框架一抗震墙砌体房屋	上部各层	同多层砌体房屋			
	底层或底部两层	18	15	11	

5.2.5 房屋的局部尺寸

为避免砌体房屋出现薄弱部位，防止因局部破坏而造成整栋房屋结构的破坏甚至倒塌，应对多层砌体房屋的局部尺寸作限制，其限值见表 5—4。

表 5—4　房屋的局部尺寸限值　　单位：*m*

部　位	烈度			
	6 度	7 度	8 度	9 度
承重窗间墙最小宽度	10	10	12	15
承重外墙尽端至门窗洞边的最小距离	10	10	12	15
非承重外墙尽端至门窗洞边的最小距离	10	10	10	10
内墙阳角至门窗洞边的最小距离	10	10	15	20
无锚固女儿墙（非出入口处）的最大高度	0.5	0.5	0.5	0.0

5.3 多层砌体房屋的抗震验算

5.3.1 水平地震作用计算

1.计算简图

在计算多层砌体房屋地震作用时，应以防震缝划分的结构单元作为计算单元，可将多层砌体结构房屋的重力荷载代表值分别集中于各楼层及屋盖处，下端为固定端。

重力荷载代表值(G_i)包括第 i 层楼盖自重、作用在该层楼面上的可变荷载和以该楼层为中心上下各半层的墙体自重(门窗自重)之和。图 5－10 所示为多层砌体房屋的计算简图。

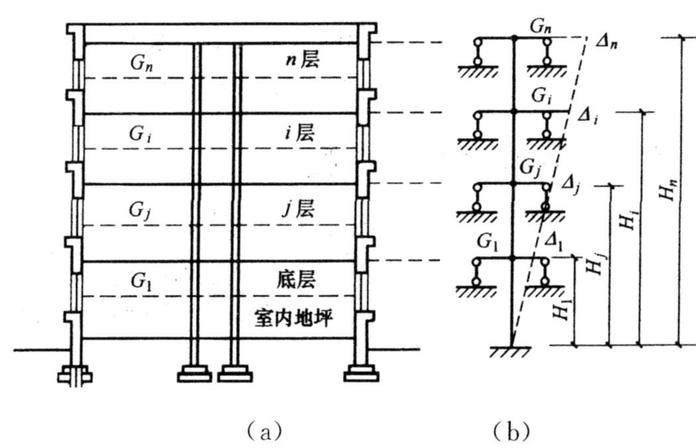

(a)　　　　　　　　(b)

图 5－10　多层砌体房屋的计算简图

(a)多层砌体房屋；(b)计算简图

2.地震作用

结构底部总水平地震作用的标准值 F_{EK} 为

$$F_{EK}=\alpha_1 G_{eq} \tag{5-1}$$

一般采用 $\alpha_1=\alpha_{max}$，α_{max}为动水平地震影响系数最大值。这是偏于安全的。

计算质点 i 的水平地震作用标准值 F_i 时，考虑到多层砌体房屋的自振周期短，地震作用采用倒三角形分布，其顶部误差不大，故取入 $\delta_n=0$，则 F_i 的计算公式为

$$F_i=\frac{G_iH_i}{\sum_{j=1}^{n}G_jH_j}F_{EK} \tag{5-2}$$

如图 5—11 所示，作用在第 i 层的地震剪力 V_i 为 i 层以上各层地震作用之和，即

$$V_i=\sum_{j=i}^{n}F_j \tag{5-3}$$

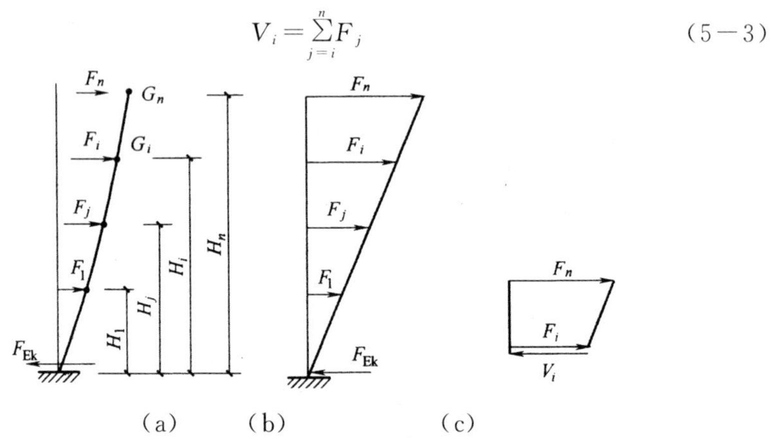

(a)　(b)　(c)

图 5—11　多层砌体房屋地震作用分布图

(a)地震作用分布图;(b)地震作用图; (c) i 层地震剪力

5.3.2 楼层地震剪力在墙体中的分配

1.墙体的侧向刚度

假定各层楼盖仅发生平移而不发生转动，将各层墙体视为下端固定、上端嵌固的构件，墙体在单位水平力作用下的总变形包括弯曲变形和剪切变形，如图 5—12 所示。

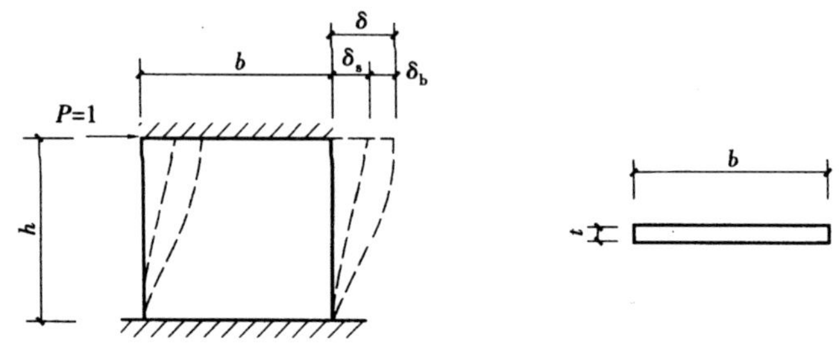

图 5—12　墙体在单位水平力作用下的变形

弯曲变形 δ_b 剪切变形 δ_s 和总变形 δ 分别为

$$\delta_b=\frac{h^3}{12EI}=\frac{1}{Et}\frac{h}{b}\left(\frac{h}{b}\right)^2 \tag{5-4}$$

$$\delta_s=\frac{\xi h}{AG}=3\ \frac{1}{Et}\frac{h}{b} \tag{5-5}$$

$$\delta=\delta_b+\delta_s \tag{5-6}$$

式中，h，b，t 分别为墙体高度、宽度和厚度；A 为墙体的水平截面面积，$A=bt$；I 为墙体的水平截面惯性矩，$I=\frac{tb^3}{12}$；ξ 为截面剪应力分布不均匀系数，对矩形截面取 $\xi=1.2$；E 为砌体弹性模量；G 为砌体剪切模量，一般取 $G=0.4E$。

将 A、I、G 的表达式和 ξ 代入上式，可得到构件在单位水平力作用下的总变形 δ，即构件的侧移柔度为

$$\delta=\frac{1}{Et}\frac{h}{b}\left(\frac{h}{b}\right)^2+3\ \frac{1}{Et}\frac{h}{b} \tag{5-7}$$

图 5－13 给出了不同高宽比 $\frac{h}{b}$ 的墙体，其剪切变形和弯曲变形的数量关系以及在总变形中所占的比例。可以看出：当 $\frac{h}{b}<1$ 时，墙体变形以剪切变形为主，弯曲变形仅占总变形的 10% 以下；当 $\frac{h}{b}>4$ 时，墙体变形以弯曲变形为主，剪切变形在总变形中所占的比例很小，墙体侧移柔度值很大；当 $1\leqslant\frac{h}{b}\leqslant4$ 时，剪切变形和弯曲变形在总变形中均占有相当的比例。为此，《抗震规范》规定：

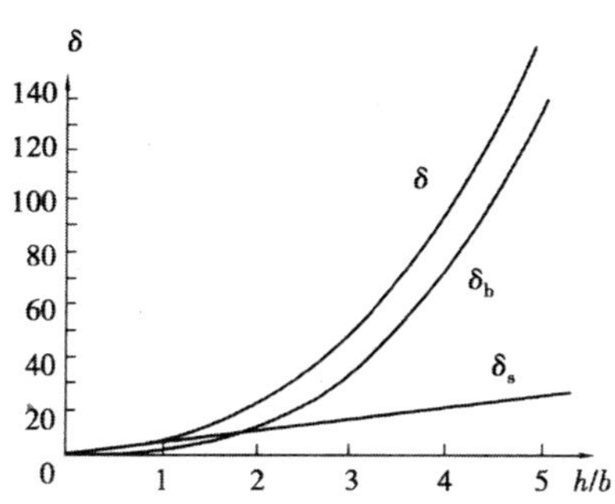

图 5－13　不同高宽比墙体的剪切变形和弯曲变形

① $\frac{h}{b}<1$ 时，确定墙体侧向刚度可只考虑剪切变形的影响，即

$$K_s=\frac{1}{\delta_s}=\frac{Et}{\frac{3h}{b}} \tag{5-8}$$

②$1\leqslant\frac{h}{b}\leqslant4$ 时，应同时考虑弯曲变形和剪切变形的影响，即

$$K=\frac{1}{\delta}=\frac{Et}{\frac{h}{b}\left[3+\left(\frac{h}{b}\right)^2\right]} \tag{5-9}$$

③$\frac{h}{b}>4$ 时，侧移柔度值很大，可不考虑其侧向刚度，即取 $K=0$。

墙体高宽的取值如图 5－14 所示。

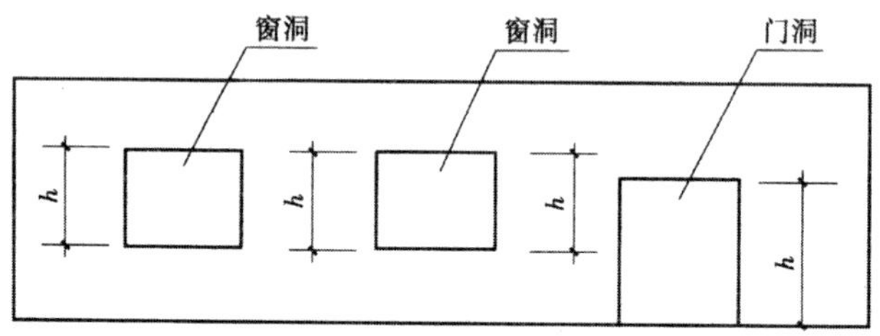

图 5－14　墙段高度的取值

对设置构造柱的小开口墙段按毛墙面计算的侧向刚度，可根据开洞率乘以表 5－5 的墙段洞口影响系数。

表 5－5　墙段洞口影响系数

开洞率	0.10	0.20	0.30
影响系数	0.98	0.94	0.88

2. 楼层地震剪力 $\mathbf{V}_i$ 的分配

(1)楼层横向地震剪力 V_i 的分配

V_i 在横向各抗侧力墙体间的分配，不仅取决于每片墙体的侧向刚度，而且取决于楼盖的水平刚度。下面就实际工程中常用的 3 种楼盖类型：刚性楼盖、柔性楼盖和中等刚性楼盖分别进行讨论。

1)刚性楼盖

刚性楼盖是指楼盖的平面内刚度为无穷大，如抗震横墙间距符合表 5－3 的现浇或装配整体式钢筋混凝土楼、屋盖。在水平地震作用下，认为刚性楼盖在其水平面内无变形，仅发生刚体位移，可视为在其平面内绝对刚性的水平连续梁，而横墙视为该梁的弹性支座，如图 5－15 所示。当忽略扭转效应时，楼盖仅发生刚体平动，则各横墙产生的侧移相等。地震作用通过刚性梁作用于支座的力即为抗震横墙所承受的地震剪力，它与支座的弹性刚度成正比，支座的弹性刚度即为该抗震横墙的侧向刚度。

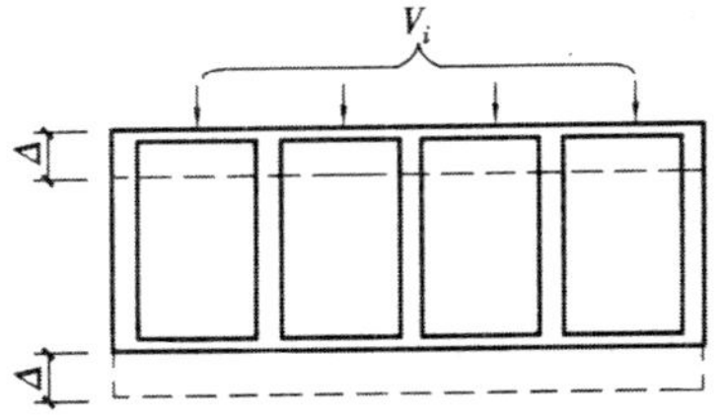

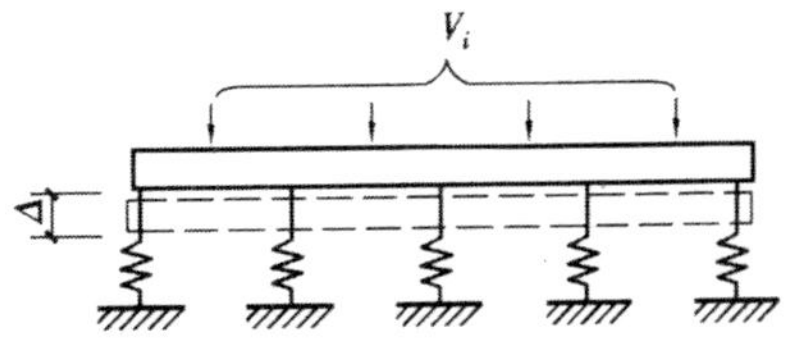

图 5—15　刚性楼盖抗震横墙的水平位移

设第 i 层有 m 片抗震横墙，各片横墙所分担的地震剪力 V_{ij} 之和即为该层横向地震剪力 V_i

$$\sum_{j=1}^{m} V_{ij} = V_i \qquad (i=1,2,\cdots,n) \tag{5—10}$$

式中，V_{ij} 为第 i 层第 j 片横墙所分担的地震剪力，可表示为该片墙的侧移值 Δ_{ij} 与其侧向刚度 K_{ij} 的乘积，即

$$V_{ij} = \Delta_{ij} K_{ij} \tag{5—11}$$

因为 $\Delta_{ij} = \Delta_i$，则由式(5—10)和式(5—11)，可得

$$\Delta_i = \frac{V}{\sum_{j=1}^{m} K_{ij}} \tag{5—12}$$

$$V_{ij} = \frac{K_{ij}}{\sum_{j=1}^{m} K_{ij}} V_i \tag{5—13}$$

式(5—13)表明，对刚性楼盖，楼层横向地震剪力可按抗震横墙的侧向刚度比例分配于各片抗震横墙。计算墙体的侧向刚度 E_{ij} 时，可只考虑剪切变形的影响，按式(5—8)计算。

若第 i 层各片墙的高度 h_{ij} 相同，材料相同，则 E_{ij} 相同，将式(5—8)代入式(5—13)得

$$V_{ij} = \frac{A_{ij}}{\sum_{j=1}^{m} A_{ij}} V_i \tag{5—14}$$

式中，A_{ij} 为第 i 层第 j 片墙的净横截面面积。

式(5—14)表明，对于刚性楼盖，当各抗震墙的高度、材料相同时，其楼层水平地震剪力可按各抗震墙的横截面面积比例进行分配。

2)柔性楼盖

柔性楼盖是假定其平面内刚度为零(如木屋盖)，从而各抗震横墙在横向水平地震作用下的变形是自由的，不受楼盖的约束。此时，楼盖变形除平移外还有弯曲变形，在各横墙处的变形不同，变形曲线有转折，可近似地将整个楼盖视为多跨简支梁，各横墙为梁的弹性支座，如图 5—16 所示。各横墙承担的水平地震作用，为该墙从属面积上的重力荷载所产生的水平地震作用，

故各横墙承担的地震剪力 V_{ij} 可按各墙所承担的上述重力荷载代表值的比例进行分配，即

$$V_{ij}=\frac{G_{ij}}{G_i}V_i \tag{5-15}$$

式中，G_i 为第 i 层楼盖所承担的总重力荷载代表值；G_{ij} 为第 i 层第 j 片墙从属面积所承担的重力荷载代表值。

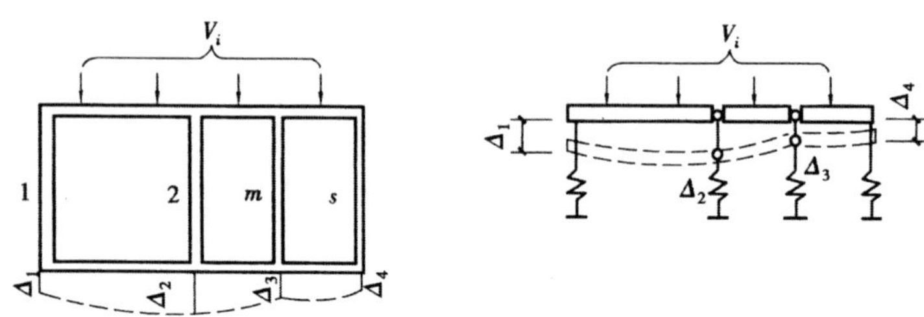

图 5－16　柔性楼盖抗震横墙的水平位移

当楼盖上重力荷载均匀分布时，上述计算可简化为按各墙体从属面积比例进行分配，即

$$V_{ij}=\frac{S_{ij}}{S_i}V_i \tag{5-16}$$

式中，S_{ij} 为第 i 层第 j 片墙体从属面积，取该墙与左右两侧相邻横墙之间各一半楼盖建筑面积之和；S_i 为第 i 层楼盖的建筑面积。

3）中等刚度楼盖

中等刚度楼盖是指楼盖的刚度介于刚性楼盖与柔性楼盖之间，如装配式钢筋混凝土楼盖。在这种情况下，各抗震横墙承担的地震剪力计算比较复杂，在一般多层砌体房屋的设计中，可近似取上述两种地震剪力分配方法的平均值，即第 i 层第 j 片横墙所承担的地震剪力 V_{ij} 为

$$V_{ij}=\frac{1}{2}\left(\frac{K_{ij}}{\sum_{j=1}^{m}K_{ij}}+\frac{G_{ij}}{G_i}\right)V_i \tag{5-17}$$

当第 i 层各片墙的高度相同、材料相同、楼盖上重力荷载均匀分布时，V_{ij} 也可表示为

$$V_{ij}=\frac{1}{2}\left(\frac{A_{ij}}{\sum_{j=1}^{m}A_{ij}}+\frac{S_{ij}}{S_i}\right)V_i \tag{5-18}$$

（2）楼层纵向地震剪力的分配

不管什么类型楼盖的砌体房屋，一律采用刚性楼盖假定，楼层纵向地震剪力在各纵墙间的分配按式（5－13）计算。

（3）同一片墙上各墙段（墙肢）间的地震剪力分配

砌体房屋中，对于某一片纵墙或横墙多如果开设有门窗，则该片墙体被门窗洞口分为若干墙段（墙肢），如图 5－14 所示。即使该片墙的抗震强度满足规范要求，但其墙段的抗震强度仍有可能不满足规范要求，因此还需计算各墙段所承担的地震剪力，并进行抗震强度验算。

在同一片墙上，由于圈梁和楼盖的约束作用，一般认为其各墙段的侧向位移相同，因而各墙段所承担的地震剪力可按各墙段的侧向刚度比例进行分配。设第 i 层第 j 片墙共划分出 n 个墙段，则其中第 r 个墙段分配到的地震剪力为

$$V_{ijr}=\frac{K_{ijr}}{\sum_{r=1}^{n}K_{ijr}}V_{ij} \tag{5-19}$$

5.3.3 墙体抗震强度验算

砌体房屋的抗震强度验算，可归结为一片墙或一个墙段的抗震强度验算，而不必对每一片墙或每一个墙段都进行抗震验算。根据通常的设计经验，抗震强度验算时，只是对纵、横向的不利墙段进行截面抗震强度的验算，而不利墙段为：a.承担地震作用较大的墙段；b.竖向压应力较小的墙段；c.局部截面较小的墙段。

1.砌体抗震抗剪强度

在大量墙片试验基础上，结合震害调查资料进行综合估算后，《抗震规范》规定，各类砌体沿阶梯形截面破坏的抗震抗剪强度设计值应按下式确定：

$$f_{vE}=\zeta_N f_v \tag{5-20}$$

式中，f_{vE} 为砌体沿阶梯形截面破坏的抗震抗剪强度设计值；f_v 为非抗震设计的砌体抗剪强度设计值；ζ_N 为砌体抗震抗剪强度的正应力影响系数，按表 5－6取值。

表 5－6　砌体强度的正应力影响系数

砌体类别	σ_0/f_v							
	0.0	1.0	3.0	5.0	7.0	10.0	12.0	≥16.0
普通砖、多孔砖	0.80	0.99	1.25	1.47	1.65	1.90	2.05	
小砌块		1.23	1.69	2.15	2.57	3.02	3.32	3.92

2.普通砖、多孔砖墙体的抗震强度验算

一般情况下，普通砖、多孔砖墙体的截面抗震受剪承载力应按下式验算：

$$V \leqslant \frac{f_{vE}A}{\gamma_{RE}} \tag{5-21}$$

式中，V 为墙体剪力设计值；A 为墙体横截面面积，多孔砖取毛截面面积；γ_{RE} 为承载力抗震调整系数，对自承重墙取 0.75。

采用水平配筋的墙体，截面抗震受剪承载力应按下式验算：

$$V \leqslant \frac{1}{\gamma_{RE}}(f_{vE}A + \zeta_s f_{yh} A_{sh}) \tag{5-22}$$

式中，f_{yh} 为水平钢筋抗拉强度设计值；A_{sh} 为层间墙体竖向截面的总水平钢筋面积，其配筋率应不小于 0.07% 且不大于 0.17%；ζ_s 为钢筋参与工作系数，可按表 5-7 采用。

表 5-7　钢筋参与工作系数

墙体高宽比	0.4	0.6	0.8	1.0	1.2
ζ_s	0.10	0.12	0.14	0.15	0.12

当按式(5-21)、式(5-22)验算不满足要求时，可计入基本均匀设置于墙段中部、截面不小于 240mm×240mm 且间距不大于 4m 的构造柱对受剪承载力的提高作用，按下列简化方法验算：

$$V \leqslant \frac{1}{\gamma_{RE}}[\eta_c f_{vE}(A - A_c) + \zeta_c f_t A_c + 0.8 f_{yc} A_{sc} + \zeta_s f_{yh} A_{sh}] \tag{5-23}$$

式中，A_c 为中部构造柱的横截面总面积。对横墙和内纵墙，$A_c > 0.15A$ 时，取 $0.15A$；对外纵墙，$A_c > 0.25A$ 时，取 $0.25A$；f_t 为中部构造柱的混凝土轴心抗拉强度设计值；A_{sc} 为中部构造柱的纵向钢筋截面总面积(配筋率不小于 0.6%，大于 1.4% 时取 1.4%)；f_{yh}、f_{yc} 分别为墙体水平钢筋、构造柱钢筋抗拉强度设计值；ζ_c 为中部构造柱参与工作系数，居中设一根时取 0.5，多于一根时取 0.4；η_c 为墙体约束修正系数，一般情况取 1.0，构造柱间距不大于 3.0m 时取 1.1。

3.小砌块墙体的抗震强度验算

小砌块墙体的截面抗震受剪承载力应按下式验算：

$$V \leqslant \frac{1}{\gamma_{RE}}[f_{vE}A + (0.3 f_t A_c + 0.05 f_y A_s)\zeta_c] \tag{5-24}$$

式中，f_t 为芯柱混凝土轴心抗拉强度设计值；A_c 为芯柱截面总面积；A_s 为芯

柱钢筋截面总面积；ζ_c 为芯柱参与工作系数，可按表5－8采用。

表5－8　芯柱参与工作系数

填孔率 ρ	$\rho<0.15$	$0.15\leqslant\rho<0.25$	$0.25\leqslant\rho<0.5$	$\rho\geqslant0.5$
ζ_c	0.0	1.0	1.10	1.15

5.4 多层砌体房屋抗震构造措施

房屋抗震设计的基本原则是小震不坏、大震不倒，对于多层砌体房屋一般不进行罕遇地震作用下的变形验算，而是通过采取加强房屋整体性及加强连接等一系列构造措施来提高房屋的变形能力，确保房屋大震不倒。根据构造措施设置的主要目的，可将构造措施分成如下两大部分。

5.4.1 多层砌体房屋的抗震构造措施

1.钢筋混凝土构造柱及芯柱设置

钢筋混凝土构造柱或芯柱的抗震作用在于和圈梁一起对砌体墙片乃至整幢房屋产生一种约束作用，使墙体在侧向变形下仍具有良好的竖向及侧向承载力，提高墙片的往复变形能力，从而提高墙片及整幢房屋的抗倒塌能力。

对于砖房可设置钢筋混凝土构造柱，而对混凝土空心砌块房屋，可利用空心砌块孔洞设置钢筋混凝土芯柱。

对多层砖房应按表5－9要求设置钢筋混凝土构造柱。

表5－9　砖房构造柱设置要求

<table>
<tr><th colspan="4">房屋层数</th><th colspan="2" rowspan="2">设　置　部　位</th></tr>
<tr><th>6度</th><th>7度</th><th>8度</th><th>9度</th></tr>
<tr><td>四、五</td><td>三、四</td><td></td><td></td><td rowspan="3">楼梯间四角，楼梯斜梯段上下端对应的墙体处；外墙四角和对应转角；错层部位横墙与外纵墙交接处；大房间内外墙交接处；较大洞口两侧</td><td>隔12m或单元横墙与外纵墙交接处；楼梯间对应的另一侧内横墙与外纵墙交接处</td></tr>
<tr><td>六</td><td>五</td><td>四</td><td></td><td>隔开间横墙（轴线）与外墙交接处；山墙与内纵墙交接处</td></tr>
<tr><td>七</td><td>≥六</td><td>≥五</td><td>≥三</td><td>内墙（轴线）与外墙交接处；内墙局部较小墙垛处；内纵墙与横墙（轴线）交接处</td></tr>
</table>

多层砖房钢筋混凝土构造柱的设置要求与构造要求如图 5－17 所示。

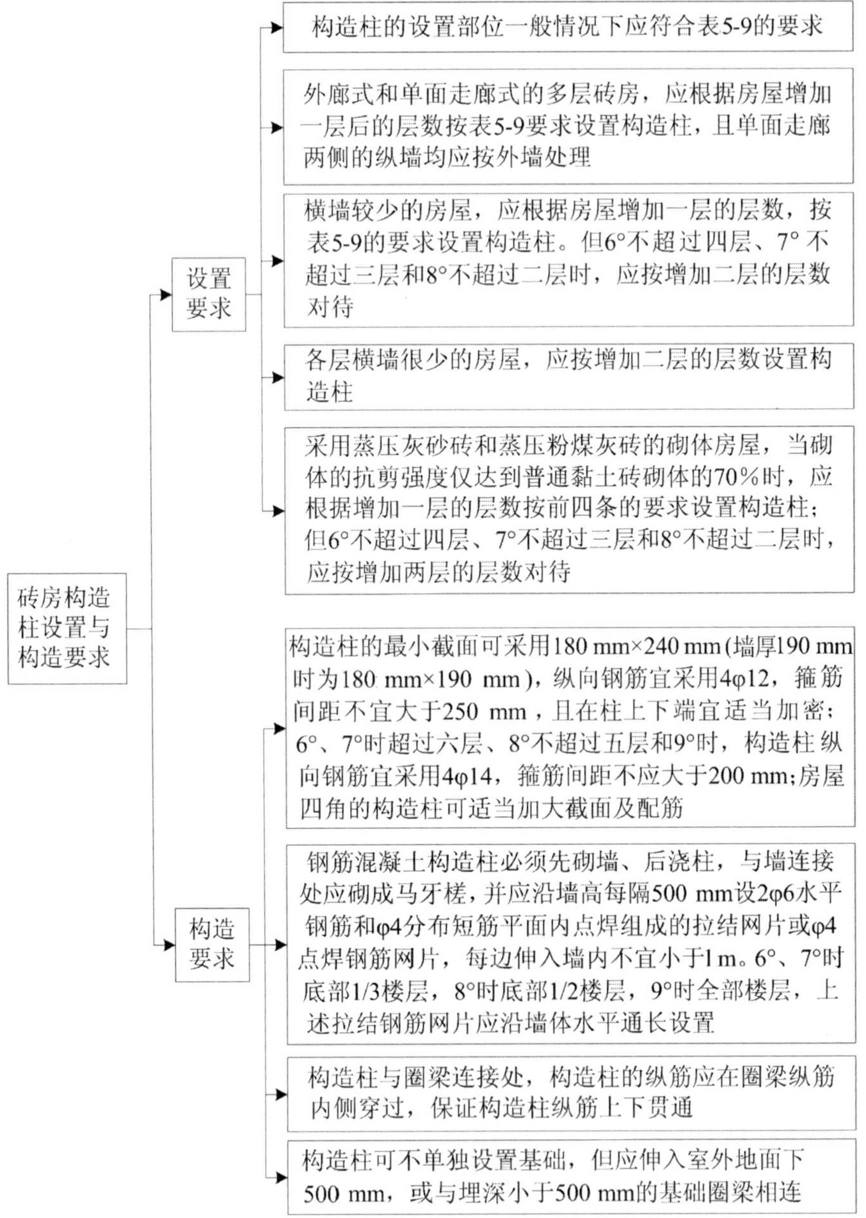

图 5－17　多层砖房钢筋混凝土构造柱的设置要求与构造要求

拉结钢筋网片应沿墙体水平通长设置如图 5－18 所示。

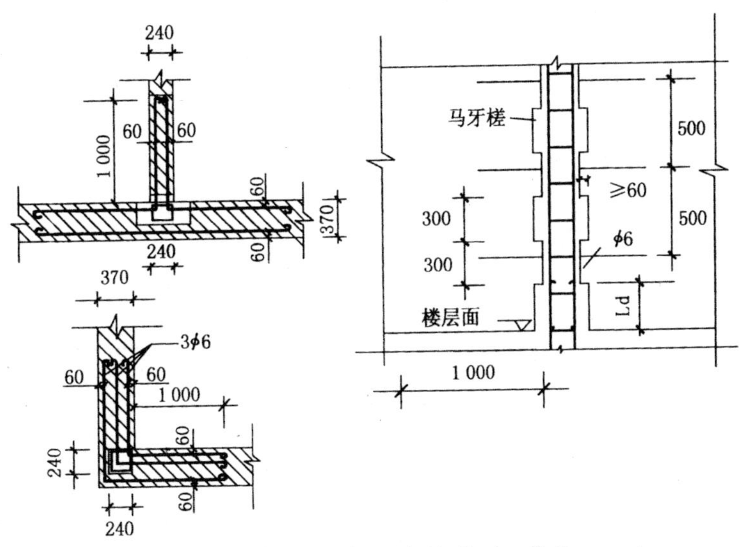

图 5—18　构造柱与墙体连接构造(单位:mm)

2.合理布置钢筋混凝土圈梁

钢筋混凝土圈梁是提高多层砌体房屋抗震性能的一种经济有效的措施，对房屋抗震性能有重要作用。多层砌体房屋的现浇钢筋混凝土圈梁的设置要求与构造要求如图 5—19 所示。

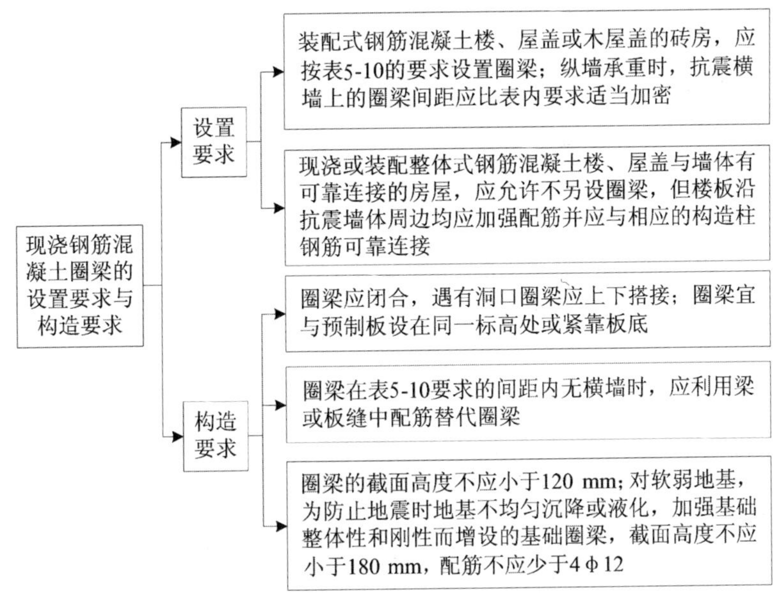

图 5—19　多层砌体房屋的现浇钢筋混凝土圈梁的设置要求与构造要求

表 5—10　多层砖砌体房屋现浇钢筋混凝土圈梁设置要求

墙类	烈度		
	6°、7°	8°	9°
外墙与内纵墙	屋盖处及每层楼盖处	屋盖处及每层楼盖处	屋盖处及每层楼盖处
内横墙	同上；屋盖处间距不应大于 4.5 m；楼盖处间距不应大于 7.2 m；构造柱对应部位	同上；各层所有横墙，且间距不应大于 4.5 m；构造柱对应部位	同上；各层所有横墙

未设圈梁时楼板周边加强配筋的连接方式如图 5—20 所示。

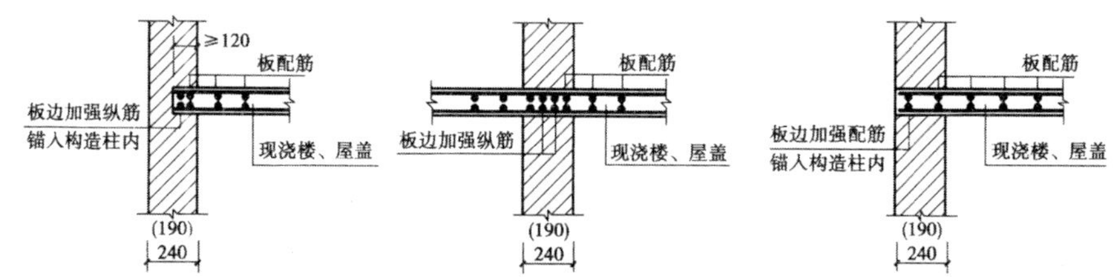

图 5—20　未设圈梁时楼板周边加强配筋

3.加强构件间的连接

构件间的连接要求如图 5—21 所示。

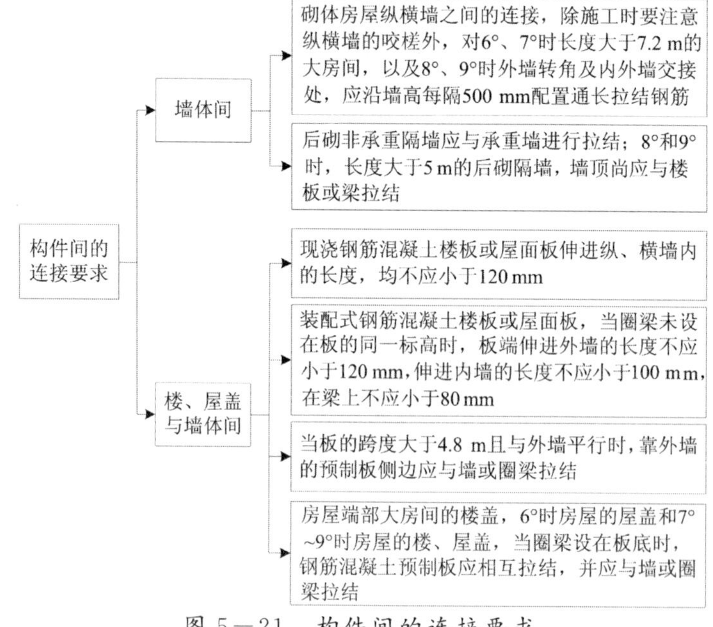

图 5—21　构件间的连接要求

图 5－22～图 5－24 分别为后砌非承重隔墙与承重墙的拉结、靠外墙的预制板侧边与墙或圈梁拉结、房屋端部大房间的预制板与内墙或圈梁拉结的示意图。

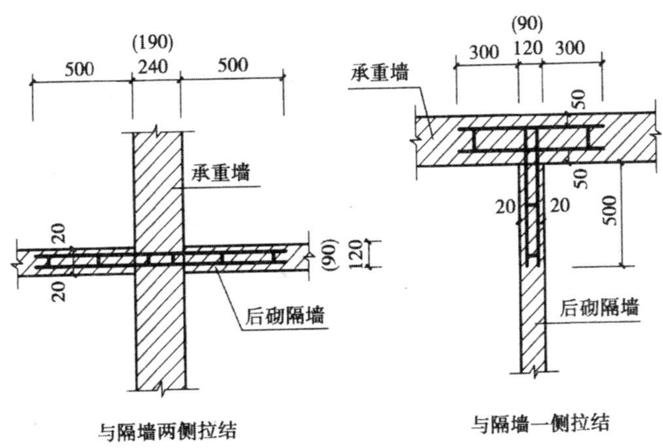

图 5－22　后砌非承重隔墙与承重墙的拉结

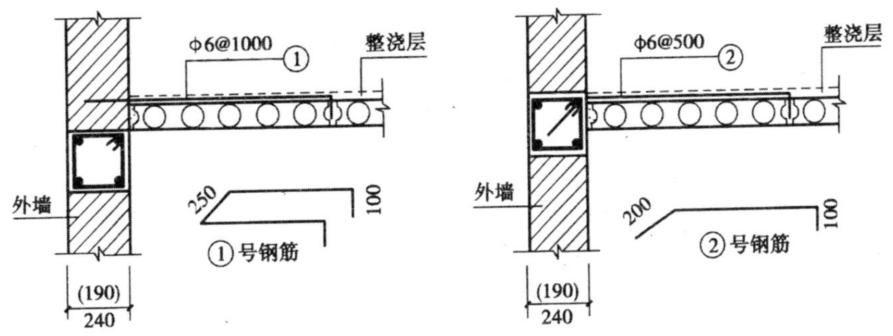

图 5－23　靠外墙的预制板侧边与墙或圈梁拉结

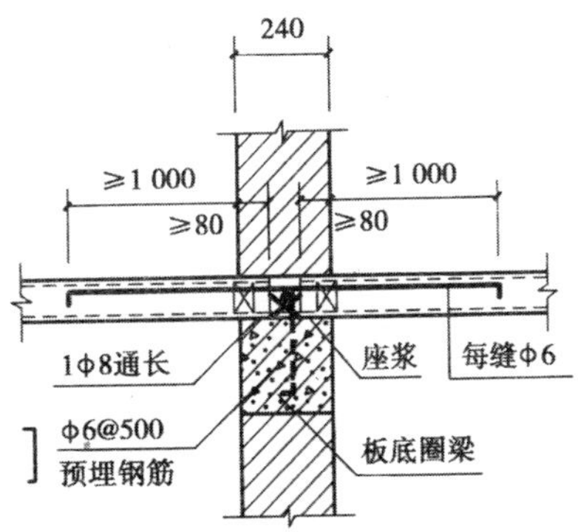

图 5－24　房屋端部大房间的预制板与内墙或圈梁拉结

4.重视楼梯间的构造要求

楼梯间是地震时人员疏散和救灾的通道，所以多层砌体房屋楼梯间的构造非常重要，具体如图 5－25 所示，楼梯间墙体的配筋构造如图 5－26 所示。

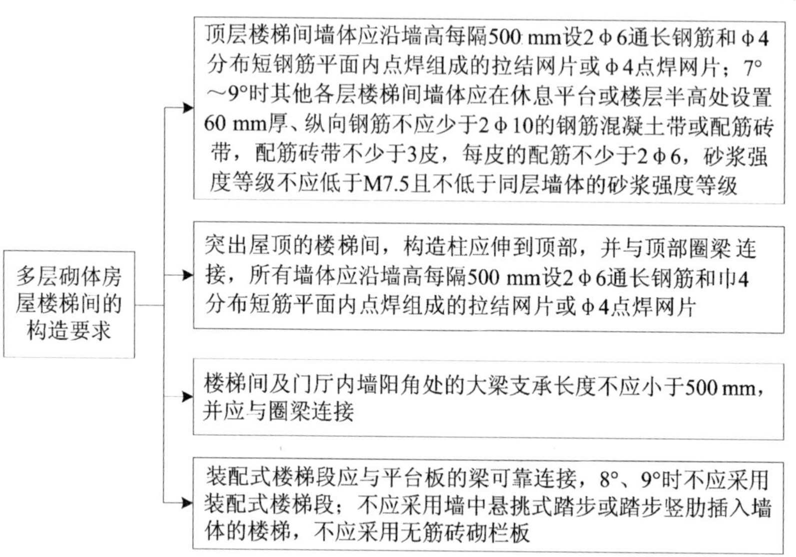

图 5－25　楼梯间构造的要求

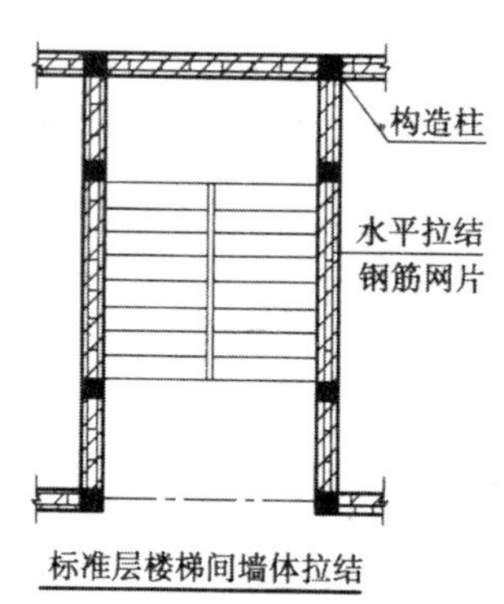

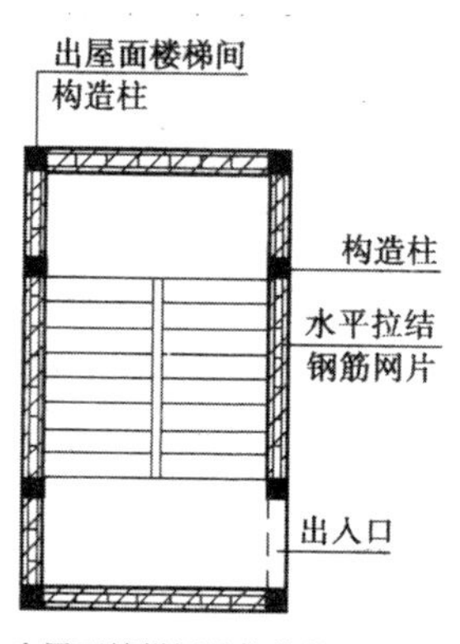

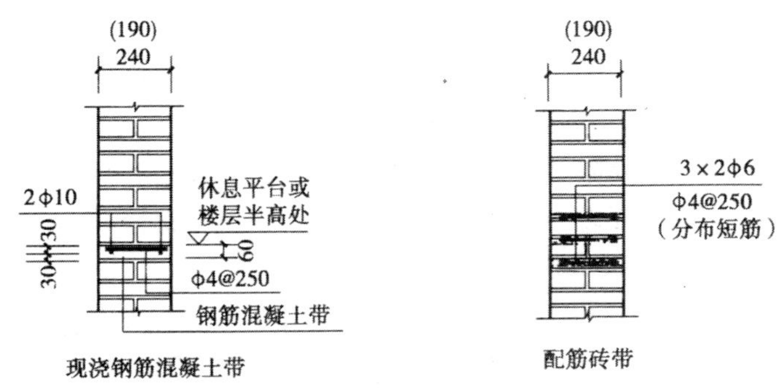

图 5—26　楼梯间墙体的配筋构造

5. 其他构造要求

《抗震规范》除了对多层砌体房屋的钢筋混凝土的构造柱、圈梁、构件、楼梯间的构造做出要求外，还对门窗、洞口、阳台等的构造提出了具体的要求，如图 5—27 所示。

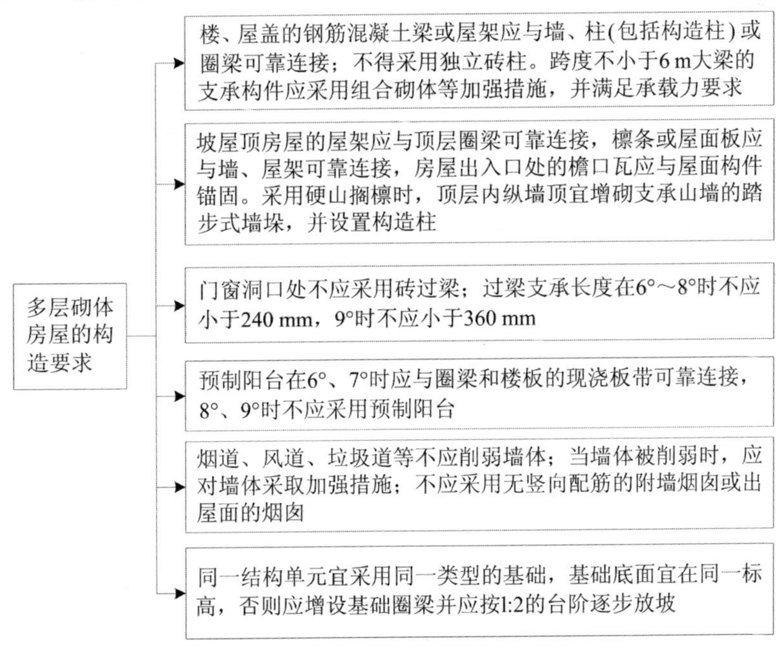

图 5—27　多层砌体房屋的其他构造要求

5.4.2 多层砌体房屋的抗震设计算例

【例 5—1】图 5—28 为某 3 层砖砌体办公楼，楼梯间突出屋顶，其平、剖面简图及尺寸如图。楼、屋盖为采用装配式钢筋混凝土预应力空心板，横墙承重。外墙宽度370mm，内墙和出屋面间墙宽240mm，砖的强度等级为MU10；混合砂浆强度等级M5。除图中注明者外，窗口尺寸为1.5m×2.1m，窗台高度0.9m，门洞尺寸为0.9m×2.4m，正门及两侧门为1.5m×2.4m。无雪荷载和积灰荷载，设防烈度为7°，设计基本地震加速度值为0.10g，建筑场地为Ⅱ类，设计地震分组为一组。试进行抗震承载力验算。

【解】1.重力荷载代表值计算

(1)屋顶间屋盖层：

①预应力空心板包括灌缝、石灰焦砟找坡、刚性防水层、砖礅、隔热板、天棚等5.67kN/m²。

屋顶间面积(近似按轴线尺寸计算)3.3×5.4=17.82m²

重量5.67×17.82=101.0kN

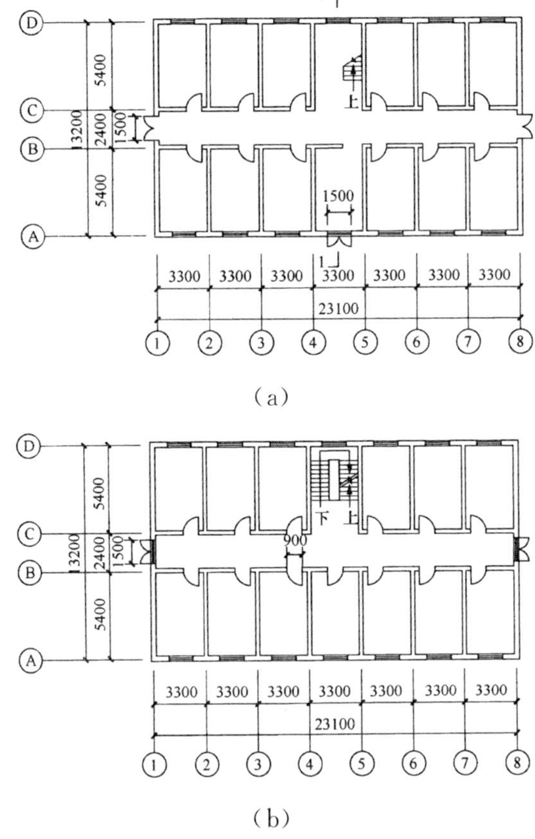

图5—28　多层砌体结构平、剖面图

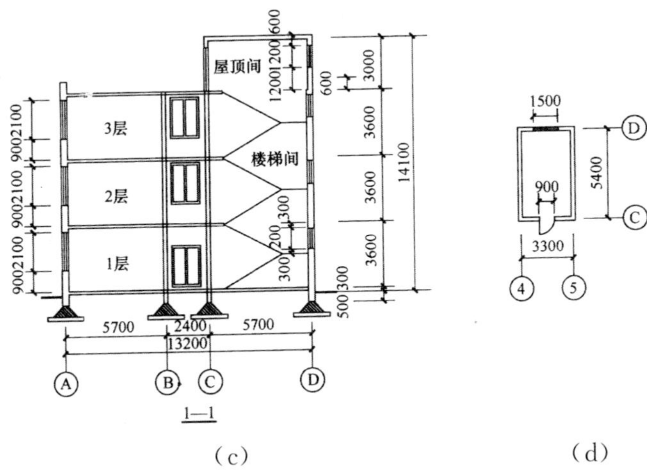

图 5－28 多层砌体结构平、剖面图(xfne 续)

(a)底层平面图;(b)标准层平面图;(c)1—1 剖面图;(d)突出屋顶层平面图

②屋顶间上半段墙体重量:

240mm 厚墙(双面粉刷):5.24kN/m^2;370mm

厚墙(双面粉刷):7.71kN/m^2

横墙:(5.4×1.5)×2×5.24＝84.9kN

纵墙:[(3.3×1.5－0.9×0.9)＋(3.3×1.5－1.5×0.6)]×5.24＝42.9kN

小计:84.9kN＋42.9kN＝127.8kN

③屋顶间屋面活荷载:

0.5kN/m^2×17.82m^2＝8.9kN

G_4＝(101.0＋127.8)＋0.5×8.9＝233kN

(2)屋盖层

①600mm 高女儿墙:(13.2＋23.1)×0.6×2×5.24＝247.1kN

②屋面层面积(包括楼梯间):23.1m×13.2m＝304.9m^2

重量:5.67kN/m^2×304.9m^2＝1728.8kN

③屋顶间下半段墙体重量:

横墙:(5.4×1.5)×2×5.24＝84.9kN

纵墙:[(3.3×1.5－0.9×1.5)＋(3.3×1.5－1.5×0.6)]×5.24＝40.1kN

小计:84.9＋40.1＝125.0kN

④三层上半段墙体重量:

横墙:(5.4×1.8)×12×5.24＋(13.2×1.8－1.5×1.2)×2×7.71＝949.8kN

内纵墙:(3.3×1.8－0.9×0.6)×13×5.24＝367.8kN

外纵墙：[(23.1×1.8)×2－(1.5×1.2)×13－1.5×1.2]×7.71＝446.9kN

小计：949.8＋367.8＋446.9＝1764.5kN

⑤屋面活荷载：

$2.0kN/m^2 \times 304.9m^2 = 609.8kN$

$G_3 = (247.1 + 1728.8 + 125.0 + 1764.5) + 0.5 \times 609.8 = 4170kN$

(3)二层

①预应力空心板包括灌缝、水磨石地面、天棚等 $3.55kN/m^2$。

面积(包括楼梯间)：23.1m×13.2m＝304.9m。

重量：$3.55kN/m^2 \times 304.9m^2 = 1082.4kN$

②三层下半段墙体重量：

横墙：(5.4×1.8)×12×5.24＋(13.2×1.8－1.5×0.9)×2×7.71＝956.7kN

内纵墙：(3.3×1.8－0.9×1.8)×13×5.24＝294.3kN

外纵墙：[(23.1×1.8)×2－(1.5×0.9)×13]×7.71＝505.9kN

小计：956.7＋294.3＋505.9＝1756.9kN

③二层上半段墙体重量同三层：1764.5kN

④楼面活荷载：$2.0kN/m^2 \times 304.9m^2 = 609.8kN$

$G_2 = (1082.4 + 1756.9 + 1764.5) + 0.5 \times 609.8 = 4909kN$

(4)一层

①楼层重量同二层：1082.4kN

②二层下半段墙体重量同三层：1756.9kN

③一层上半段墙体重量：

横墙：(5.4×2.2)×12×5.24＋(13.2×2.2－1.5×1.0)×2×7.71＝1171.7kN

内纵墙：(3.3×2.2－0.9×1.0)×12×5.24＝399.9kN

外纵墙：[(23.1×2.2)×2－(1.5×1.6)×12－1.5×1.0－1.5×1.2]×7.71＝536.2kN

小计：1171.1＋399.9＋536.2＝2107.2kN

④楼面活荷载：$2.0kN/m^2 \times 304.9m^2 = 609.8kN$

$G_1 = 1082.4 + 1756.9 + 2107.2 + 0.5 \times 609.8 = 5251kN$

总的重力荷载代表值：

$\sum G_i = 5251 + 4909 + 4170 + 233 = 14563kN$

2.水平地震作用

图 5－29 为计算简图及地震剪力图。

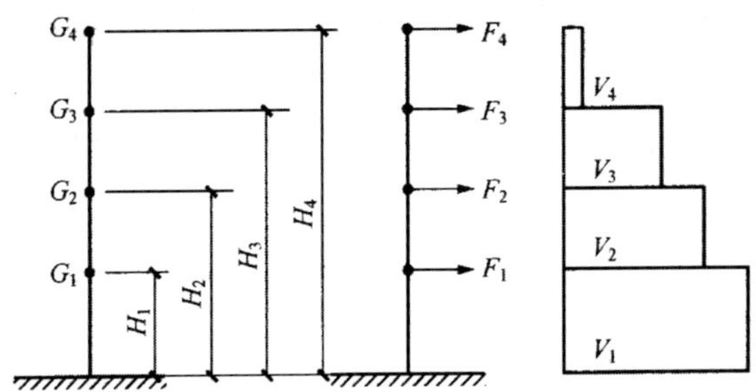

图 5－29　多层砌体结构计算简图及地震剪力图

（1）总水平地震作用标准值

由设防烈度7度、设计基本地震加速度0.10g，可知 $\alpha_1=\alpha_{max}=0.08$，则：

$$F_{EK}=\alpha_1 G_{eq}=\alpha_1\times 0.85\sum G_i=0.08\times 0.85\times 14563=990.3\text{kN}$$

（2）楼层水平地震作用和地震剪力标准值

质点 i 的地震作用标准值为 $F_i=\dfrac{G_iH_i}{\sum\limits_{j=1}^{n}G_jH_j}F_{EK}$，第 i 层的地震剪力标准值为 $V_i=\sum\limits_{j=i}^{n}F_j$，$V_i$ 的计算过程见表5－11。

表 5－11　楼层地震剪力

层号	G_i/kN	$\dfrac{H_i}{m}$	G_iH_i	$\dfrac{G_iH_i}{\sum\limits_{j=1}^{n}G_jH_j}$	$\dfrac{F_i}{\text{kN}}$	$\dfrac{V_i}{\text{kN}}$
屋顶间	233	14.6	3402	0.0298	29.5	29.5
3	4170	11.6	48372	0.4234	419.3	448.8
2	4909	8.0	39372	0.3446	341.3	790.1
1	5251	4.4	23104	0.2022	200.2	990.3
$\sum$	14563		114250	1	990.3	

3.抗震承载力验算

对于 $M5$ 砂浆的砖砌体 $f_v=0.11\dfrac{N}{\text{mm}^2}$。

（1）屋顶间横墙

①剪力分配。

考虑鞭梢效应的影响，屋顶间的地震剪力乘以增大系数 3，则

$$V_4=3\times29.5=88.5\text{kN}$$

④轴和⑤轴的横墙完全对称，仅验算④轴。侧向刚度 $K_{44}=K_{45}$，从属荷载面积 $F_{44}=F_{45}$，有

$$V_{44}=\frac{1}{2}\left(\frac{K_{44}}{\sum K_{4m}}+\frac{F_{44}}{\sum F_{4m}}\right)V_4$$

$$=\frac{1}{2}\left(\frac{K_{44}}{K_{44}+K_{55}}+\frac{F_{44}}{F_{44}+F_{55}}\right)V_4=\frac{1}{2}\times88.5=44.3\text{kN}$$

②承载力验算。

该墙段为承重墙，$\gamma_{RE}=1$。

墙的横截面面积 $A=240\text{mm}\times5640\text{mm}=1.3536\times10^6\text{mm}^2$。

计算该墙段的去层高处水平截面上重力荷载代表值引起的平均竖向压应力

$$\sigma_0=\frac{1.5\times5.24+(5.67+0.5\times0.5)\times1.65}{0.240}\times10^{-3}=0.07345\ \frac{N}{\text{mm}}^2$$

$$\frac{\sigma_0}{f_v}=\frac{0.07345}{0.11}=0.6677$$

查表 5－6 得：$\zeta_N=0.9269$，则

$$f_{vE}=\zeta_N f_v=0.9269\times0.11=0.1020\ \frac{N}{\text{mm}^2}$$

$$\frac{f_{vE}A}{\gamma_{RE}}=0.1020\times1.3536\times10^6=138.0\text{kN}$$

该墙段承担的地震剪力设计值：

$V=\gamma_{Eh}V_{44}=1.30\times44.3=57.6\text{kN}<138.0\text{kN}$，满足要求。

(2)屋顶间纵墙。

①各纵墙侧移刚度。

对于Ⓒ轴纵墙计算简图如图 5－30(a)所示。

对 $4Cla$、$4Clb$ 墙段：$\frac{h}{b}=\frac{2.40}{1.32}=1.818>1$

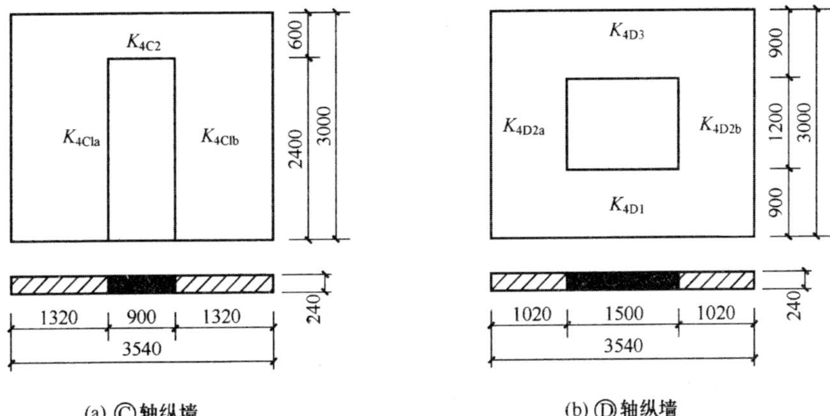

图 5—30　屋顶间纵墙计算简图

$$K_{4Cla}=K_{4Clb}=\frac{1}{3\frac{h}{b}+\left(\frac{h}{b}\right)^3}Et=\frac{1}{3\times1.818+1.818^3}\times0.24E=0.02094E$$

对于 4C2 墙段：$\frac{h}{b}=\frac{0.60}{3.54}=0.1695<1$

$$K_{4Cla}=\frac{1}{3\frac{h}{b}}Et=\frac{1}{3\times0.1695}\times0.24E=0.4720E$$

$$K_{4Cl}=\frac{1}{\frac{1}{K_{4Cla}+K_{4Clb}}+\frac{1}{K_{4C2}}}=\frac{1}{\frac{1}{0.02094E+0.02094E}+\frac{1}{0.4720E}}=0.03847E$$

对于 D 轴纵墙计算简图如图 5—30(b)所示。

对 $4D1$、$4D3$ 墙段：$\frac{h}{b}=\frac{0.90}{3.54}=0.2542<1$

$$K_{4D1}=K_{4D3}=\frac{1}{3\frac{h}{b}}Et=\frac{1}{3\times0.2542}\times0.24E=0.3147E$$

对 $4D2a$、$4D2b$ 墙段

$$\frac{h}{b}=1.02=1.176>1K_{4D2a}=K_{4D2b}=\frac{1}{3\frac{h}{b}+\left(\frac{h}{b}\right)^3}Et=\frac{1}{3\times1.176+1.176^3}$$

$$\times0.24E=0.04656E$$

四层纵向总侧移刚度为：

$$K_4=K_{4C}+K_{4D}=0.03847E+0.01712E=0.05559E$$

②剪力分配。

◎轴纵墙承担的地震剪力为

$$V_{4C}=\frac{K_{4C}}{K_4}V_4=\frac{0.03847E}{0.05559E}\times 88.5\text{kN}=61.24\text{kN}$$

$$V_{4C1a}=\frac{1}{2}V_{4C}=\frac{1}{2}\times 61.24=30.62\text{kN}$$

@轴纵墙承担的地震剪力为

$$V_{4D}=\frac{K_{4D}}{K_4}V_4=\frac{0.01712E}{0.05559E}\times 88.5\text{kN}=27.26\text{kN}$$

$$V_{4D2a}=\frac{1}{2}V_{4D}=\frac{1}{2}\times 27.26=13.63\text{kN}$$

③承载力验算。

验算©轴纵墙 1a 段和@轴纵墙 2a 段，该墙段为自承重墙，取 $\gamma_{RE}=0.75$。

©轴纵墙 1a 段横截面面积 $A=1320\times 240=0.3168\times 10^6\text{mm}^2$。

计算该墙段的1/2层高处水平截面上重力荷载代表值引起的平均竖向压应力

$$\sigma_0=\frac{(3.54\times 1.5-0.90\times 0.90)\times 5.24}{(3.54-0.9)\times 0.240}\times 10^{-3}=0.03722\ \frac{N}{\text{mm}}^2$$

$$\frac{\sigma_0}{f_v}=\frac{0.03722}{0.11}=0.3384$$

查表5－6得：$\zeta_N=0.8643$，则

$$f_{vE}=\zeta_N f_v=0.8643\times 0.11\ \frac{N}{\text{mm}^2}=0.09507\ \frac{N}{\text{mm}^2}$$

$$\frac{f_{vE}A}{\gamma_{RE}}=\frac{0.09507\times 0.3168\times 10^6}{0.75}=40.16\times 10^3 N=40.16\text{kN}$$

@轴纵墙 2a 段横截面面积 $A=1020\times 240=0.2448\times 10^6\text{mm}^2$。

计算该墙段的1/2层高处水平截面上重力荷载代表值引起的平均竖向压应力

$$\sigma_0=\frac{(3.54\times 1.5-1.50\times 0.60)\times 5.24}{(3.54-1.50)\times 0.240}\times 10^{-3}=0.04720\ \frac{N^2}{\text{mm}}$$

$$\frac{\sigma_0}{f_v}=\frac{0.04720}{0.11}=0.4291$$

查表5－6得：$\zeta_N=0.8815$，则

$$f_{vE}=\zeta_N f_v=0.8815\times 0.11\ \frac{N}{\text{mm}^2}=0.09697\ \frac{N}{\text{mm}^2}$$

$$\frac{f_{vE}A}{\gamma_{RE}}=\frac{0.09697\times 0.2448\times 10^6}{0.75}=31.65\times 10^3 N=31.65\text{kN}$$

地震剪力设计值为$\frac{f_{vE}A}{\gamma_{RE}}=1.30\times13.63\text{kN}=17.72N<31.65\text{kN}$满足要求。

(3)一层横墙

①各横墙侧移刚度。

12 个内横墙完全相同，其中每个墙段$\frac{h}{b}=\frac{4.4}{5.64}=0.780<1$，侧移刚度为

$$K_{12a}=\frac{1}{3\frac{h}{b}}Et=\frac{1}{3\times0.780}\times0.24E=0.1026E$$

对于①、⑧轴墙的计算简图如图 5－31 所示。

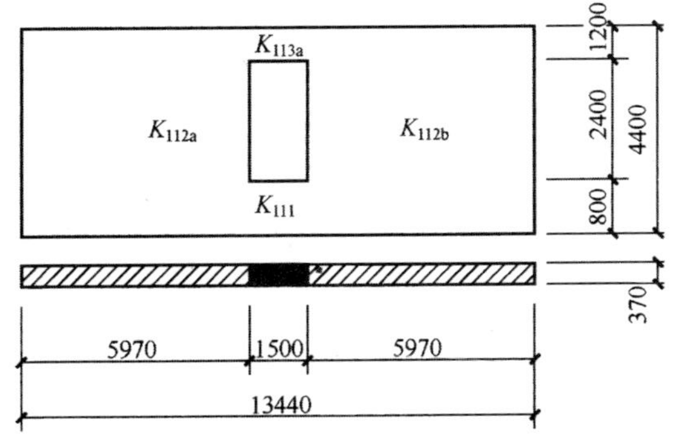

图 5－31　①、⑧轴横墙计算简图

对 111 墙段：

$$\frac{h}{b}=\frac{0.8}{13.44}=0.05952<1$$

$$K_{111}=\frac{1}{3\frac{h}{b}}Et=\frac{1}{3\times0.05952}\times0.37E=2.072E$$

对 112*a*、112*b* 墙段：

$$\frac{h}{b}=\frac{2.40}{5.97}=0.4020<1$$

$$K_{112a}=K_{112b}=\frac{1}{3\frac{h}{b}}Et=\frac{1}{3\times0.4020}\times0.37E=0.3068E$$

对 113 墙段：

$$\frac{h}{b}=\frac{1.20}{13.44}=0.08929<1$$

$$K_{113}=\frac{1}{3\frac{h}{b}}Et=\frac{1}{3\times0.08929}\times0.37E=1.381E$$

$$K_{11}=\frac{1}{\frac{1}{K_{111}}+\frac{1}{K_{112a}}+\frac{1}{K_{112b}}+\frac{1}{K_{113}}}$$

$$=\frac{1}{\frac{1}{2.072E}+\frac{1}{0.3068E}+\frac{1}{0.3068E}+\frac{1}{1.381E}}$$

$$=0.3526E$$

一层横向总侧移刚度为

$$K_1=\sum K_{1m}=0.3526E\times2+0.1026E\times12=1.9364E$$

②剪力分配。

验算①轴和②轴在 $A\sim D$ 轴之间的墙段。

墙从属荷载面积 $F_{11}=F_{18}=F_{12a}$，①轴横墙承担的地震剪力为

$$V_{11}=\frac{1}{2}\left(\frac{K_{12a}}{K_1}+\frac{F_{11}}{\sum F_{1m}}\right)V_1=\frac{1}{2}\left(\frac{0.3526E}{1.9364E}+\frac{F_{11}}{14F_{11}}\right)\times990.3\text{kN}=125.5\text{kN}$$

$$V_{11a}=\frac{1}{2}V_{11}=\frac{1}{2}\times125.5\text{kN}=62.75\text{kN}$$

②轴横墙承担的地震剪力为

$$V_{12a}=\frac{1}{2}\left(\frac{K_{12a}}{K_1}+\frac{F_{12a}}{\sum F_{1m}}\right)V_1=\frac{1}{2}\left(\frac{0.1026E}{1.9364E}+\frac{F_{11}}{14F_{11}}\right)\times990.3\text{kN}=61.60\text{kN}$$

③承载力验算。

①轴 a 墙段横截面面积 $A=5970\times370=2.209\times10^6\text{mm}^2$，该墙段为承重墙，取 $\gamma_{RE}=1$。

计算该墙段的1/2层高处水平截面上重力荷载代表值引起的平均竖向压应力

$$\sigma_0=\frac{0.6\times5.24+(3.6\times2+2.2)\times7.71+(5.67+3.55\times2+0.5\times2\times3)\times1.65}{0.370}$$

$$\times10^{-3}=0.2747\frac{N}{\text{mm}}^2\ \frac{\sigma_0}{f_v}=\frac{0.2747}{0.11}=2.50$$

查表5－6得：$\zeta_N=1.344$，则

$$f_{vE}=\zeta_N f_v=1.185\times0.11\frac{N}{\text{mm}^2}=0.1304\frac{N}{\text{mm}^2}$$

$$\frac{f_{vE}A}{\gamma_{RE}}=0.1304\times2.209\times10^6=288.0\times10^3N=288.0\text{kN}$$

地震剪力设计值为

$$V=1.30\times67.25\text{kN}=81.58\text{kN}<288.0\text{kN}$$

②轴 a 墙段横截面面积 $A=5640\times240=1.354\times10^{6}\text{mm}^{2}$，该墙段为承重墙，取 $\gamma_{RE}=1$。

计算该墙段的 1/2 层高处水平截面上重力荷载代表值引起的平均竖向压应力

$$\sigma_0=\frac{(3.6\times2+2.2)\times5.24+(5.67+3.55\times2+0.5\times2\times3)\times3.3}{0.240}$$

$$\times10^{-3}=0.422\frac{N}{\text{mm}}^{2}\ \frac{\sigma_0}{f_v}=\frac{0.422}{0.11}=3.837$$

查表 5－6 得：$\zeta_N=1.342$，则

$$f_{vE}=\zeta_N f_v=1.342\times0.11\frac{N}{\text{mm}^2}=0.1476\frac{N}{\text{mm}^2}$$

$$\frac{f_{vE}A}{\gamma_{RE}}=0.1476\times1.354\times10^{6}=199.9\times10^{3}N=199.9\text{kN}$$

地震剪力设计值为

$$V=1.30\times61.6\text{kN}=80.08\text{kN}<211.8\text{kN}$$，满足要求。

第6章　钢结构房屋抗震设计

与钢筋混凝土结构相比，钢材具有材质均匀、强度高、韧性和延性好的特点。因此，在地震作用下，钢结构房屋抗震性能好，结构的可靠性大；由于其自重比较轻，结构所受的地震作用减小；钢结构房屋延性性能良好，变形能力比较大，即使出现很大的变形结构仍然不会倒塌，从而保证结构的抗震安全性。所以，钢结构是一种良好的抗震结构体系。

6.1　钢结构房屋的震害及其分析

如果钢结构房屋在设计与施工中出现质量问题，其优良的材料性能无法发挥。在地震作用下，钢结构房屋会发生构件的失稳、材料的脆性破坏、构件的连接破坏，在强烈地震作用下，如果钢结构房屋侧向刚度不足，就有可能出现整体倒塌的震害。在地震中钢结构房屋的主要破坏形式有构件破坏、基础锚固破坏、节点连接破坏、结构的倒塌。

6.1.1 构件破坏

钢结构构件主要有以下几种破坏形式：

(1)梁、柱局部失稳。梁、柱在地震作用下反复受弯，在弯矩最大截面处附近由于过度弯曲可能发生翼缘局部失稳破坏。

(2)交叉支撑破坏。在地震中交叉支撑所承受的压力超过其屈曲临界力发生压屈破坏。

(3)钢柱受拉出现水平裂缝或者发生断裂破坏。

6.1.2 基础锚固破坏

钢构件与基础的锚固破坏有混凝土锚固失效、螺栓拉断、连接板断裂等。主要原因是设计构造、施工质量、材料质量等方面出现问题所导致。

6.1.3 节点破坏

钢结构构件的连接一般采用铆接和焊接。节点传力集中、构造复杂，容易造成应力集中，强度不均衡的现象。如果有焊缝缺陷、构造缺陷就比较容易出现连接破坏。节点连接主要有两种破坏形式，一种是支撑连接破坏，支撑连接破坏是钢结构中常见的震害。圆钢拉条的破坏发生在花篮螺栓拉条与节点板连接处，如图 6－1(a)所示。型钢支撑受压时容易发生失稳，从而导致屈曲破坏，受拉时在端部连接处容易被拉脱或者拉断，如图 6－1(b)所示。另一种是梁柱连接破坏，如图 6－2 所示。

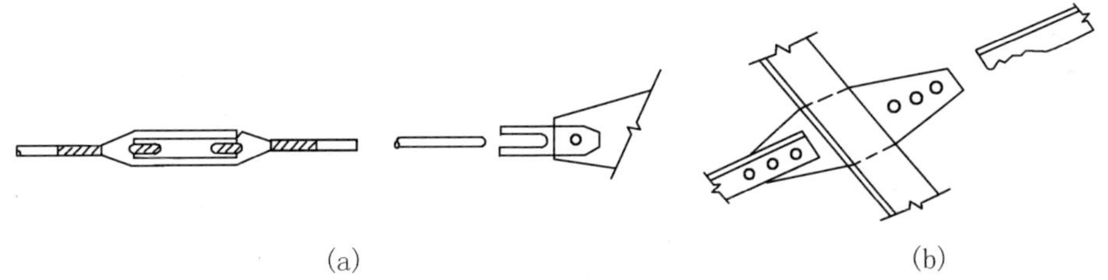

图 6－1　支撑连接破坏

(a)圆钢支撑连接的破坏；(b)角钢连接的破坏

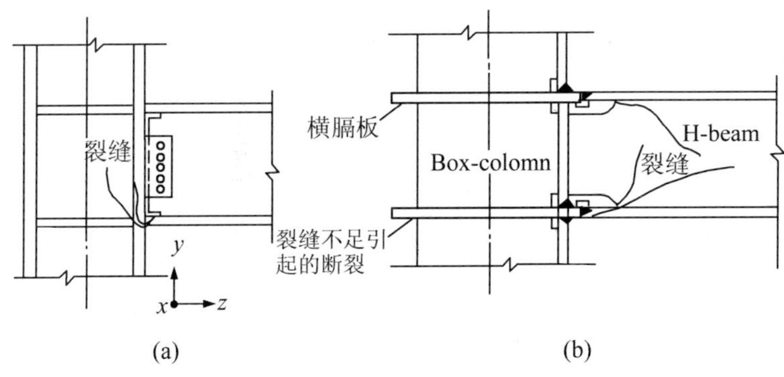

图 6－2　梁柱刚性连接的典型震害现象

1994 年 1 月 17 日美国洛杉矶发生 6.7 级地震与 1995 年 1 月 17 日日本神户发生 7.2 级地震造成了很多梁柱刚性连接破坏，震害调查发现，梁柱连接的破坏大多发生在梁的下翼缘处，而上翼缘的破坏很少。其原因可能有两种：①楼板与梁共同变形使下翼缘应力增大；②下翼缘在腹板位置焊接的中断是明显的焊缝缺陷。震后观察到的在梁柱焊接连接处的失效模式，如图 6－3所示。

梁、柱刚性连接出现裂缝或者发生断裂破坏的原因如下：

(1)三轴应力影响。梁、柱连接的焊缝变形由于受到梁和柱约束，施焊后焊缝残存三轴拉直力会使钢材变脆。

(2)焊缝缺陷，例如裂纹、欠焊、夹渣和气孔等缺陷导致开裂直至发生断裂。

(3)构造缺陷。焊接工艺要求，梁翼缘与柱连接处设有垫条，而垫条在焊接后就会留在结构上，这样垫条与柱翼缘之间就形成一条“人工”裂缝，成为裂

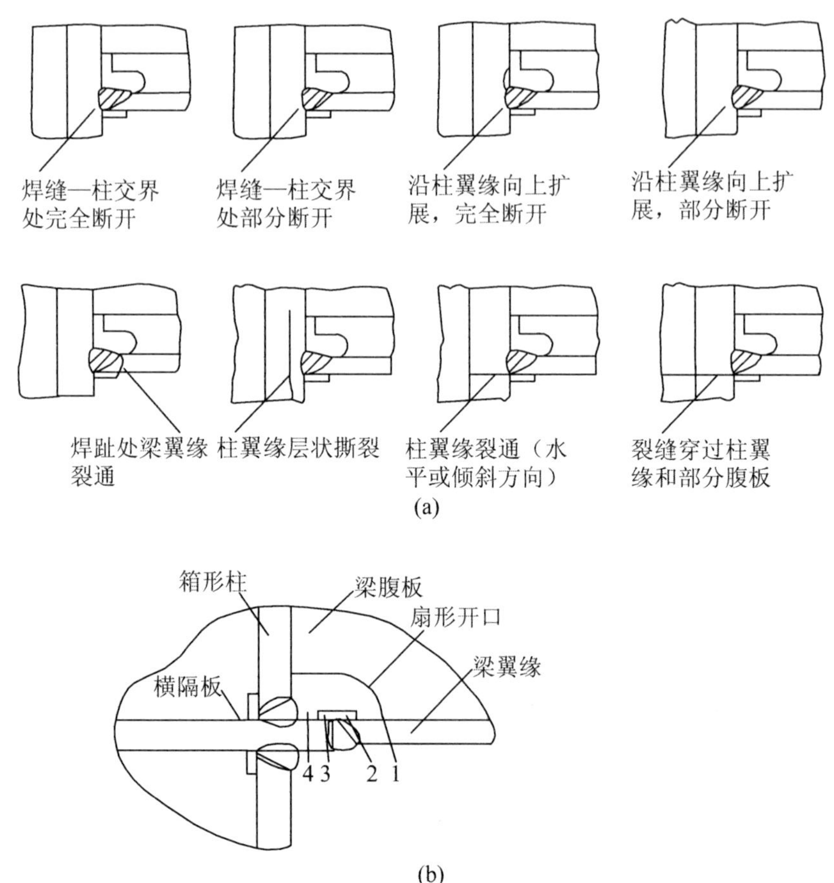

图 6—3　梁柱焊接连接处的失效模式

1—翼缘断裂；2、3—热影响区断裂；4—横隔板断裂

缝发展的起源。

(4)焊缝金属抗冲击韧性低。在美国洛杉矶地震之前，焊缝采用 E70T—4 或 E70T—7 自屏蔽药芯焊条，这种焊条抗冲击韧性差，实验室试件和从实际破坏的结构中取出的连接试件在室温下的试验表明，其冲击韧性往往只有 10～15J，如此低的冲击韧性其连接很容易出现脆性破坏，从而导致节点破坏。

6.1.4 结构倒塌

钢结构房屋的倒塌主要是由于结构的抗侧刚度不足或者是由于部分构件破坏，出现薄弱层，发生平面外弯曲失稳，致使结构发生整体倒塌。震害调查表明，钢结构房屋由于抗震能力比较强、延性好，发生整体倒塌的事故比较少。

6.2 钢结构房屋抗震计算

钢结构房屋地震作用计算、截面抗震验算、抗震变形验算的方法、要求和一般规定。本节主要讨论多、高层钢结构计算模型的技术要点和结构抗震设计要点。

6.2.1 结构计算模型的技术要点

1.阻尼比的取值

传统结构的抗震是以结构或构件的塑性变形来耗散地震能量的，而在结构中利用赘余构件设置阻尼器(图 6－4)，赘余构件作为结构的分灾子系统，是耗散地震能量的主体，其在正常使用极限状态下，不起作用或基本不起作用，但在大震时，则可以最大限度吸收地震能力，而赘余结构的破坏或损伤不影响或基本不影响主体结构的安全，从而起到了保护主体结构安全的作用。

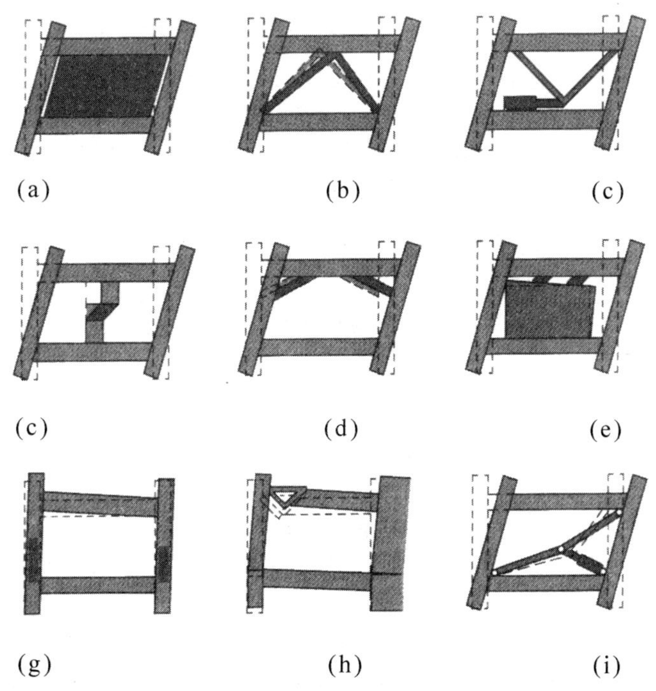

图 6－4　带阻尼的支撑

(a)墙体型；(b)支撑型；(c)剪切型；(d)柱间型；(e)局部支撑型；(f)柱墙连接型；(g)柱型；(h)梁型；(i)增幅机构型

在多遇烈度地震下进行地震计算时，结构的黏弹性阻尼比可采用0.035(不超过12层)或0.02(12层以上)；在罕遇烈度地震下，可采用0.05。

2.构件、支撑、连接的模型

当对钢结构进行非弹性分析时，应根据杆件、连接、节点域的受力特点采用相应的滞回模型。

杆件模型要按实际设计构造确定计算单元之间的连接方式(如刚接、单向铰接、双向铰接)及边界条件(图6—5)，应考虑重力二阶效应。对不设中心支撑或结构总高度超过12层的工字形截面柱，宜考虑节点域剪切变形的影响。当考虑计入节点域剪切变形(图6—6)对多高层建筑钢结构位移的影响时，可将梁柱节点域当作一个单独的单元进行结构分析，该单元的刚度特性应根据实际情况确定。

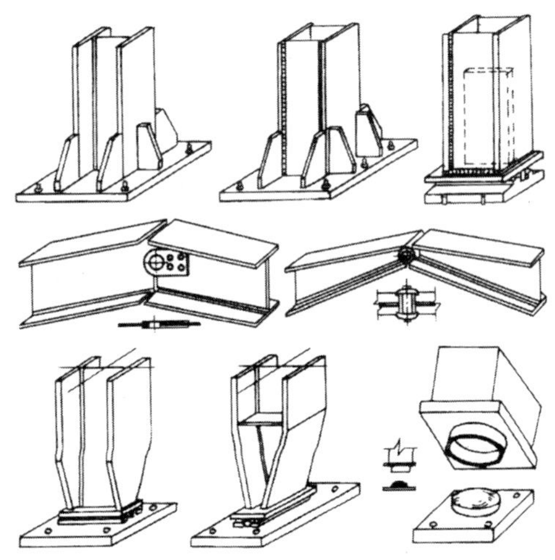

图6—5　支座及构件连接方式

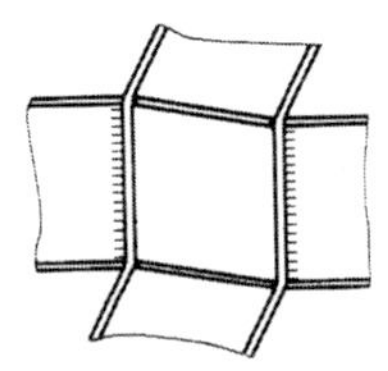

图6—6　节点域剪切变形

支撑—框架结构的支撑斜杆需按刚接设计，但可按端部铰接杆计算。内藏钢支撑钢筋混凝土墙板和带竖缝钢筋混凝土墙板可按仅考虑承受水平荷载、不承受竖向荷载建立计算模型(包括单元连接构造和非弹性滞回关系)。偏心支撑框架中的耗能梁段应按单独的计算单元设置，并根据实际情况确定弹性刚度及非弹性滞回模型。

3.对楼盖作用的考虑

计算模型对楼盖的模拟要区别不同情况：当楼板开洞较大一、有错层、有较长外伸段、有脱开柱或整体性较差时，按实际情况建模；一般如无上述情况，可使用楼盖平面内绝对刚性的假定或分块刚度无穷大的假定。

对于钢一混凝土组合楼盖，在保证混凝土楼板与钢梁有可靠连接措施的情况下，可考虑混凝土楼板与钢梁的共同工作。这时楼板的有效宽度可按式(6一1)计算(图 6一7)：

$$b_e = b_0 + b_1 + b_2 \tag{6-1}$$

式中，b_0 为钢梁上翼缘宽度；b_1、b_2 为梁外侧、内侧的翼缘计算宽度，各取梁计算跨度的 1/6 和 6 倍翼缘板厚度的最小值，但不应超过翼板实际外伸宽度 s_1；b_2 不应超过相邻梁板托间净距 s_0 的 1/2。

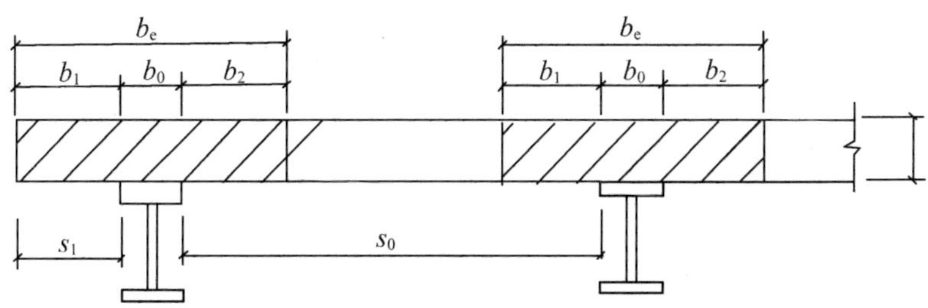

图 6一7　楼板有效宽度

在进行罕遇烈度下地震反应分析时，可不考虑楼板与梁的共同作用，但应计入楼盖的质量效应。

6.2.2 结构抗震设计要点

1.地震作用效应的调整

由于《建筑抗震设计规范》规定了任一结构楼层水平地震剪力的最低要求，对于低于这一要求的计算结果，需将相应的地震作用效应按此要求进行调整。

对框架一支撑等多重抗侧力体系，应按多道防线的设计原则进行地震作用的调整。这样可以做到在第一道防线(如支撑)失效后，框架仍可提供相当的抗剪能力。

如果中心支撑框架的斜杆轴线偏离梁柱轴线交点，且在计算模型中没有考虑这种偏离而按中心支撑框架计算时，所计算的杆件内力应考虑实际偏离产生的附加弯矩。对人字形和V形支撑组合的内力设计值应乘以增大系数1.5。

2.承载力和稳定性验算

钢框架的承载能力和稳定性与梁柱构件、支撑构件、连接件、梁柱节点域都有直接关系。结构设计要体现强柱弱梁的原则，保证节点可靠性，实现合理的耗能机制。为此，需进行构件、节点承载力和稳定性验算。验算的主要内容有以下几点。

(1)框架柱抗震验算

框架柱抗震验算包括截面强度验算、平面内和平面外整体稳定验算。

1)截面强度验算

截面强度验算考虑轴力和双向弯矩的作用，按式(6－2)进行：

$$\frac{N}{A_n}+\frac{M_x}{\gamma_x W_{nx}}+\frac{M_y}{\gamma_y W_{ny}}\leqslant\frac{f}{\gamma_{RE}} \tag{6-2}$$

式中，N、M_x、M_y 分别为构件的轴向力和绕 x 轴、y 轴的弯矩设计值；A_n 构件静截面面积；W_{nx}、W_{ny}分别是对 x 轴和对 y 轴的静截面抵抗矩；γ_x、γ_y 构件截面塑性发展系数，按照国家标准《钢结构设计规范》取用；f 为钢材抗拉强度设计值；γ_{RE} 为框架柱承载力抗震调整系数，取0.75。

2)平面内整体稳定验算

框架柱平面内整体稳定验算按式(6－3)进行：

$$\frac{N}{\varphi_x A}+\frac{\beta_{mx}M_x}{\gamma_x W_{1x}(1-0.8N/N_{Ex})}\leqslant\frac{f}{\gamma_{RE}} \tag{6-3}$$

式中，A 为构件毛截面面积；φ_x 为弯矩作用平面内轴心受压构件稳定系数；β_{mx} 为平面内等效弯矩系数，按照国家标准《钢结构设计规范》取用；W_{1x} 为弯矩作用平面内较大受压纤维的毛截面抵抗矩，按照国家标准《钢结构设计规范》取用；N_E 为构件的欧拉临界力。

3)平面外整体稳定验算

框架柱平面外整体稳定验算按式(6－4)进行：

$$\frac{N}{\varphi_y A}+\frac{\beta_{tx}M_x}{\varphi_b W_{1x}}\leqslant\frac{f}{\gamma_{RE}} \tag{6-4}$$

式中，β_{tx} 为平面外等效弯矩系数，按照国家标准《钢结构设计规范》取用；φ_y 为弯矩作用平面内轴心受压构件稳定系数；φ_b 为均匀弯曲的受弯构件整体稳定系数，按照国家标准《钢结构设计规范》取用。

(2)框架梁抗震验算

框架梁抗震验算包括抗弯强度、抗剪强度验算以及整体稳定验算。

1)抗弯强度验算

框架梁的抗弯强度验算按式(6－5)进行：

$$\frac{M_x}{\gamma_x W_{nx}} \leqslant \frac{f}{\gamma_{RE}} \tag{6－5}$$

式中,M_x 为构件的 x 轴弯矩设计值;W_{nx} 为梁静截面对 x 轴的抵抗矩;f 为钢材抗拉强度设计值;γ_{RE} 为框架梁承载力抗震调整系数,取 0.75。

2)抗剪强度验算

框架梁的抗剪强度验算按式(6－6)进行：

$$\tau = \frac{VS}{It_w} \leqslant \frac{f_v}{\gamma_{RE}} \tag{6－6}$$

式中,V 为计算截面沿腹板平面作用的剪力;S 为计算点处的截面面积矩;I 为截面的毛截面惯性矩;t_w 为梁腹板厚度;f_v 为钢材抗剪强度设计值。

梁端部截面的抗剪强度尚需满足下式：

$$\tau = \frac{V}{A_{wn}} \leqslant \frac{f_v}{\gamma_{RE}} \tag{6－7}$$

式中,A_{wn} 为梁端腹板的静截面面积。

3)整体稳定验算

框架梁的整体稳定验算按式(6－8)进行：

$$\frac{M_x}{\varphi_b W_x} \leqslant \frac{f}{\gamma_{RE}} \tag{6－8}$$

式中,W_x 为梁对 x 轴的毛截面抵抗矩;φ_b 为均匀弯曲的受弯构件整体稳定系数,按照国家标准《钢结构设计规范》取用。

当梁上设置刚性铺板时,整体稳定验算可以省略。

(3)节点承载力与稳定性验算

节点是保证框架结构安全工作的前提。在梁柱节点处,要按强柱弱梁的原则验算节点承载力,保证强柱设计。同时,还要合理设计节点域,使其既具备一定的耗能能力,又不会引起过大的侧移。节点板厚度或柱腹板在节点域范围内的厚度的取值对此有较大影响。一般来说,在罕遇地震发生时框架屈服的顺序是节点域首先屈服,然后是梁出现塑性铰。

1)节点承载力验算

节点左右梁端和上下柱端的全塑性承载力应符合式(6－9)的要求,以保证强柱设计：

$$\sum W_{pc}\left(f_{yc} - \frac{N}{A_c}\right) \geqslant \eta \sum W_{pb} f_{yb} \tag{6－9}$$

式中，W_{pc}、W_{pb}分别为柱和梁的塑性截面模量；N 为柱轴向压力设计值；A_c 为柱截面面积；f_{yc}、f_{yb}分别为柱和梁的钢材屈服强度；η 为强柱系数，超过 6 层的钢框架，6 度Ⅳ类场地和 7 度时可取 1.0，8 度时可取 1.05，9 度时可取1.15。

2）节点域承载力验算

节点域的屈服承载力应符合下式要求，以选择合理的节点域厚度：

$$\frac{\Psi(M_{pb1}+M_{pb2})}{V_p}\leqslant\frac{4f_v}{3} \tag{6-10}$$

式中，V_p 为节点域体积，对工字形截面柱 $V_p=h_bh_ct_w$，对箱形截面柱 $V_p=1.8h_bh_ct_w$，h_b、h_c 分别为梁、柱腹板高度，t_w 为柱在节点域的腹板厚度；Ψ 为折减系数，6 度Ⅳ类场地和 7 度时可取 0.6，8、9 度时可取 0.7；M_{pb1}、M_{pb2}分别为节点域两侧梁的全塑性受弯承载力；f_v 为钢材抗剪强度设计值。

3）节点域稳定性验算。工字形截面柱和箱形截面柱的节点域应按下列公式验算节点域的稳定性

$$t_w\geqslant(h_b+h_c)/90 \tag{6-11}$$

$$\frac{(M_{b1}+M_{b2})}{V_p}\leqslant\frac{4f_v}{3\gamma_{RE}} \tag{6-12}$$

式中，M_{b1}、M_{b2}分别为节点域两侧梁的弯矩设计值；γ_{RE}为节点域承载力抗震调整系数，取 0.85。

（4）支撑构件承载力验算

支撑构件的承载力验算，支撑斜杆的受压承载力要考虑反复拉压加载下承载能力的降低，可按下式验算：

$$\frac{N}{\varphi A_{br}}\leqslant\frac{\Psi f}{\gamma_{RE}} \tag{6-13}$$

$$\Psi=\frac{1}{1+0.35\lambda_n} \tag{6-14}$$

$$\lambda_n=\frac{\lambda}{\pi}\sqrt{\frac{f_{ay}}{E}} \tag{6-15}$$

式中，N 为支撑斜杆的轴向力设计值；A_{br}为支撑斜杆的截面面积；φ 为轴心受压构件的稳定系数；Ψ 为受循环荷载时的强度降低系数；λ_n 为支撑斜杆的正则化长细比；E 为支撑斜杆材料的弹性模量；f_{ay}为钢材屈服强度；γ_{RE}为支撑承载力抗震调整系数。

（6）偏心支撑框架构件抗震承载力验算

偏心支撑消能梁段的受剪承载力应按下列公式验算：

当 $N\leqslant0.15Af$ 时，

$$V\leqslant\frac{\beta V_l}{\gamma_{RE}} \tag{6-16}$$

V_l 取 $0.58A_w f_{ay}$ 和 $2M_{lp}/a$ 中的较小值，

$$A_w=(h-2t_f)t_w$$

$$M_{lp}=W_p f$$

当 $N>0.15Af$ 时，

$$V\leqslant\frac{\beta V_{lc}}{\gamma_{RE}} \tag{6-17}$$

$$V_{lc}=0.58A_w A_{ay}\sqrt{1-\frac{N}{(Af)^2}} \tag{6-18}$$

或

$$V_{lc}=2.4M_{lp}\left(1-\frac{N}{(Af)}\right)/a \tag{6-19}$$

两者取小值。

式中，β 为系数，可取 0.9；V_l、V_{lc} 分别为消能梁段的受剪承载力和计入轴力影响的受剪承载力；M_{lp} 为消能梁段的全塑性受弯承载力；a、h、t_w、t_f 分别为消能梁段的长度、截面高度、腹板厚度和翼缘厚度；A、A_w 分别为消能梁段的截面面积和腹板截面面积；W_p 为消能梁段的塑性截面模量。

(6)构件及其连接的极限承载力验算

构件及连接的设计，应遵循强连接弱构件的原则，并进行极限承载力验算。

①进行梁与柱连接的弹性设计时，梁与柱连接的极限受弯、受剪承载力，应符合下列要求：

$$M_u\geqslant1.2M_p \tag{6-20}$$

$$V_u\geqslant1.3(2M_p/l_n) \tag{6-21}$$

且

$$V_u\geqslant0.58h_w t_w f_{ay} \tag{6-22}$$

式中，M_u 为梁上下翼缘全熔透坡口焊缝的极限受弯承载力；V_u 为梁腹板连接的极限受剪承载力；M_p 为梁的全塑性受弯承载力；l_n 为梁的净跨；h_w、t_w 分别为梁腹板的高度和厚度。

②支撑与框架的连接及支撑拼接的极限承载力，应符合下列要求：

$$N_{ubr}\geqslant1.2A_n f_{ay} \tag{6-23}$$

式中，N_{ubr} 为螺栓连接和节点板连接在支撑轴线方向的极限承载力；A_n 为支撑的截面净面积。

③梁、柱构件拼接的弹性设计，受剪承载力不应小于构件截面受剪承载力的 50%；拼接的极限承载力应符合下列要求：

$$V_u\geqslant0.58h_w t_w f_{ay}$$

无轴向力时，

$$M_u \geqslant 1.2M_p \tag{6-24}$$

有轴向力时，

$$M_u \geqslant 1.2M_{pc} \tag{6-25}$$

式中，V_u 分别为构件拼接的受剪承载力；M_{pc} 为构件有轴向力时的全截面受弯承载力。

拼接采用螺栓连接时，尚应符合下列要求：

翼缘：

$$nN_{cu}^b \geqslant 1.2A_f f_{ay} \tag{6-26}$$

且

$$nN_{vu}^b \geqslant 1.2A_f f_{ay} \tag{6-27}$$

腹板：

$$N_{cu}^b \geqslant \sqrt{(V_u/n)^2+(N_M^b)^2} \tag{6-28}$$

且

$$N_{vu}^b \geqslant \sqrt{(V_u/n)^2+(N_M^b)^2} \tag{6-29}$$

式中，N_{cu}^b、N_{vu}^b 分别为一个螺栓的极限受剪承载力和对应的板件极限承压力；A_f 为翼缘的有效截面面积；N_M^b 为腹板拼接中弯矩引起的一个螺栓的最大剪力；n 为翼缘拼接或腹板拼接一侧的螺栓数。

④梁、柱构件有轴力时的全截面受弯承载力，应按下列公式计算：

工字形截面（绕强轴）和箱形截面：

当 $N/N_y \leqslant 0.13$ 时，

$$M_{pc}=M_p \tag{6-30}$$

当 $N/N_y > 0.13$ 时，

$$M_{pc}=1.15(1-N/N_y)M_p \tag{6-31}$$

工字形截面（绕弱轴）：

当 $N/N_y \leqslant A_w/A$ 时，

$$M_{pc}=M_p \tag{6-32}$$

当 $N/N_y > A_w/A$ 时，

$$M_{pc}=\{1-[(N-A_w f_{ay})/(N_y-A_w f_{ay})]^2\}M_p \tag{6-33}$$

式中，N_y 为构件轴向屈服承载力，取 $N_y=A_n f_{ay}$。

⑤焊缝的极限承载力应按下列公式计算：

对接焊缝受拉：

$$N_u=A_f^w f_u \tag{6-34}$$

角焊缝受剪：

$$V_u=0.58A_f^w f_u \tag{6-35}$$

式中，f_f^w 为焊缝的有效受力面积；f_u 为构件母材的抗拉强度最小值。

6.3　钢结构房屋抗震构造措施

6.3.1 纯框架结构抗震构造措施

1.框架柱的长细比

在一定的轴力作用下，柱的弯矩转角如图 6—8 所示。

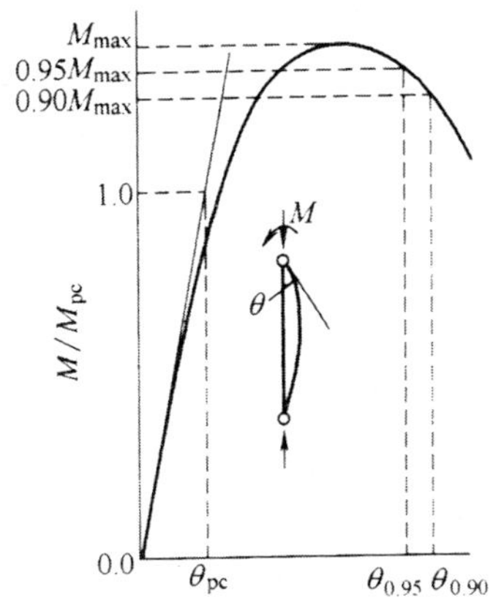

图 6—8　柱的弯矩转角关系

研究发现，由于几何非线性（$P-\delta$ 效应）的影响，柱的弯曲变形能力与柱的轴压比及柱的长细比有关（见图 6—9、图 6—10），柱的轴压比与长细比越大，弯曲变形能力越小。因此，为保障钢框架抗震的变形能力，需对框架柱的轴压比及长细比进行限制。

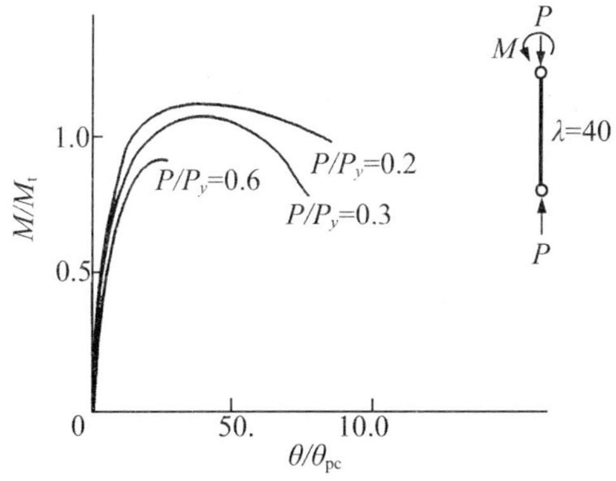

图 6—9　柱的变形能力与轴压比的关系

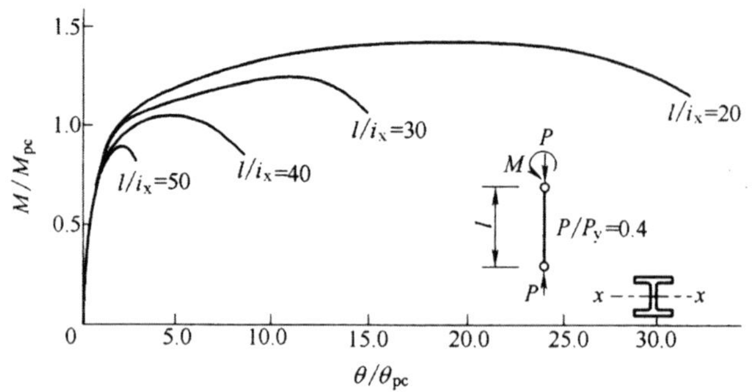

图 6—10　柱的变形能力与长细比的关系

我国现行规范目前对框架柱的轴压比没有提出要求，建议按重力荷载代表值作用下框架柱的地震组合轴力设计值计算的轴压比不大于 0.7。

对于框架柱的长细比，则应符合下列规定。

一级不应大于 $60\sqrt{235/f_y}$，二级不应大于 $80\sqrt{235/f_y}$，三级不应大于 $100\sqrt{235/f_y}$，四级不应大于 $120\sqrt{235/f_y}$。

2.梁、柱板件宽厚比

图 6—11 是日本所做的一组梁柱试件，在反复加载下的受力变形情况。可见，随着构件板件宽厚比的增大，构件反复受载的承载能力与耗能能力将降低。其原因是，板件宽厚比越大，板件越易发生局部屈曲，从而影响后继承载性能。

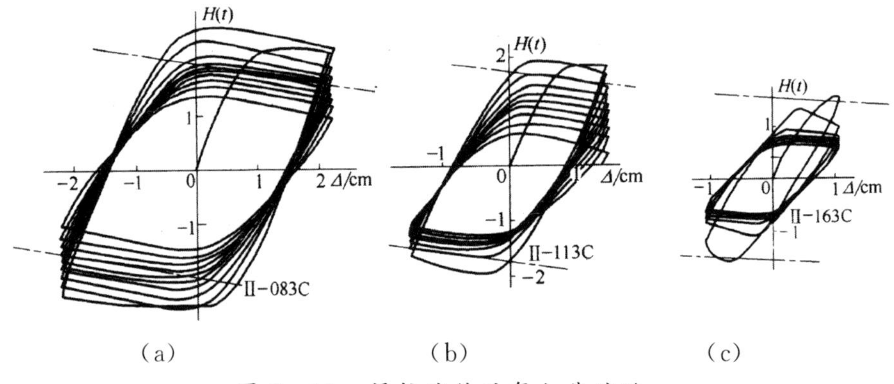

图 6—11　梁柱试件反复加载试验

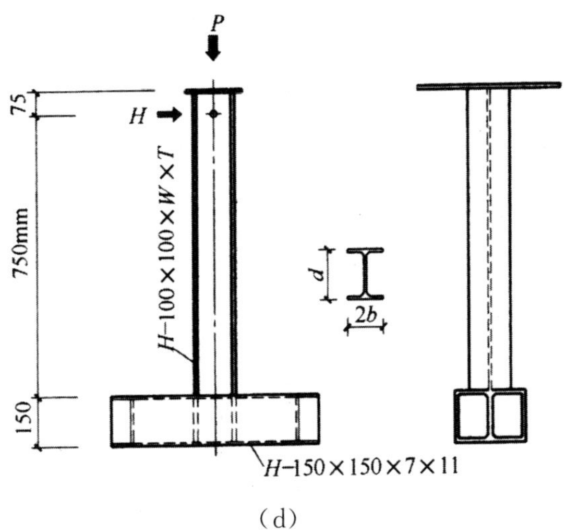

(d)

图6－11　梁柱试件反复加载试验(续)

(a)$b/t=8$;(b)$b/t=11$;(c)$b/t=16$;(d)试件

板件的宽厚比限制是构件局部稳定性的保证,考虑到“强柱弱梁”的设计思想,即要求塑性铰出现在梁上,框架柱一般不出现塑性铰。因此梁的板件宽厚比限值要求满足塑性设计要求,梁的板件宽厚比限值相对严些,框架柱的板件宽厚比相对松点。规范规定柱、梁的板件宽厚比应符合表6－1、表6－2的规定。

表6－1　框架的柱板件宽厚比限值

板件名称		抗震等级			
		一级	二级	三级	四级
柱	工字形截面翼缘外伸部分	10	11	12	13
	工字形截面腹板	43	45	48	52
	箱形截面壁板	33	36	38	40

注:表列数值适用于$Q235$钢,采用其他牌号钢材应乘以$\sqrt{235/f_{ay}}$。

表 6—2　框架的梁板件宽厚比限值表

板件名称		抗震等级			
		一级	二级	三级	四级
梁	工字形截面和箱形截面翼缘外伸部分	9	9	10	11
	箱形截面翼缘在两腹板之间部分	30	30	32	36
	工字形截面和箱形截面腹板	72～120 $N_b/(Af)\leqslant 60$	72～100 $N_b/(Af)\leqslant 65$	80～110 $N_b/(Af)\leqslant 70$	80～120 $N_b/(Af)\leqslant 75$

注：a.工字形梁和箱形梁的腹板宽厚比，对一、二、三、四级分别不宜大于 60、65、70、75。

b.表列数值适用于 Q235 钢，采用其他牌号钢材应乘以 $\sqrt{235/f_{ay}}$。

c.$N_b/(Af)$ 梁轴压比。

3.梁与柱的连接构造

①工字形柱（绕强轴）和箱形柱与梁刚接时（见图 6—12）。

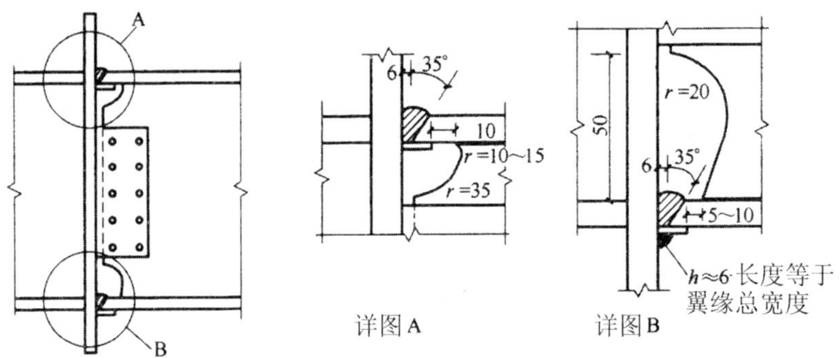

图 6—12　框架梁与柱的现场连接

②框架梁采用悬臂梁段与柱刚性连接时（见图 6—13），悬臂梁段与柱应采用全焊接连接；梁的现场拼接可采用翼缘焊接腹板螺栓连接（图 6—13(a)），或全部螺栓连接（图 6—13(b)）。

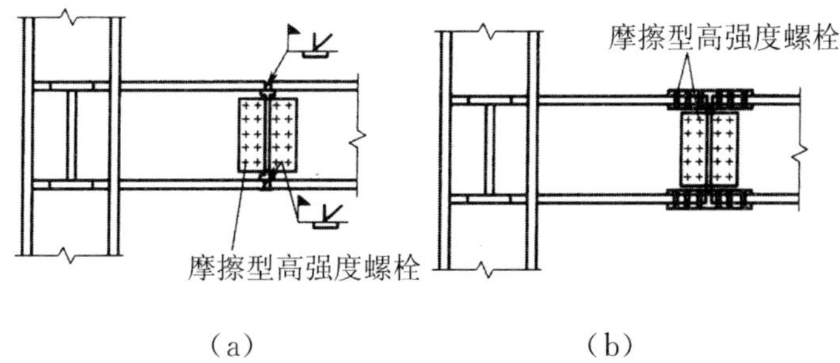

图 6—13　框架柱与梁悬臂段的连接

(a)翼缘焊接腹板螺栓连接;(b)全部螺栓连接

③在 8 度Ⅲ、Ⅳ场地和 9 度场地等强震地区,梁柱刚性连接可采用能将塑性铰自梁端外移的狗骨式节点(图 6—14)。

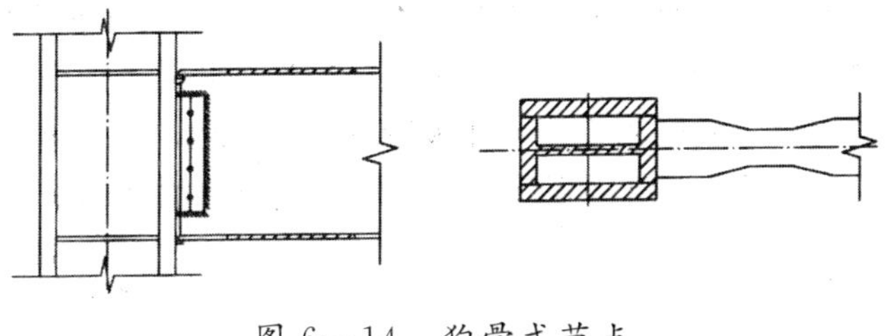

图 6—14　狗骨式节点

4.梁柱构件的侧向支承

当梁上翼缘与楼板有可靠连接时,固端梁下翼缘在梁端 0.15 倍梁跨附近宜设置隅撑。若梁端翼缘宽度较大时,对梁下翼缘侧向约束较大时,也可不设隅撑。首先验算钢梁受压区长细比 λ_y 是否满足

$$\lambda_y \leqslant 60\sqrt{235/f_y}$$

若不满足可按图 6—15 所示的方法设置侧向约束。

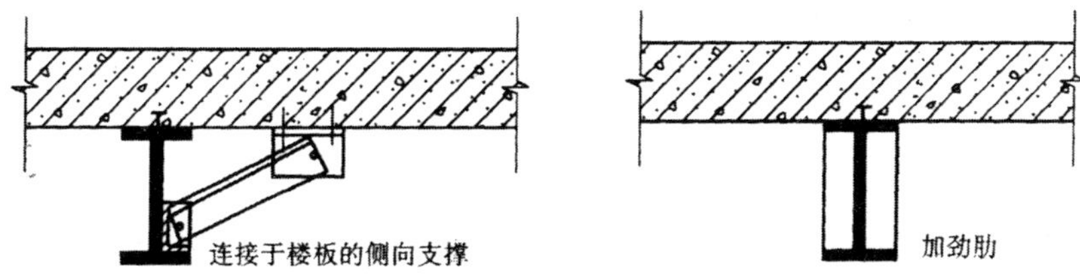

图 6—15　钢梁受压翼缘侧向约束

6.3.2 刚接柱脚的构造措施

高层钢结构刚性柱脚主要有埋入式、外包式以及外露式 3 种,如图 6—16

和图 6－17 所示。在 1995 年日本阪神大地震中，埋入式柱脚的破坏较少，性能较好，所以常常利用到建筑中。

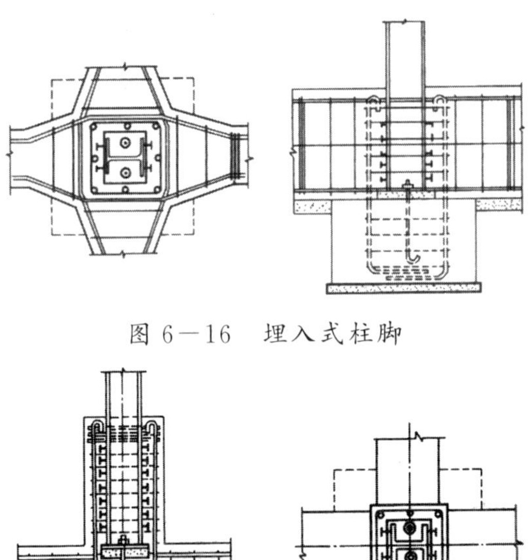

图 6－16　埋入式柱脚

图 6－17　外包式柱脚

1.埋入式柱脚

埋入式柱脚就是将钢柱埋置于混凝土基础梁中。其弹性设计阶段的抗弯强度和抗剪强度要满足式(6－36)和式(6－37)的要求。

$$\frac{M}{W}\leqslant f_{cc} \tag{6-36}$$

$$\left(\frac{2h_0}{d}+1\right)\left[1+\sqrt{1+\frac{1}{(2h_0/d+1)^2}}\right]\frac{V}{Bd}\leqslant f_{cc} \tag{6-37}$$

$$W=Bd^2/6$$

式中，M、V 为分别为柱脚的弯矩设计值和剪力设计值；B，h_0，d 分别为钢柱埋入深度、柱反弯点至柱脚底板的距离和钢柱翼缘宽度；f_{cc} 为混凝土轴心抗压强度设计值。

其设计中尚应满足以下构造要求：

①柱脚钢柱翼缘的保护层厚度，对中间柱不得小于 180mm，对边柱和角柱的外侧不宜小于 250mm，如图 6－18 所示。

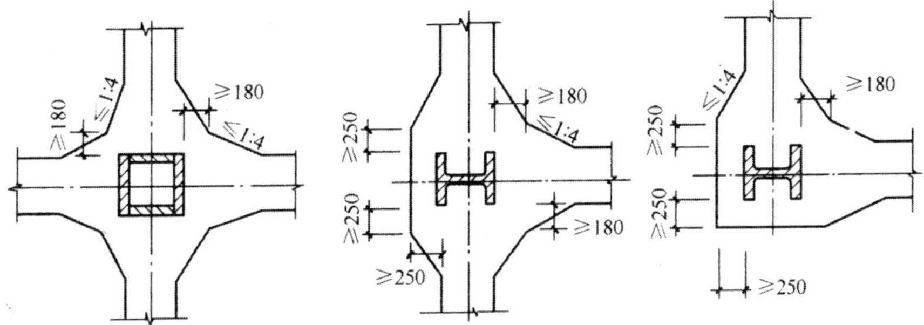

图 6－18　埋入式柱脚的保护层厚度

②柱脚钢柱四周，应按下列要求设置主筋和箍筋：

a.主筋的截面面积应按公式(6－38)计算：

$$A_s=\frac{M_0}{d_0 f_{sy}} \tag{6-38}$$

$$M_0=M+Vd$$

式中，M_0 为作用于钢柱脚底部的弯矩；d_0 为受拉侧与受压侧纵向主筋合力点间的距离；f_{sy} 为钢筋抗拉强度设计值。

b.箍筋宜为 $\varphi10$，间距 100mm；在埋入部分的顶部，应配置不少于 $3\varphi12$、间距 50 的加强箍筋。

2.外包式柱脚

外包式柱脚就是在钢柱外面包以钢筋混凝土的柱脚。其弹性设计阶段的抗弯强度和抗剪强度要满足式(6－39)和式(6－40)的要求。

$$M\leqslant nA_s f_{sy} d_0 \tag{6-39}$$

$$V-0.4N\leqslant V_{rc} \tag{6-40}$$

工字形截面

$V_{rc}=b_{rc}h_0(0.07f_{cc}+0.5f_{ysh}\rho_{sh})$ 或 $V_{rc}=b_{rc}h_0(0.14f_{cc}b_e/b_{rc}+f_{ysh}\rho_{sh})$

取较小值。

箱形截面

$$V_{rc}=b_e h_0(0.07f_{cc}+0.5f_{ysh}\rho_{sh}) \tag{6-41}$$

式中，M、V、N 分别柱脚弯矩设计值、剪力设计值和轴力设计值；A_s 根受拉主筋截面面积；n 为受拉主筋的根数；V_{rc} 为外包钢筋混凝土所分配到的受剪承载力，由混凝土黏结破坏或剪切破坏的最小值决定；b_{rc} 为外包钢筋混凝土的总宽度；b_e 为外包钢筋混凝土的有效宽度，$b_e=b_{e1}+b_{e2}$，如图 6－19 所示；f_{sy}，f_{ysh} 分别为受拉主筋和水平箍筋的抗拉强度设计值；ρ_{sh} 为水平箍筋配筋率；d_0 为受拉主筋重心至受压区主筋重心间的间距；h_0 为混凝土受压区边缘至受拉钢筋重心的距离。

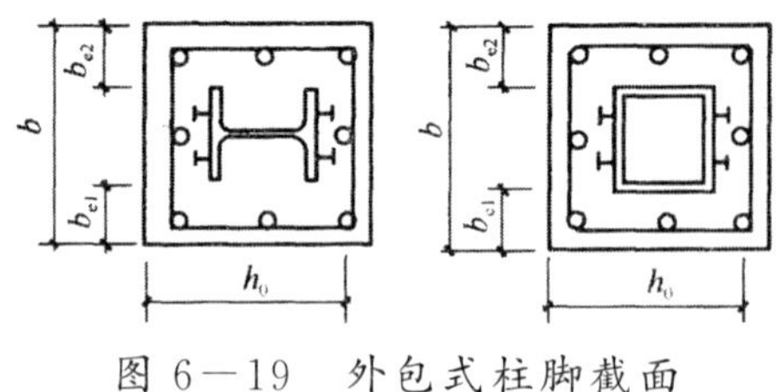

图 6—19　外包式柱脚截面

6.3.3 钢框架一偏心支撑结构抗震构造措施

图 6—20 为钢框架一偏心支撑构造示意图。抗震构造设计思路是保证消能梁段延性、消能能力及板件局部稳定性,保证消能梁段在反复荷载作用下的滞回性能,保证偏心支撑杆件的整体稳定性、局部稳定性。

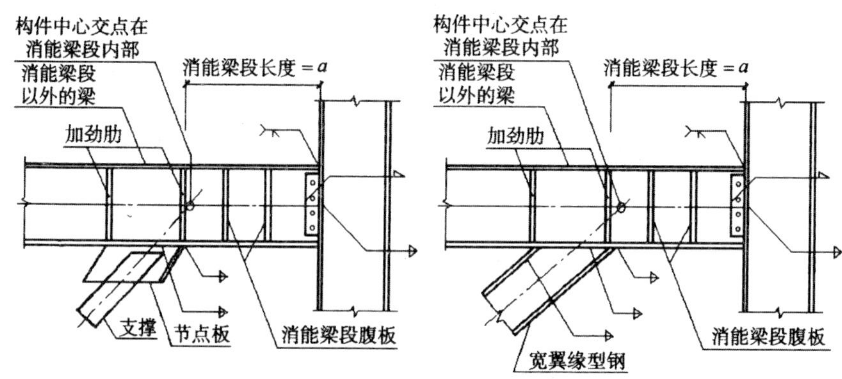

图 6—20　偏心支撑构造

1. 保证消能梁段延性及局部稳定

为使消能梁段有良好的延性和消能能力,偏心支撑框架消能梁段的钢材屈服强度不应大于 345MPa。消能梁段及与其在同跨内的非消能梁段,板件的宽厚比不应大于表 6—3 的规定。

表 6—3　偏心支撑框架梁板件宽厚比限值

板件名称		宽厚比限值
翼缘外伸部分		8
腹板	当 $N/Af \leqslant 0.14$ 时	$90[1-1.65N/(Af)]$
	当 $N/Af > 0.14$ 时	$33[2.3-N/(Af)]$

注：表列数值适用于 Q235 钢，采用其他牌号钢材应乘以 $\sqrt{235/f_{ay}}$。

2.消能梁段构造要求

①为保证消能梁段具有良好的滞回性能，考虑消能梁段的轴力，限制该梁段的长度，当 $N>0.16Af$ 时，消能梁段的长度 a 应符合下列规定：

当 $\rho(A_w/A)<0.3$ 时，

$$a<1.6M_{lp}/V_l$$

当 $\rho(A_w/A)\geqslant 0.3$ 时，

$$a\leqslant 1.6\,[1.15-0.5\rho(A_w/A)]M_{lp}/V_l$$

式中，a 为消能梁段的长度；ρ 消能梁段轴向力设计值与剪力设计值之比，$\rho=N/V$。

②消能梁段的腹板不得贴焊补强板，也不得开洞，以保证塑性变形的发展。

第 7 章　结构隔震和消能减震设计

随着技术的不断进步和造价的不断降低，结构隔震和消能减震技术越来越成熟，应用越来越广泛，它在一定程度上可以减轻地震给人类带来的伤害。

7.1 结构隔震与消能减震概述

7.1.1 隔震结构的原理

隔震结构通过在基础结构和上部结构之间设置隔震层，使上部结构与地震动的水平成分绝缘。隔震层中设置隔震支座和阻尼器等隔震装置。① 所以即使遭受罕遇大地震，隔震结构也能维持上部结构的功能，确保建筑物内部财产不遭受损失，保障生命安全。

7.1.2 消能减震原理

消能减震的原理可以从能量的角度来描述，如图 7－1 所示，结构在地震中任意时刻的能量方程如下。

传统抗震结构：

$$E_{in}=E_v+E_c+E_k+E_h$$

消能减震结构：

$$E'_{in}=E'_v+E'_c+E'_k+E'_h+E'_d$$

式中，E_{in}、E'_{in}分别为地震过程中输入结构体系的能量；E_v、E'_v 分别为结构体系的动能；E_c、E'_c 分别为结构体系的黏滞阻尼耗能；E_k、E'_k 分别为结构体系的弹性应变能；E_h、E'_h 分别为结构体系的滞回耗能；E_d 为消能（阻尼）装置或耗能元件耗散或吸收的能量。

① 隔震支座能够安定持续地支承建筑物重量、追随建筑物的水平变形、并且具有适当弹性恢复力，而阻尼器能够用于吸收地震输入能量。因此，隔震结构是一种遵循抗震设计两个基本要素的结构形式，遭受罕遇大地震时，作用于上部结构的水平力比一般建筑要小很多，因此很容易对上部结构进行弹性设计。

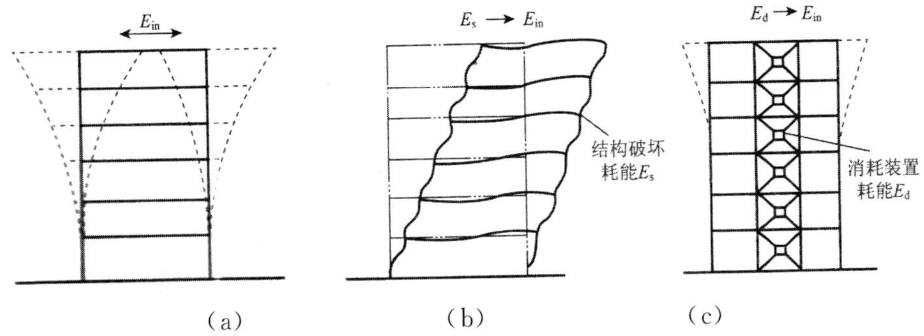

图 7—1　结构能量转换途径对比

(a)地震输入;(b)传统抗震结构;(c)消能减震结构

一般来说,结构的损伤程度与结构的最大变形 Δ_{max} 和滞回耗能(或累积塑性变形) E_h 成正比,可以表达为

$$D=f(\Delta_{max},E_h)$$

在消能减震结构中,由于最大变形 Δ'_{max} 和构件的滞回耗能 E'_h 较之传统抗震结构的最大变形 Δ_{max} 和滞回耗能 E_h 大大减少,因此结构的损伤大大减少。

7.2　结构隔震设计

包括建筑设计在内的所有的设计都是一种创造性的行为,并不是按照固定的步骤,从清单中选择结构构件。隔震结构的设计也是一样,要以设计人员的想象力为基础。根据物理学、工程学的原理加以慎重考虑,应该参考设计指南、前人的设计、以往的地震灾害及其数值分析、结构试验等结果,认真考虑隔震结构在地震中的运动状况后再决定设计方案。对于将来发生的地震,地震发生时隔震结构的运动状况虽然难以预测,但有必要明白这些问题,加深理解。

7.2.1 隔震支座的分类

图 7—2 所示的隔震支座,可大致分为叠层橡胶支座、滑板支座和滚动支座。

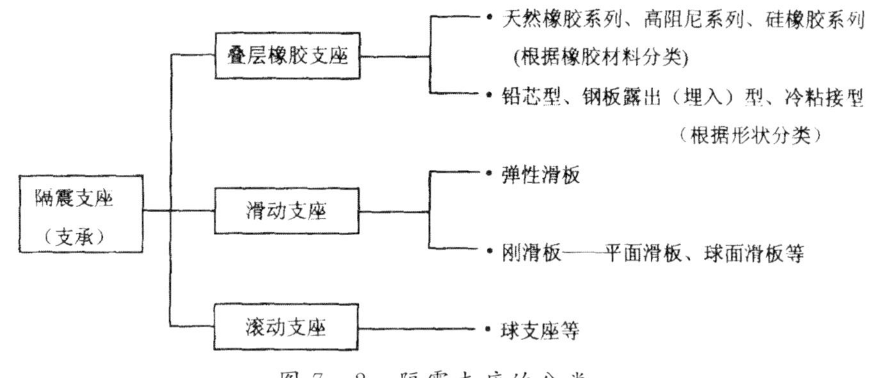

图 7—2 隔震支座的分类

目前应用最多、最经济的隔震装置是隔震橡胶支座，所以我们本节只介绍隔震橡胶支座。隔震橡胶支座是由橡胶和钢板多层叠合经高温硫化黏结而成。隔震橡胶支座通常可分为天然隔震橡胶支座（LNR）、铅芯隔震橡胶支座（LRB）和高阻尼隔震橡胶支座（HDR）三类。就结构角度而言，铅芯橡胶支座仅比天然橡胶支座多了铅芯。

隔震橡胶支座由连接件和主体两部分组成。隔震橡胶支座主体是由多层钢板和橡胶交替粘接组成的叠合体。连接件包括法兰板和预埋件组成，其作用主要是把隔震支座主体和建筑的上部结构、下部结构连接起来。隔震橡胶支座结构如图 7—3 所示。

图 7—3 隔震橡胶支座结构

7.2.2 装置设计的考虑方法

隔震装置在地震时即使发生较大的水平变形，也要能持续支持建筑物的重量，吸收地震输入的能量。装置是保证建筑物安全的重要构件，因此必须设计、选择满足设计所要求的性质和性能的隔震装置。

7.2.3 隔震设计实例

本小节以台湾大学土木系新建研究大楼（图7—4）的建设为例来说明一下隔震层施工的具体流程。

图7—4 台大新建研究大楼建筑图

·地下一层、地上九层以及屋面突起两层，不含突起的高度为35.7m，长短向高宽比分别为0.57∶1、2.53∶1。

·隔震层位于二楼，考虑到未来隔震支座的检测和更换问题，层高取为3.2m。

具体施工过程如图7—5至图7—9所示。

图 7—5　层间隔震隔震层以下楼层施工

图 7—6　隔震支座下支墩施工

图 7—7　隔震支座及上支墩吊装

图 7—8　隔震层预制梁及楼板施工

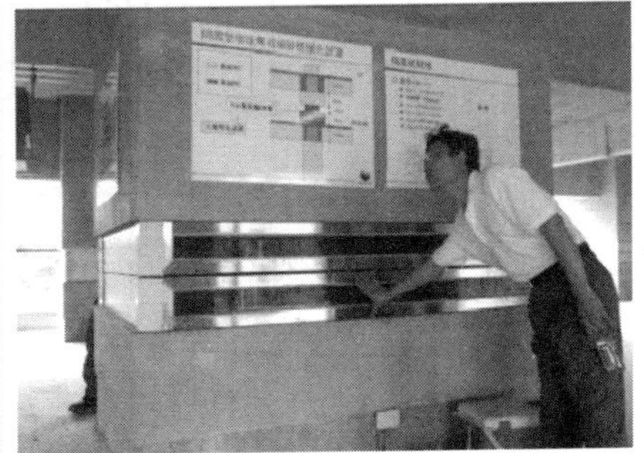

图 7—9　隔震层施工完毕

7.3　结构消能减震设计

7.3.1 建筑结构消能减震装置

1.金属阻尼器

金属阻尼器是用软钢或其他软金属材料做成的各种形式的阻尼消能器。金属屈服后具有良好的滞回性能，比较典型的有图 7－10 所示的 X 形板和三角形板阻尼器。图7—11所示为一典型金属阻尼器的滞回曲线。

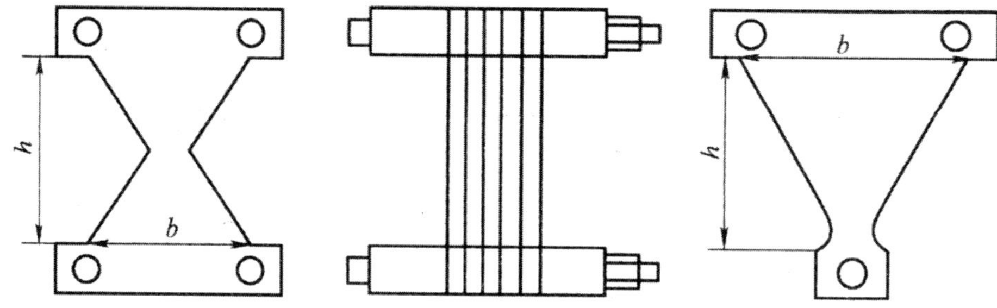

图7—10　X形板和三角形板阻尼器

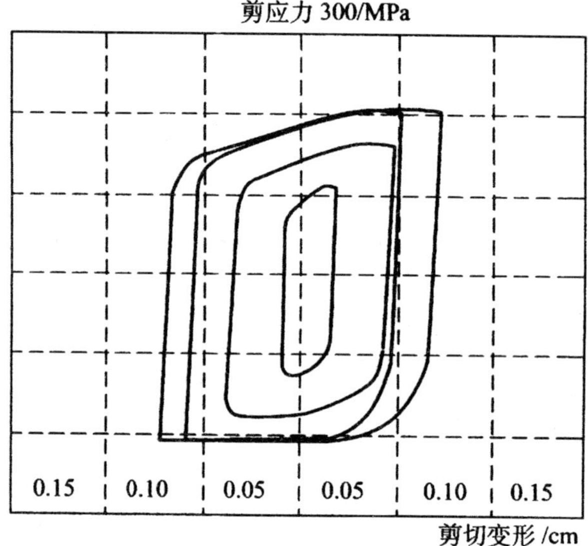

图7—11　金属阻尼器典型滞回曲线

2.黏滞阻尼器

黏滞阻尼器是通过高黏性的液体(如硅油)中活塞或者平板的运动耗能。这种消能器在较大的频率范围内都呈现比较稳定的阻尼特性,但黏性流体的动力黏度与环境温度有关,使得黏滞阻尼系数随温度变化。比较成熟的黏滞型消能器主要有筒式流体消能器和黏滞阻尼墙。筒式流体消能器的构造如图7—12(a)所示,它利用活塞前后压力差使消能器内部液体流过活塞上的阻尼孔产生阻尼力,其恢复力特性如图7—12(b)所示,其滞回曲线的形状近似椭圆。

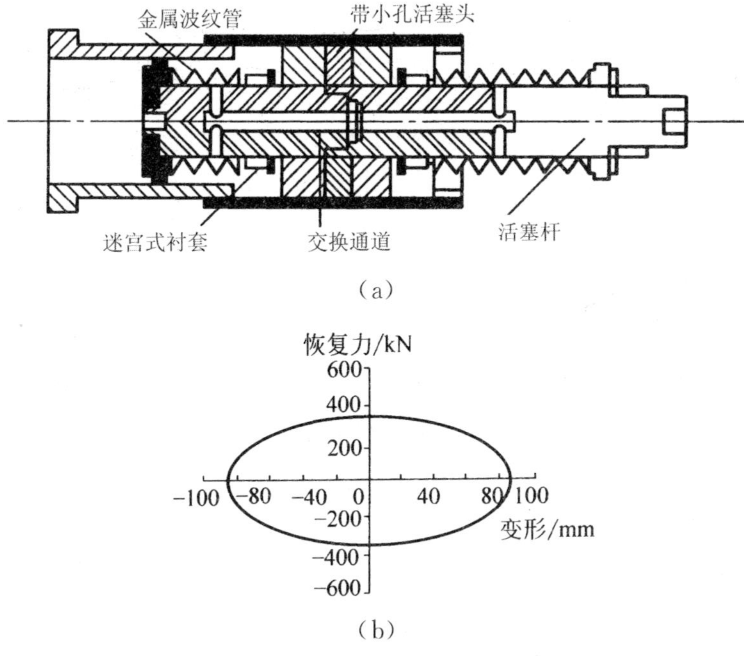

图 7—13 筒式流体阻尼器

(a)阻尼器构造;(b)恢复力特性

图 7—13 所示为黏滞阻尼墙。其固定于楼层底部的钢板槽内填充黏滞液体,插入槽内的内部钢板固定于上部楼层,当楼层间产生相对运动时,内部钢板在槽内黏滞液体中来回运动,产生阻尼力,其恢复力特性与筒式流体消能器接近。这种阻尼墙可提供的较大的阻尼力,不易渗漏,且其墙体状外形容易被建筑师接受。

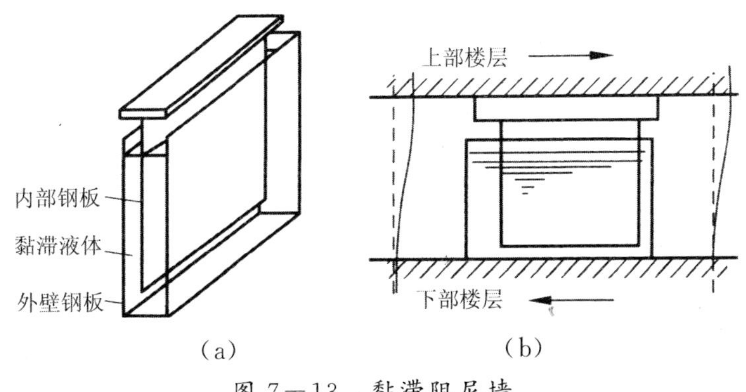

图 7—13 黏滞阻尼墙

(a)构造原理;(b)设置

3.金属圆环减震阻尼器

金属圆环减震阻尼器主要由金属圆环和支撑组成，在地震作用下支撑产生往复拉力和压力使圆环变成椭圆（方框变成平行四边形）而产生塑性滞回变形而耗能。为了提高阻尼器的耗能能力，还提出了双环、加劲、加盖金属圆环减震阻尼器，如图 7－14 所示。

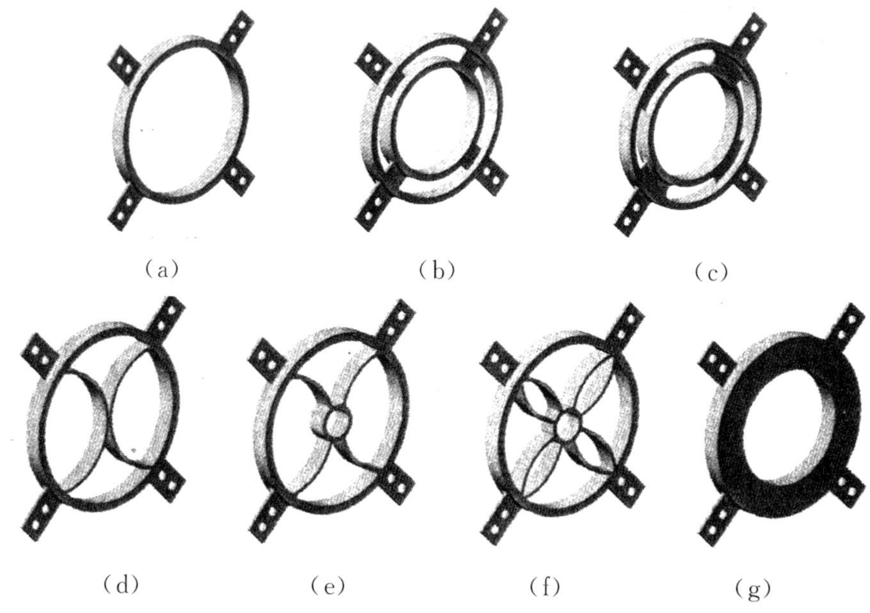

图 7－14　金属圆环减震阻尼器

(a)单圆环；(b)双圆环；(c)双圆环局部加强；

(d)X 形加劲；(e)蝶形加劲；(f)花瓣形加劲；(g)加盖

4.黏弹性阻尼器

黏弹性阻尼器是由异分子共聚物或玻璃质物质等黏弹性材料和钢板夹层组合而成，通过黏弹性材料的剪切变形耗能，是一种有效的被动消能装置。其典型构造如图 7－15(a)所示，典型的恢复力曲线如图 7－15(b)所示。

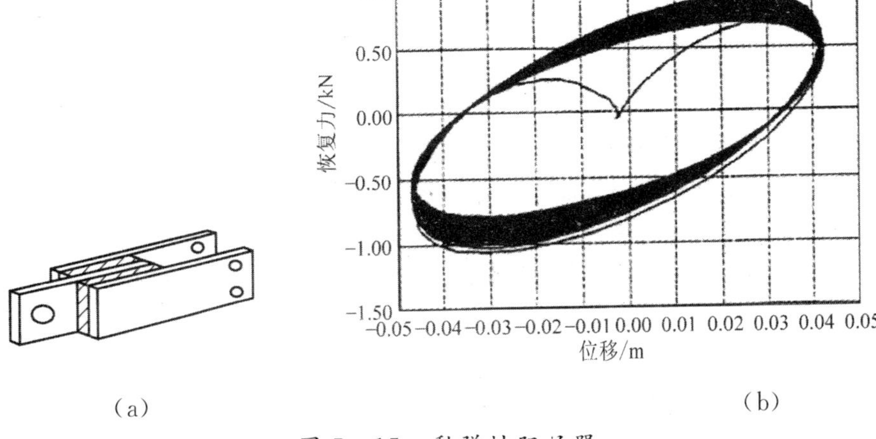

图 7—15　黏弹性阻尼器

(a)黏弹性阻尼器构造;(b)恢复力特性

5.软钢剪切阻尼器

钢材是应用中最广泛采用的建筑材料之一。钢材在不发生断裂的情况下,能够表现出如图 7—16(a)所示的饱满的纺锤形的滞回曲线,具有良好的耗能能力。因此金属屈服型消能器中广泛采用钢材作为耗能材料。低碳钢屈服强度低、延性高,采用低强度高延性钢材的消能器也称为软钢消能器。与主体结构相比,软钢消能器可较早地进入屈服,利用屈服后的塑性变形和滞回耗能来耗散地震能量。软钢消能器的耗能性能受外界环境影响小,长期性质稳定,更换方便,价格便宜。常见的软钢消能器主要有钢棒消能器、软钢剪切消能器、锥形钢消能器等。最典型的软钢消能器是软钢剪切消能器,其典型构造如图 7—16(b)所示。

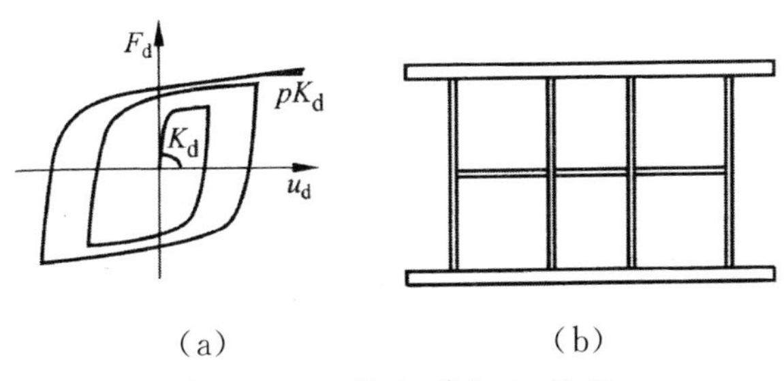

图 7—16　软钢剪切阻尼器

(a)恢复力特性;(b)阻尼器构造

软钢剪切消能器的设计需要重点考虑加劲肋的布置,以有效控制腹板屈曲。加劲肋不宜太密,因为加劲肋的焊接会带来较高的残余应力,降低软刚剪切消能器的低周疲劳性能。但加劲肋太少会导致腹板局部屈曲，滞回曲线不饱满且容易断裂。

6.金属弯曲阻尼器

钢滞变消能器由多块耗能钢板组合而成，消能器的变形方向沿耗能金属板面外方向，使每块金属耗能板通过弯曲屈服变形耗能。通过设计钢板的截面形式，使得耗能金属板中尽可能多的体积参与塑性变形，增加消能器的耗能能力。典型钢滞变消能器的构造和滞回曲线如图 7－17(a)和图 7－17(b)所示。

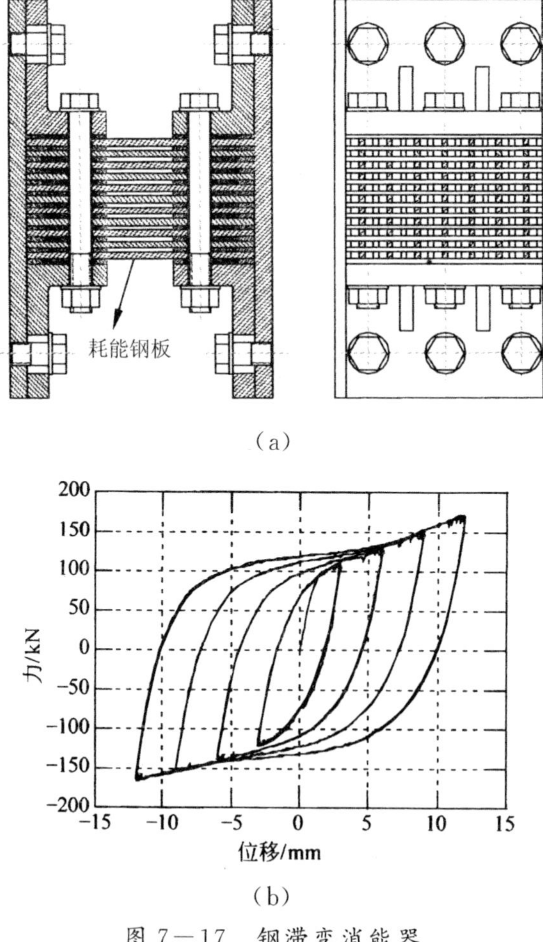

图 7－17　钢滞变消能器

(a)消能器构造；(b)恢复力特性

履带式消能器是一种能够适应大位移需求的金属屈服消能器，其很好地利用了金属的弯曲变形。良好设计的弯曲型金属消能器可以更加充分地利用金属的变形能力。履带式消能器在变形过程中，屈服位置不断变化，使得消能器的低周疲劳性能更加优越。履带式消能器不仅可以用于建筑结构，也可以用于有大变形需求的桥梁结构。履带式消能器的结构如图 7－18(a)所示，主要包括两个部分：耗能钢板和连接板，二者通过螺栓连接。耗能钢板是消能器的主要耗能元件，上连接板与上部楼层或桥梁上部结构相连，下连接板固定在上部楼层或桥墩上。当上下连接板发生相对位移时，耗能钢板在两个钢板之间碾压滚动耗能。由于耗能钢板在两块连接板之间的运动类似于履带爬行，故称之为履带式消能器。履带式消能器最大优势在于其耗能钢板的屈服位置在消能器变形过程中不断移动，有效避免了屈服变形集中的问题。其变形能力仅受到耗能钢板平台段长度的限制，可以适应较大的相对位移需求。

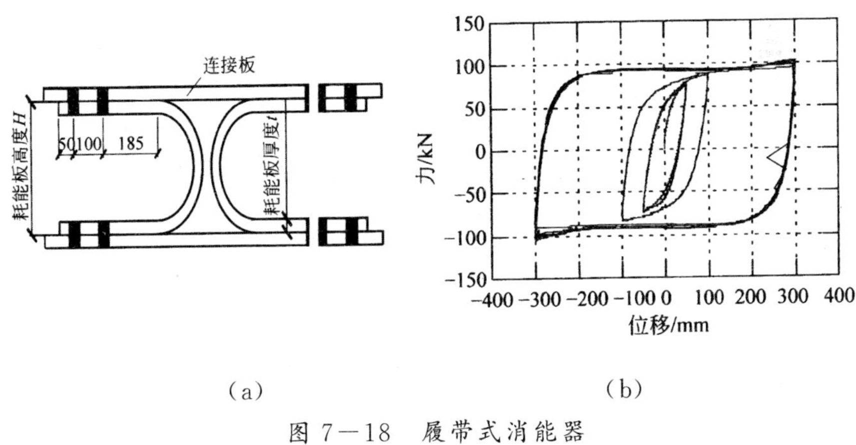

图 7－18　履带式消能器

(a)消能器构造；(b)恢复力特性

7.铅消能器

铅具有较高的延展性能，储藏变形能的能力很大，同时有较强的变形跟踪能力，能通过动态恢复和再结晶过程恢复到变形前的形态，适用于大变形情况。此外，铅比钢材屈服早，所以在小变形时就能发挥耗能作用。铅消能器主要有挤压铅消能器、剪切铅消能器、铅节点消能器、异型铅消能器等。挤压铅消能器的构造及其滞回特性分别如图 7－19(a)和图 7－19 (b)所示，可见铅消能器的滞回曲线近似矩形，有很好的耗能性能。剪切铅消能器的构造及其滞回特性分别如图 7－20(a)和图 7－20(b)所示。铅消能器由于其生产和使用过程中存在对环境的不利影响，在实际工程中并未大量采用。

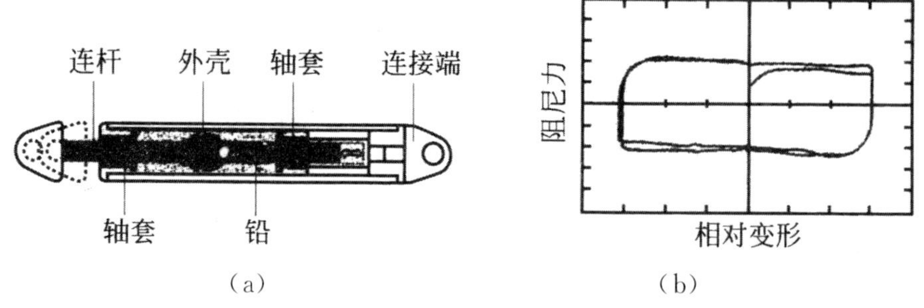

(a)　　　　　　(b)

图 7—19　挤压铅消能器构造及其力学特性

(a)消能器构造;(b)滞回曲线

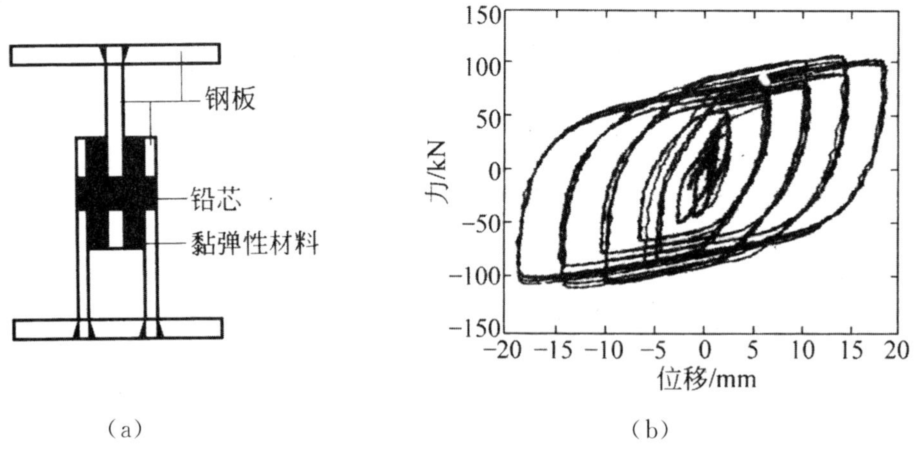

(a)　　　　　　(b)

图 7—20　剪切型铅消能器

(a)消能器构造;(b)滞回曲线

8.摩擦消能器

在滑动发生以前,摩擦消能器不能发挥作用。① 图 7—21(a)所示为 Pall 型摩擦消能器,图 7—21(b)为 Sumitomo 摩擦消能器,图 7—21(c)所示为摩擦阻尼器恢复力学特性。

① 摩擦耗能作用需在摩擦面间产生相对滑动后才能发挥,且摩擦力与振幅大小和振动频率无关,在多次反复荷载下可以发挥稳定的耗能性能。通过调整摩擦面上的面压,可以调整起摩力。

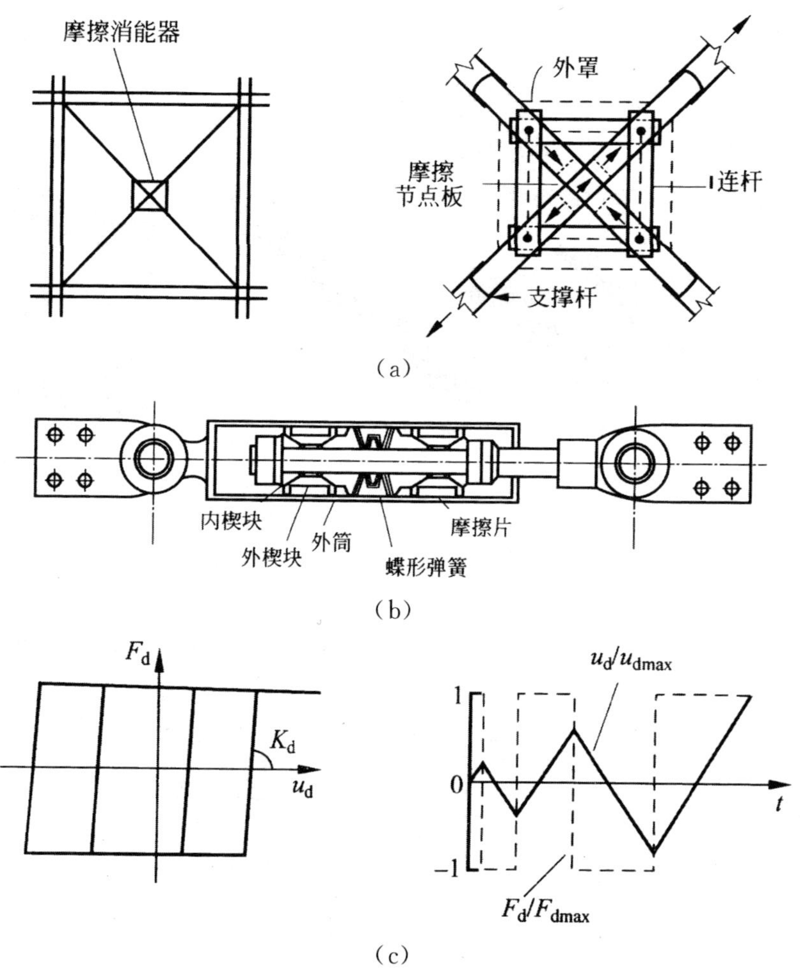

图 7—21　摩擦消能器

(a)Pall 型摩擦消能器构造；(b)筒式摩擦消能器构造；

(c)摩擦消能器恢复力特性

7.3.2 建筑结构消能减震部件

1.消能支撑

消能支撑实质上是将各式阻尼器用在支撑系统上的耗能构件。常见的有如下形式：

(1)屈曲约束支撑

如图 7—22 所示的屈曲约束支撑由内核心钢板、钢套管及与钢套管之间填充的灰浆组成。在轴向拉压力作用下，屈曲约束支撑可承受压拉屈服，而不发生屈曲失稳，实现塑性变形，从而消耗地震能量输入。屈曲约束支撑常用的截面形式如图 7－22(b)所示。在实际工程中可布置成 K 形支撑、斜杆支撑、交叉支撑等。

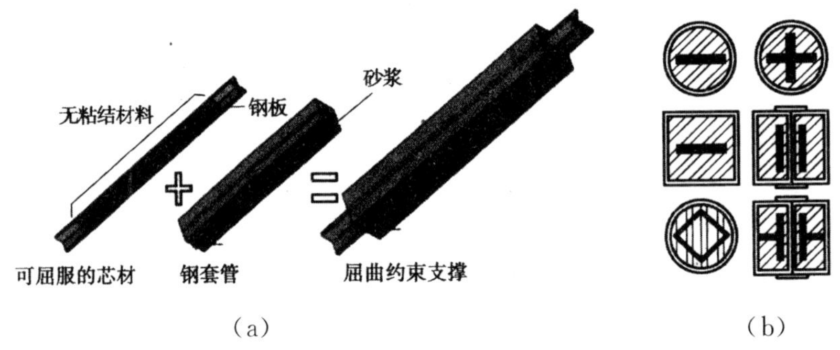

图 7－22　屈曲约束支撑

(a)结构组成；(b)常用的截面形式

(2)消能交叉支撑

在交叉支撑处利用弹塑性阻尼器的原理，可做成消能交叉支撑，如图 7－23 所示。

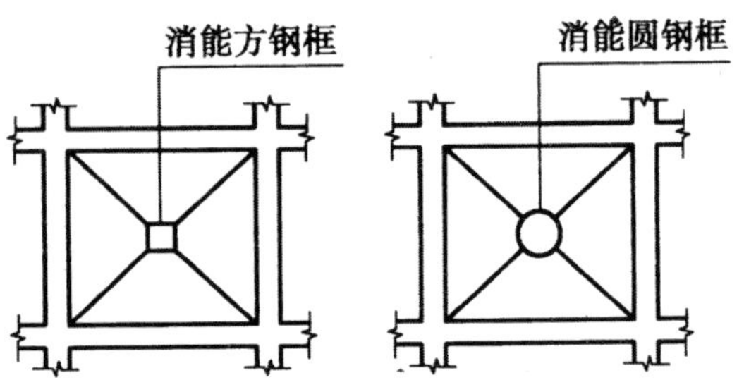

图 7－23　消能交叉支撑

(3)摩擦消能支撑

将高强度螺栓钢板摩擦阻尼器用于支撑构件，可做成摩擦消能支撑，如图 7－24 所示。

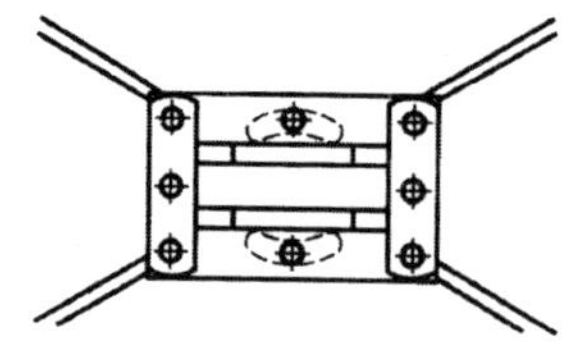

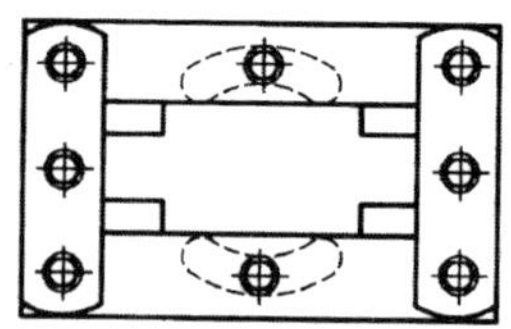

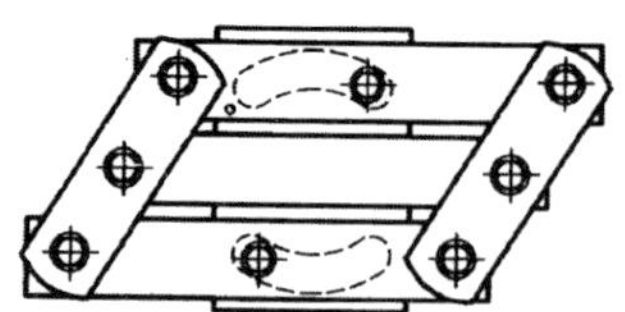

图 7－24　摩擦消能支撑

(4)消能偏心支撑

偏心支撑是指在支撑斜杆的两端至少有一端与梁相交，且不在节点处，另一端可在梁与柱处连接，或偏离另一根支撑斜杆一端长度与梁连接，并在支撑斜杆与柱子之间构成消能梁段，或在两根支撑斜杆之间构成消能梁段的支撑。各类偏心支撑结构如图7—25所示。

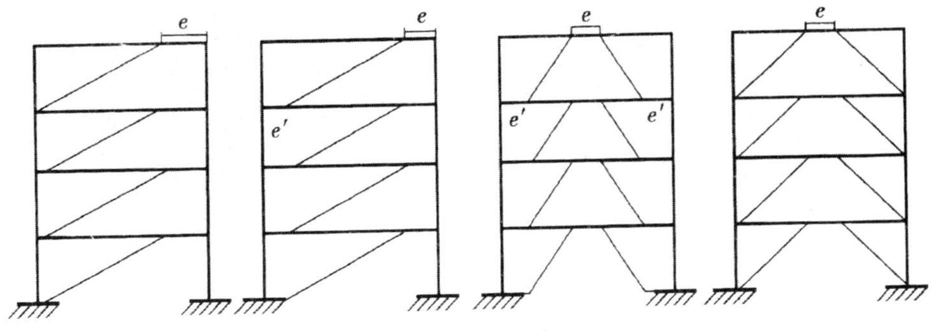

图7—25　偏心支撑框架

2.消能墙

消能墙实质上是将阻尼器或消能材料用于墙体所形成的耗能构件或耗能子结构。如图7—26所示为在消能墙中应用粘弹性阻尼器的实例，两块钢板中间夹有粘弹性（或粘性）材料，通过粘弹性（或粘性）材料的剪切变形吸收地震能量。其耗能效果与两块钢板相对错动的振幅、频率等因素有关，因此设计过程中要考虑这些因素的影响。

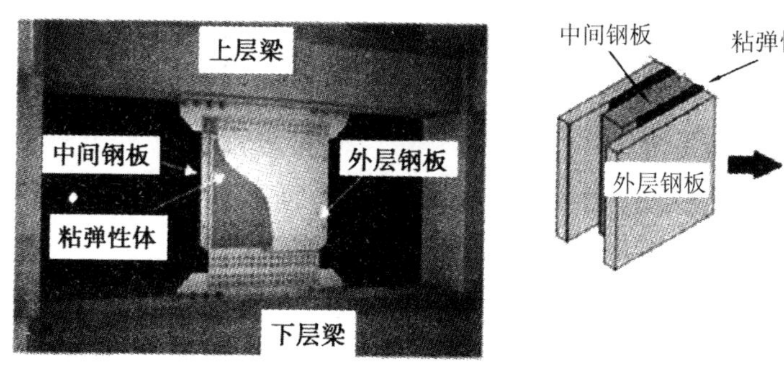

图7—26　消能墙

3.消能节点

当结构产生侧向位移时，消能装置即可发挥消能减震作用。如图7—27所示的铰接节点中安装了屈曲约束支撑，从而实现了节点可吸收地震能量。

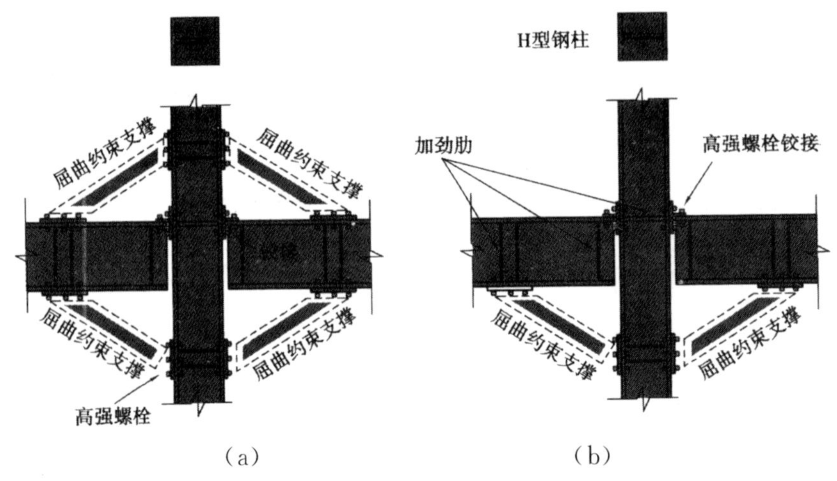

图 7—27　梁柱消能节点

(a)D 型;(b)S 型

4.消能连接

当结构在缝隙或连接处产生相对变形时,消能装置即可发挥消能减震作用,如图 7—28 所示。

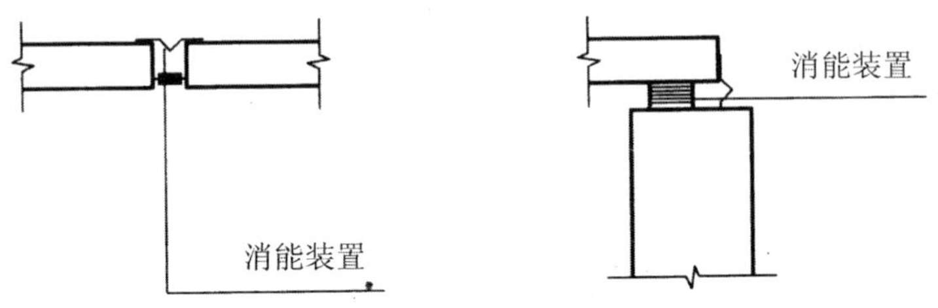

图 7—28　消能连接

5.消能支撑或悬吊构件

当线结构发生振动时,支承或悬吊构件即可发生消能减震作用。

7.3.3 消能减震部件的连接

1.常见连接与节点形式

实际工程中,消能器与主体结构最常见的连接包括:支撑型、墙型、柱型、门架式和腋撑型等,如图 7—29 所示。设计时应根据工程具体情况和消能器的类型合理选择连接形式。与消能器相连的支撑以及支承构件,应符合钢构件连接、钢与钢筋混凝土构件连接、钢与钢管混凝土构件连接的构造要求。

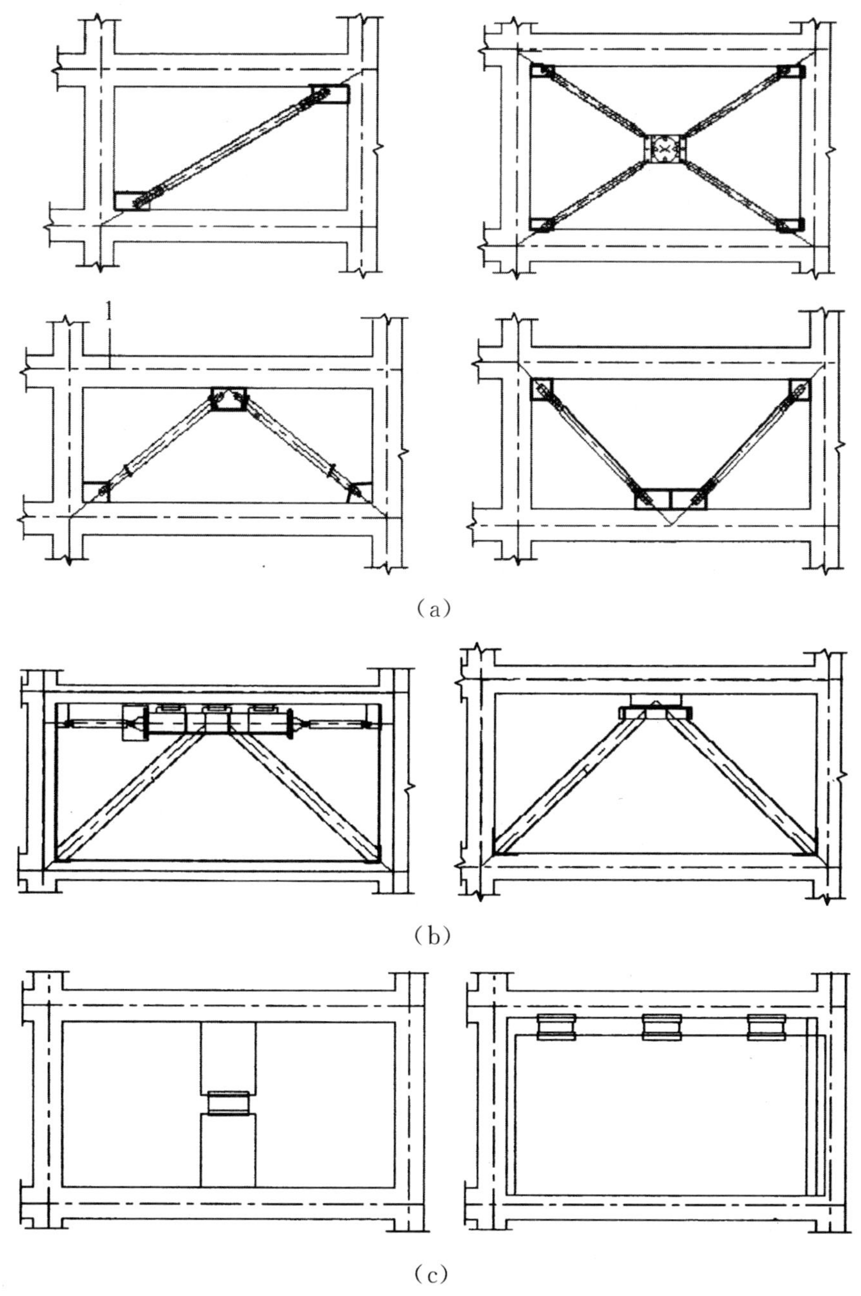

(a)

(b)

(c)

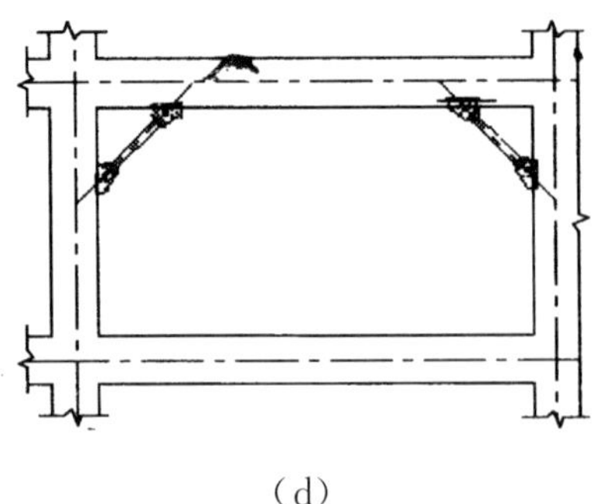

(d)

图 7—29 消能器与主体结构的连接形式

(a)斜撑型;(b)门架型;(c)墙柱型;(d)腋撑型

消能器与支撑及连接件的连接方式分为:高强螺栓连接、销轴连接和焊接连接。考虑震后消能器的可更换性以及施工质量可控性,宜采用螺栓连接。当采用螺栓连接时,应保证相连节点的螺栓在罕遇地震下不发生滑移。屈曲约束支撑与连接板之间的连接多采用螺栓连接或焊接。筒式黏滞消能器与连接件之间的连接通常采用一端销轴连接,另一端采用法兰连接。黏弹性消能器通常通过支墩(墙柱)与主体结构连接。剪切软钢消能器与主体结构的连接方式与黏弹性消能器相似。

为保证消能器的变形绝大部分发生在消能器上,与消能器相连的预埋件、支撑和支墩(墙柱)及节点板应具有足够的刚度、强度和稳定性。同时在相应消能器极限位移或极限速度的阻尼力作用下,与消能器连接的支撑、墙(支墩)应处于弹性界限以内;消能部件与主体结构连接的预埋件、节点板等也应处于弹性工作状态,且不应出现滑移、拔出和局部失稳等破坏。节点板在支撑力作用下应具有足够的承载力和刚度,同时还应采取增加节点板厚度或设置加劲肋等措施防止节点板发生面外失稳破坏。

消能器部件属于非承重构件,其功能仅用于保证消能器在结构变形过程中发挥耗能作用,而不承担结构的竖向荷载作用,即增设消能器不改变主体结构的竖向受力体系。因此无论是新建消能减震结构,还是采用消能减震进行抗震加固的既有结构,主体结构都必须满足竖向承载力的要求。

2.连接设计计算

消能器与主体结构的连接设计包括三个部分:

①消能器与连接板的连接。

②连接板与预埋件的连接。

③预埋件与主体结构的连接。

消能器连接的设计计算的主要设计流程如图 7—30 所示。

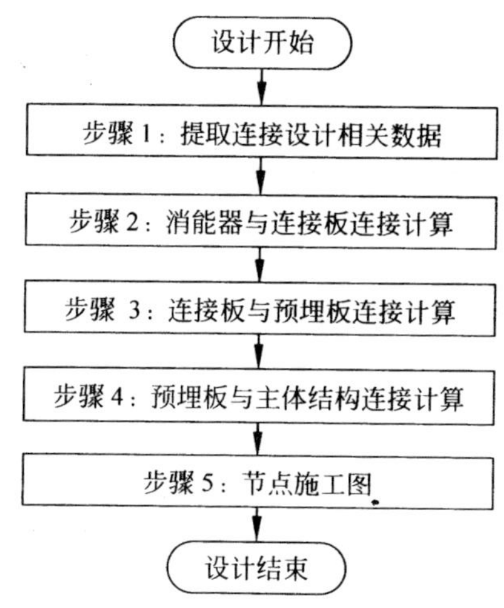

图 7—30　消能器节点设计流程

(1)提取连接设计相关数据

1)消能器相关信息

①消能器本身参数：如软钢剪切消能器的屈服荷载、屈服位移、极限荷载、极限位移等。

②消能器的平面布置：消能器的位置、数量及布置形式等。

③消能器的产品尺寸：如屈曲约束支撑的外套筒尺寸、端头形式及尺寸等。

2)消能器安装位置的子框架信息

①计算用层高：梁底到楼面的距离。

②计算用跨度：柱子与柱子间净距。

③结构的梁柱尺寸。

(2)消能器与连接板的连接计算

消能器与连接板处的连接，可以采用螺栓连接和焊缝连接。考虑到施工质量的可控性和地震后消能器的可更换性，宜采用高强螺栓连接。以下针对工程中最常用的屈曲约束支撑和软钢剪切消能器说明采用螺栓连接的设计方法。

1)屈曲约束支撑与连接板的连接计算

首先确定螺栓个数：

①节点作用力 F＝极限力×1.2。

②根据《钢结构设计规范》(GB 50017—2003)的 7.2.2 条款，单个高强度螺栓抗剪设计值如下：

$$N_v = 0.9 n_f \mu P$$

式中，n_f 为传力摩擦面数目；μ 为摩擦面的抗滑移系数，应按表 7－1 采用；P 为单个高强度螺栓的预拉力，应按表 7－2 采用。

表 7－1　摩擦面的抗滑移系数 μ

在连接构件接触面的处理方法	构件的钢号		
	Q235 钢	Q345 钢、Q390 钢	Q420 钢
喷砂（丸）	0.45	0.50	0.50
喷砂（丸）后涂无机富锌漆	0.35	0.40	0.40
喷砂（丸）后生赤锈	0.45	0.50	0.50
钢丝刷清除浮锈或未经处理的干净轧制表面	0.30	0.35	0.40

表 7－2　单个高强度螺栓的预拉力 P

螺栓的性能等级	螺栓公称直径/mm					
	M16	M20	M22	M24	M27	M30
8.8 级	80	125	150	175	230	280
10.9 级	100	155	190	225	290	355

③高强度螺栓个数，n 为 $n \geqslant \frac{F}{N_v}$

式中，n 取正整数。

然后考虑螺栓的布置方式。根据屈曲约束支撑产品端头形式的不同，屈曲约束支撑与连接板螺栓的布置形式也有所不同。以屈曲约束支撑为例，屈曲约束支撑的端头一般有十字型和工字型两种截面。

十字型截面的螺栓布置一般都沿十字截面的四个翼缘错开布置，螺栓间距一般为 100～120mm，并用夹板连接，夹板的宽度≥$3d_0$（d_0 为螺栓孔直径）。

工字型截面的螺栓一般布置在翼缘和腹板处。对于小吨位消能器，也可采用与十字型截面类似的布置方式，螺栓间距为 100～120mm，螺栓排距≥$3d_0$，边距≥$1.5d_0$（d_0 为螺栓孔直径）；对于吨位较大的消能器，节点螺栓数量较多的情况，多采用梅花形布置。

2）软钢剪切消能器与连接板的连接计算

常见的软钢剪切阻尼器与连接板的连接形式如图 7－31 所示。与屈曲约束支撑和连接板的连接不同，软钢剪切消能器的剪力对螺栓群除产生剪力外，还会产生平面内的弯矩，应对螺栓群的受力进行详细验算。

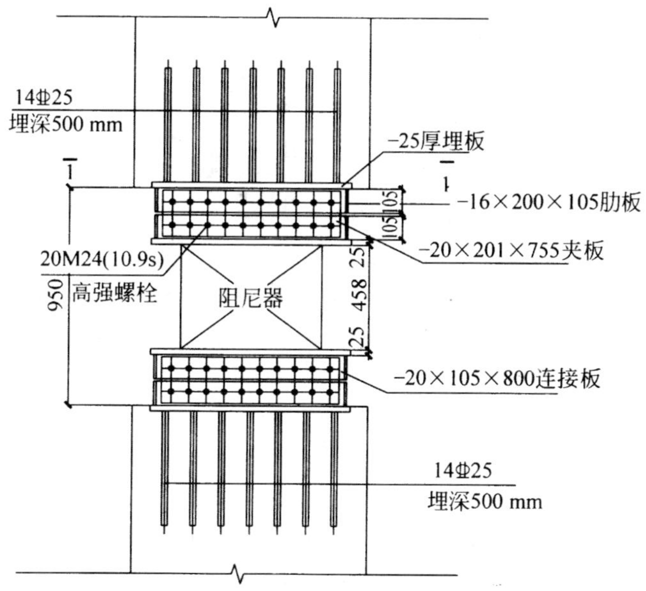

图7—31 软钢剪切消能器连接示意图

螺栓布置情况详见图7—32。

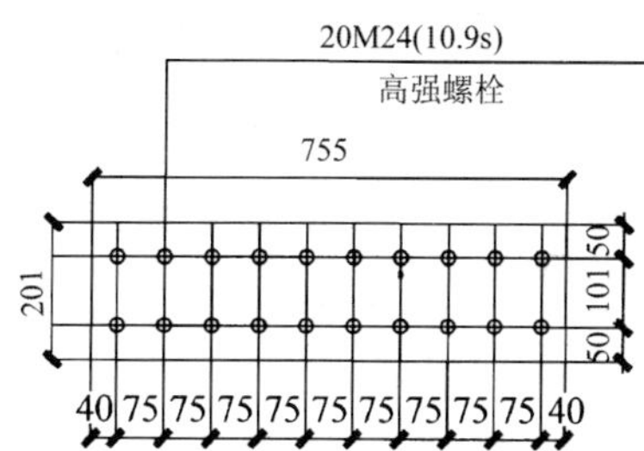

图7—32 连接板螺栓布置示意图

①螺栓群的剪力设计值V和弯矩设计值M如下：

V＝极限力×1.2

$M=V\times h_1$

式中，h_1为消能器中心到螺栓群中心的距离。

②扭矩作用下最外侧螺栓的剪力计算如下：取螺栓群的中心为坐标原点，长向为Y轴，短向为X轴，建立平面直角坐标系，如图7—33所示。则最外侧螺栓受到的剪力为

$$N_{1x}^{T}=\frac{My_1}{\sum x_i^2+\sum y_i^2}$$

$$N_{1y}^{T}=\frac{Mx_1}{\sum x_i^2+\sum y_i^2}$$

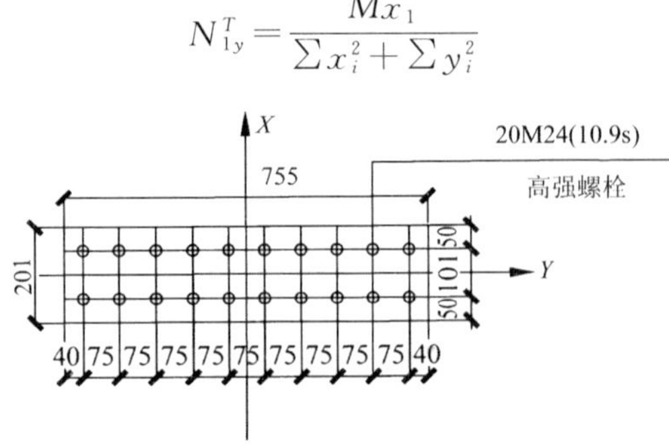

图 7—33　连接板螺栓群坐标系

式中，x_i 和 y_i 分别为第 i 个螺栓的 x 和 y 坐标。

③剪力作用下，单个螺栓剪力为

$$N_{1y}^{V}=\frac{V}{n}$$

式中，n 为螺栓群中螺栓个数。

④最外侧螺栓在扭矩和剪力作用下所受合力 N_1 应满足下式

$$N_1=\sqrt{(N_{1x}^{T})^2+(N_{1y}^{T}+N_{1y}^{V})^2}\leqslant N_V^b$$

式中，N_V^b 为单个螺栓抗剪承载力设计值。

(3)连接板与预埋板的连接计算

对消能器与主体结构的连接设计应予以足够的重视。只有进行正确的连接设计，才能保证消能器在地震作用下正常工作，从而实现预期减震目标。一般情况下连接板与预埋板连接的焊缝长度都远大于消能器作用力需要的焊缝长度，如果施工现场采用双面坡口焊，通常无须进行焊缝验算。在连接板尺寸较小的情况下，可以按照焊缝计算方法进行焊缝承载力的验算。

(4)预埋板与主体结构的连接计算

预埋板与主体结构的连接分为预埋钢筋连接和高强锚栓连接，分别对应新建建筑和加固建筑，两者的计算方法基本相同。本节针对工程中最常用的屈曲约束支撑和软钢剪切阻尼器说明预埋板与主体结构的连接计算。

1)屈曲约束支撑与埋板的连接计算

①作用力设计值

$$F=\text{极限力}\times 1.2$$

②对作用力设计值 F 进行分解(图 7—34)

$$F_1=\frac{d_2}{d_1+d_2}F, F_2=\frac{d_1}{d_1+d_2}F$$

$$F_{1V}=F_1\sin\theta, F_{1H}=F_1\cos\theta$$

$$F_{2V}=F_2\sin\theta, F_{2H}=F_2\cos\theta$$

式中，θ 为消能器轴线与地面的夹角。

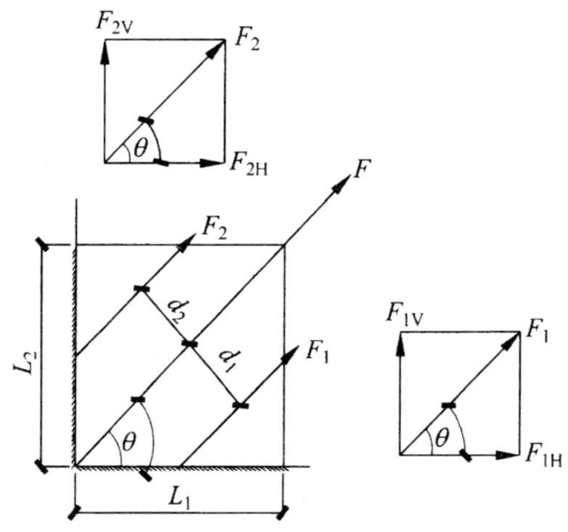

图 7—34　作用力 F 坐标分解

③通常采用高强螺栓连接，水平向梁上埋板螺栓个数计算如下：

螺栓个数：

$$n_1 \geqslant \frac{N_t^b F_{1H} + N_v^b F_{1V}}{N_t^b N_v^b}$$

式中，N_t^b 和 N_v^b 分别为单个螺栓抗拉和抗剪承载力设计值。

④竖向柱子预埋板螺栓个数计算

螺栓个数：

$$n_2 \geqslant \frac{N_v^b F_{2H} + N_t^b F_{2V}}{N_t^b N_v^b}$$

2)软钢剪切消能器埋板预埋钢筋的受力计算

软钢剪切消能器埋板预埋钢筋不仅承担消能器的剪力 V，还承担剪力 V 产生的平面内弯矩 M。埋板预埋钢筋同时承担剪力和拉力，计算时需考虑这两个力的合力对预埋钢筋造成的影响。

①预埋钢筋的布置(图 7—35)。

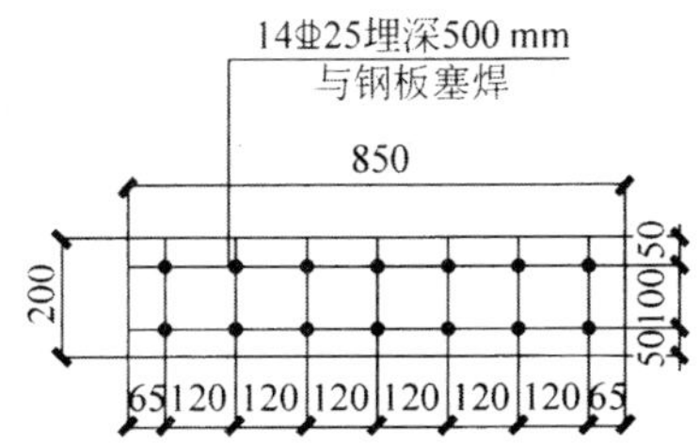

图 7—35　连埋板预埋钢筋布置示意图

②预埋板剪力设计值和弯矩设计值如下：

$$V=\text{极限力}\times 1.2$$

$$M=V\times h_2$$

式中，h_2 为消能器中心到埋板表面的距离。

③弯矩 M 作用下最外侧预埋钢筋的抗拉计算

取最左边两根钢筋中心为坐标原点，水平向为 Y 向，竖向为 X 向建立直角坐标系(图 7—27)。

$$N_{1t}=\frac{My_1}{m\sum y_i^2}$$

式中，N_{1t} 为弯矩作用下钢筋的拉力；m 为预埋钢筋行数，图 7—36 中 $m=2$；y_i 为第 i 排螺栓的 y 坐标。

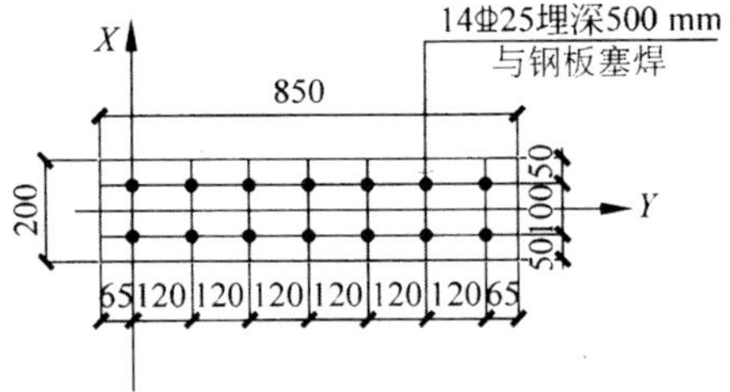

图 7—36　埋板预埋钢筋计算坐标系

④剪力 V 作用下单根钢筋抗剪计算

$$N_v=\frac{V}{n}$$

式中，n 为预埋钢筋的个数。

⑤最外侧预埋钢筋在拉力和剪力的合力作用下，需满足下式：

$$\sqrt{\left(\frac{N_{1t}}{N_t^b}\right)^2+\left(\frac{N_v}{N_v^b}\right)^2}\leqslant 1$$

式中，N_t^b 和 N_v^b 分别为预埋钢筋的抗拉和抗剪承载力设计值 N_t^b 和 N_v^b 的计算应考虑预埋钢筋破坏与锚固区混凝土破坏这两种情况。另外，软钢剪切消能器埋板与原结构通过新增混凝土墙体来连接。新增墙体的截面计算可手算复核或利用计算工具(如：理正工具箱等)验算截面的抗弯、抗剪承载力。配筋形式采用两端设置构造柱、中间按墙体配筋的做法，具体形式如图7—37所示。

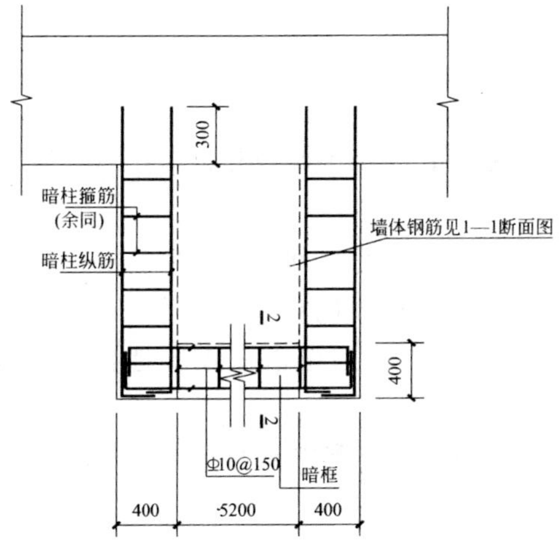

图 7—37　新增墙体配筋示意图

放置软钢剪切消能器位置的结构原梁受到与消能器连接墙体的一对力偶作用，需要验算墙体两端处的结构原梁截面，可手算复核或利用计算工具(如理正工具箱等)验算截面抗弯、抗剪承载力，原梁计算简化模型如图 7—38 所示。

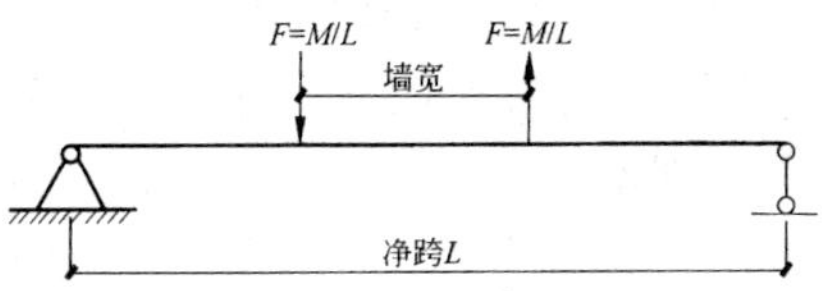

图 7—38　梁计算简化模型

(5)节点施工图

消能器的节点施工图包括以下几个方面内容：

①消能器设计说明。

②消能器平面布置图。

③消能器安装节点详图。

第8章 桥梁结构抗震设计

桥梁结构是现代交通网中的枢纽工程，在发展国民经济、促进文化交流和巩固国防等方面起着非常重要的作用；尤其是在地震时实施紧急救援、灾后恢复生产、确保生命干线的畅通中占有重要地位。因此，桥梁结构抗震设计的重要性不言而喻。

本章首先对桥梁结构的震害现象进行分析，然后依次介绍桥梁结构的抗震计算和抗震设计。

8.1 桥梁震害及其分析

8.1.1 桥梁结构震害特征

据统计，世界上由于地震灾害而毁坏的桥梁数量，远远多于由于风振、船撞等其他原因而破坏的桥梁。国内外地震工作者历来都很重视震害的调查研究。可以说，桥梁抗震设计理论发展的历史，也是人类对桥梁震害认识的历史。

桥梁震害主要反映在结构的各个部位，下面将分别介绍桥梁上部结构、支座及下部结构的震害表现。

1.上部结构的破坏

桥梁上部结构由于受到墩台、支座等的隔离作用，在地震中直接受惯性力作用而破坏的实例较少。由于下部结构破坏而导致上部结构破坏，则是桥跨结构破坏的主要形式，其常见的形式有以下几种。

(1)墩台位移使梁体由于预留搁置长度偏少或支座处抗剪承载力不足，使得桥跨的纵向位移超出支座长度而引起落梁破坏，这是最为常见的桥梁震害之一。如在1976年的唐山大地震中，滦河桥35孔22m跨径的混凝土T形简支梁桥，就有23孔落梁，均为活动支承端落下河床，固定端仍搁置在残墩上，如图8－1所示。简支钢桥也常常有同样的遭遇，美国旧金山奥克兰海湾桥在地震中落梁破坏就是一例.尽管在这座桥的活动支座处安装了约束螺栓，但仍难以抵抗纵向的相对位移。又如在1995年日本神户地震中，西宫港大桥钢系杆拱主跨(跨径252m)的东连接第一跨引桥脱落，均为支座连接构件失效引起。

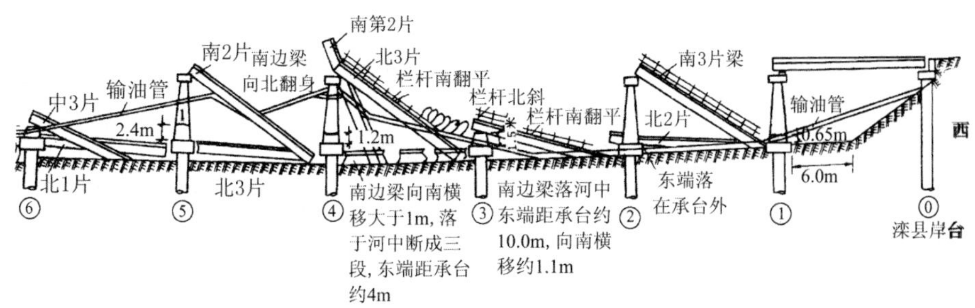

图 8－1　唐山地震中滦河桥西侧桥孔倒塌

(2)桥墩部位两跨梁端相互撞击的破坏,特别是用活动支座隔开的相邻桥跨结构的运动可能是异相的,这就增加撞击破坏的机会。如在 1999 年中国台湾集集地震中,东丰大桥曾发生梁端相互撞击而导致的梁端混凝土的压碎与剥落。

(3)由于地基失效引起的上部结构震害。强烈地震中的地裂缝、滑坡、泥石流、砂土液化、断层等地质原因,均会导致桥梁结构破坏:地基液化会使基础丧失基本的稳定性和承载力,软土通常会放大结构的振动反应使落梁受损的可能性增加,断层、滑坡和泥石流更是撕裂桥跨的直接原因。

(4)墩柱失效引起的落梁破坏。由于墩台延性设计不足导致桥梁倒塌的现象屡见不鲜。如中国台湾集集地震中,名竹桥由于桥墩严重倾斜或折断引起的落梁。另一典型的事例是在日本神户地震中,日本阪神高速公路中一座高架桥共有 18 根独柱墩同时被剪断,致使 500m 左右长的梁体向一侧倾倒。

2.支座及伸缩装置的震害

桥梁支座通常被认为是桥梁结构体系中抗震性能较薄弱的部位,历次大震中,支座的震害都较普遍。如 1995 年日本阪神地震中的支座震害。另外,地震中伸缩装置的破坏也很常见。

3.下部结构的震害

桥梁墩台和基础的震害是由于受到较大的水平地震作用所致。高柔的桥墩多为弯曲型破坏,粗矮的桥墩多为剪切型破坏,长细比介于两者之间的则呈现弯剪型破坏。此外,配筋设计不当还会引起盖梁和桥墩节点部位的破坏。

8.1.2　震害原因

1.地裂缝

由于地下断层错动在地表上形成构造地裂缝,或由于地表土质松软及不同地貌在地震作用下而形成重力地裂缝。前者的走向与地下断裂带的走向一致,带长可延续几公里甚至几十公里;后者的规模较小且走向与地下断裂带走向无直接关系。地裂缝是使路面产生开裂、路基破坏的重要原因之一;此外对于土质松软的土层或密度小的地基,在地震时会产生塌陷.从而造成路面下沉及桥梁墩台倾斜、沉陷等。地震造成的地基不均匀下沉也是导致桥梁破坏的重要因素之一。

2.地基失稳或失效

地震中地基或土坡失稳会造成滑坡塌方现象,特别是山区公路地基及河岸更易产生此类现象。当此类现象发生时,会造成路基路面断裂,桥台向河心滑动而导致桥梁破坏。

3.结构布局不合理

在地震中发生破坏的某些桥梁,其结构布局不合理,导致结构受力不均衡,而形成某些薄弱环节,引发震害。

4.结构强度不足

前面所举很多震害,均发生在高烈度地区,而其中有些桥梁设计上没有考虑抗震设防,有些虽然有所考虑,但对地震作用的大小估计不足,致使桥梁产生强度破坏,如裂缝、断裂、倒塌等现象。

5.结构丧失整体稳定性

桥梁的上、下部结构通过支座连接,而所采用的支座大多不适应抗震要求。地震时,桥梁结构先是上下跳动,然后是左右摇晃,活动支座首先脱落、固定支座销钉剪断,因而桥梁的上、下部结构之间的相互联系被破坏,丧失了结构的整体稳定性。

8.2 桥梁结构的抗震计算

我国《公路抗震规范》对桥梁抗震计算是以反应谱法为基础制订的,适用于跨径不超过150m的钢筋混凝土和预应力混凝土梁桥或钢筋混凝土拱桥的抗震设计。

8.2.1 按反应谱理论的计算方法

单自由度弹性体系在给定的地震作用下相对位移、相对速度和绝对加速度的最大反应量与体系自振周期的关系曲线，称为反应谱。我国《公路抗震规范》中反应谱所概括的，是不同周期的结构在各种地震动输入下加速度放大的最大值，并用动力放大系数 β 来定义：

$$\beta(T,\xi)=\frac{|\ddot{x}+\ddot{x}_g|_{\max}}{|\ddot{x}_g|_{\max}} \tag{8-1}$$

式中，$|\ddot{x}_g|_{\max}$ 为地面运动最大加速度绝对值；$|\ddot{x}+\ddot{x}_g|_{\max}$ 为质点上最大绝对加速度的绝对值。

我国《公路抗震规范》所给出的反应谱如图 8－2 所示，它是根据 900 多条国内外地震加速度记录反应谱的统计分析；确定了四类场地上的反应谱曲线（临界阻尼比为 0.05），同时又根据 150 多条数字强震仪加速度记录的反应谱分析，对上述反应谱的长周期部分作了修正。

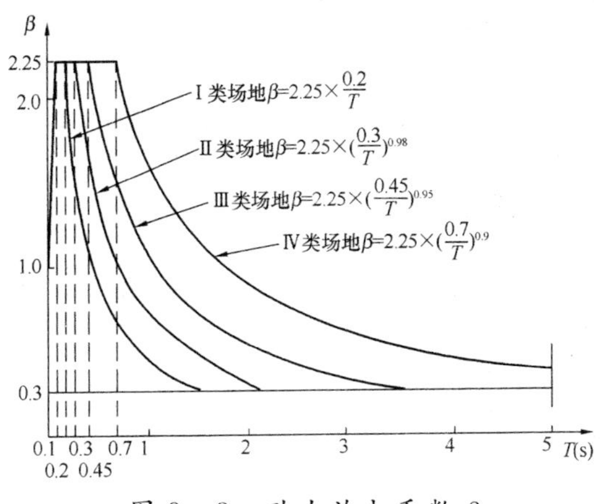

图 8－2　动力放大系数 β

8.2.2　地震作用效应组合

前面讨论了应用振型分解反应谱法求解各振型地震内力计算的一般公式，需要注意，按各振型独立求解的地震反应最大值，一般不会同时出现，因此，几个振型综合起来时的地震力最大值一般并不等于每个振型中该力最大值之和。目前，国内外学者提出了多种反应谱组合方法，应用较广的是基于随机振动理论提出的各种组合方法，如 CQC 法（完整二次项组合法）、SRSS 法（平方和开方法）等。

当求出各阶振型下的最大地震作用效应 S_i 时，CQC 组合方法为

$$S_{\max}=\sqrt{\sum_{i=1}^{n}\sum_{j=1}^{n}\rho_{ij}S_{i,max}S_{j,\max}} \tag{8-2}$$

式中，ρ_{ij} 为振型组合系数。

对于所考虑的结构，若地震动可看成宽带随机过程，则

$$\rho_{ij}=\frac{8\sqrt{\xi_i\xi_j}(\xi_i+\xi_j)\gamma^{3/2}}{(1+\gamma^2)^2+4\xi_i\xi_j\gamma(1+\gamma^2)+4(\xi_i^2+\xi_j^2)\gamma^2} \tag{8-3}$$

其中 $\gamma=\omega_j/\omega_i$。若采用等阻尼比，即 $\xi_i=\xi_j-\xi$，则

$$\rho_{ij}=\frac{8\xi^2(1+\gamma)\gamma^{3/2}}{(1+\gamma)\gamma^2+4\xi^2\gamma(1+\gamma^2)+8\xi^2\gamma^2} \tag{8-4}$$

体系的自振周期相隔越远，则 ρ_{ij} 值越小。如当

$$\gamma>\frac{\xi+0.2}{0.2}$$

则 $\rho_{ij}<0.1$，便可认为 ρ_{ij} 近似为 0，可采用 SRSS 方法，即

$$S_{\max}=\sqrt{\sum_{i=1}^{n}S_{i,\max}^2} \tag{8-5}$$

通常在地震引起的内力中，前几阶振型对内力的贡献比较大，高振型的影响渐趋减少，实际设计中一般仅取前几阶振型。

在多方向地震动作用下，还涉及空间组合问题，即各个方向输入引起的地震反应的组合。

8.3 桥梁结构的抗震设计

8.3.1 桥梁抗震设计的基本要求

通过历次桥梁震害吸取的教训，以及当前人们公认的相关理论知识，可以总结出以下在进行桥梁抗震设计时应符合的要求。

1.选择对抗震有利的地段布设线路和选定桥位

根据工程需要和工程地质的有关资料，综合评价地震活动情况，选择公路工程建设场地。场地的选择以选择有利地段为宜，避开不利地段及危险地段。

对抗震有利的地段，如坚硬土或开阔、平坦、均匀、密实的中硬土等地段；不利地段，如孤突的山梁、软弱粘性土及可液化土层、高差较大的台地边缘等地段；危险地段，是指发震断层及其邻近地段和地震时可能发生大规模滑坡、崩塌等不良地质地段。

路线及桥位宜避开如下地段：地震时可能发生滑坡、崩塌的地段；地震时可能倒塌而严重中断公路交通的各种构造物；地震时可能塌陷的暗河、岩洞等岩溶地段和地下已采空的矿穴地段；河床内基岩具有倾斜河槽的构造软弱面被深切河槽所切割的地段等。

当桥位无法避开发震断层时，宜将全部墩台布置在断层的同一盘（最好是下盘）上。

对河谷两岸在地震时可能发生滑坡、崩塌而造成堵河成湖的地方，应估计其淹没和堵塞体溃决的影响范围，合理确定路线的标高和选定桥位。当可能因发生滑坡、崩塌而改变河流方向，影响岸坡和桥梁墩台以及路基的安全时，应采取适当的防护措施。

2.避免或减轻在地震影响下因地基变形或地基失效对公路造成的破坏

重视对可能发生的地基变形及地基失效，如松散的饱和砂土液化，会造成地基失效，使桥梁基础产生严重位移和下沉，严重的会导致桥梁垮塌，所以应采取适当措施来避免或减轻由此带来的地震破坏作用。

3.本着减轻震害和便于修复（抢修）的原则，确定合理的设计方案

在确定路线的总走向和主要控制点时，应尽量避开基本烈度较高的地区和震害危险性较大的地段；在路线设计中，要合理利用地形，正确掌握标准，尽量采用浅挖低填的设计方案，以减少对自然平衡条件的破坏。

对于地震区的桥型选择，一般按下列几个原则进行：加强地基的调整和处理，以减小地基变形和防止地基失效；尽量减轻结构的自重和降低其重心，以减小结构物的地震作用和内力，提高稳定性；力求使结构物的质量中心与刚度中心重合，以减小在地震中因扭转引起的附加地震作用；应协调结构物的长度和高度，以减小各部分不同性质的振动所造成的危害作用。

4.提高结构构件的强度和延性，避免脆性破坏

桥梁墩柱应具有足够的延性，以利用塑性铰消能。但要充分发挥预期塑性铰部位的延性能力，必须防止墩柱发生脆性的剪切破坏。

此外，在桥梁抗震设计中，还要加强桥梁结构的整体性，在设计中提出保证施工质量的要求和措施等。

8.3.2 桥梁抗震设防要求

《公路桥梁抗震设计细则》将桥梁抗震设防类别为 A 类、B 类、C 类和 D 类的桥梁分别简称为 A 类桥梁、B 类桥梁、C 类桥梁和 D 类桥梁。各抗震设防类别桥梁的抗震设防目标应符合表 8－1 的规定。一般情况下，桥梁抗震设防分类应根据各桥梁抗震设防类别的适用范围按表 8－2 的规定确定。但对抗震救灾以及在经济、国防上具有重要意义的桥梁或破坏后修复（抢修）困难的桥梁，可按国家批准权限，报请批准后，提高设防类别。

表 8—1 各设防类别桥梁的抗震设防目标

桥梁抗震设防类别	设防目标	
	E1 地震作用	E2 地震作用
A 类	一般不受损坏或不需修复可继续使用	可发生局部轻微损伤，不需修复或经简单修复可继续使用
B 类	一般不受损坏或不需修复可继续使用	应保证不致倒塌或产生严重结构损伤，经临时加固后可供维持应急交通使用
C 类	一般不受损坏或不需修复可继续使用	应保证不致倒塌或产生严重结构损伤，经临时加固后可供维持应急交通使用
D 类	一般不受损坏或不需修复可继续使用	——

表 8—2 各桥梁抗震设防类别适用范围

桥梁抗震设防类别	适用范围
A 类	单跨跨径超过 150m 的特大桥
B 类	单跨跨径不超过 150m 的高速公路、一级公路上的桥梁，单跨跨径不超过 150m 的二级公路上的特大桥、大桥
C 类	二级公路上的中桥、小桥，单跨跨径不超过 150m 的三、四级公路上的特大桥、大桥
D 类	三、四级公路上的中桥、小桥

A 类、B 类和 C 类桥梁必须进行 E1 地震作用和 E2 地震作用下的抗震设计。D 类桥梁只需进行 E1 地震作用下的抗震设计。A 类桥梁的抗震设防目标是 E1 地震作用（重现期约为 475 年）下不应发生损伤，E2 地震作用（重现期约为 2000 年）下可产生有限损伤，但地震后应能立即维持正常交通通行；B 类、C 类桥梁的抗震设防目标是 E1 地震作用（重现期为 50～100 年）下不应发生损伤，E2 地震作用（重现期为 475～2000 年）下不致倒塌或产生严重结

构损伤，经临时加固后可供维持应急交通使用；D 类桥梁的抗震设防目标是 E1 地震作用(重现期约为 25 年)下不应发生损伤。因此，《规范》实质上是采用两水平设防、两阶段设计。对于 A 类、B 类、C 类桥梁采用两水平设防、两阶段设计；D 类桥梁采用一水平设防、一阶段设计。第一阶段的抗震设计，采用弹性抗震设计；第二阶段的抗震设计，采用延性抗震设计方法，并引入能力保护设计原则。通过第一阶段的抗震设计，即对应 E1 地震作用的抗震设计，可达到和原规范基本相当的抗震设防水平。通过第二阶段的抗震设计，即对应 E2 地震作用的抗震设计，来保证结构具有足够的延性能力，通过验算，确保结构的延性能力大于延性需求。通过引入能力保护设计原则，确保塑性铰只在选定的位置出现，并且不出现剪切破坏等破坏模式。通过抗震构造措施设计，确保结构具有足够的位移能力。

抗震构造措施，是在总结国内外桥梁震害经验的基础上提出来的设计原则。历次大地震的震害表明，抗震构造措施可以起到有效减轻震害的作用，而其所耗费的工程代价往往较低。因此，《公路桥梁抗震设计细则》对抗震构造措施提出了更高和更细致的要求，对 A 类、B 类桥梁，抗震措施均按提高一度或更高的要求设计。

抗震设防烈度为 6 度地区的 B 类、C 类、D 类桥梁，可只进行抗震措施设计。各类桥梁在不同抗震设防烈度下的抗震设防措施等级按表 8－3 确定。各类桥梁的抗震重要性系数 C_i，可按表 8－4 确定。立体交叉的跨线桥梁，抗震设计不应低于下线桥梁的要求。

表 8－3　各类公路桥梁抗震设防措施等级

<table>
<tr><td rowspan="2">抗震设防烈度
桥梁分类</td><td>6</td><td colspan="2">7</td><td colspan="2">8</td><td>9</td></tr>
<tr><td>0.05g</td><td>0.1g</td><td>0.15g</td><td>0.2g</td><td>0.3g</td><td>0.4g</td></tr>
<tr><td>A 类</td><td>7</td><td>8</td><td>9</td><td>9</td><td colspan="2">更高，专门研究</td></tr>
<tr><td>B 类</td><td>7</td><td>8</td><td>8</td><td>9</td><td>9</td><td>≥9</td></tr>
<tr><td>C 类</td><td>6</td><td>7</td><td>7</td><td>8</td><td>8</td><td>9</td></tr>
<tr><td>D 类</td><td>6</td><td>7</td><td>7</td><td>8</td><td>8</td><td>9</td></tr>
</table>

注：g 为重力加速度。

表 8－4　各类桥梁的抗震重要性系数 C_i

桥梁分类	E1 地震作用	E2 地震作用
A 类	1.0	1.7
B 类	0.43(0.5)	1.3(1.7)
C 类	0.34	1.0
D 类	0.23	——

8.3.3　桥梁结构抗震设计流程

无论是采用多级设防还是单一水准的设防，桥梁工程的抗震设计一般都要包括以下部分：抗震设防标准选定、抗震概念设计、地震反应分析、抗震性能验算以及抗震构造设计，如图 8－3 所示。其中，地震反应分析和抗震性能验算的工作量最大，也最为复杂。如果采用三级设防的抗震设计思想，则就要做三次循环，即对应于每一个设防水准，进行一次地震反应分析，并进行相应的抗震性能验算，直到结构的抗震性能满足要求。

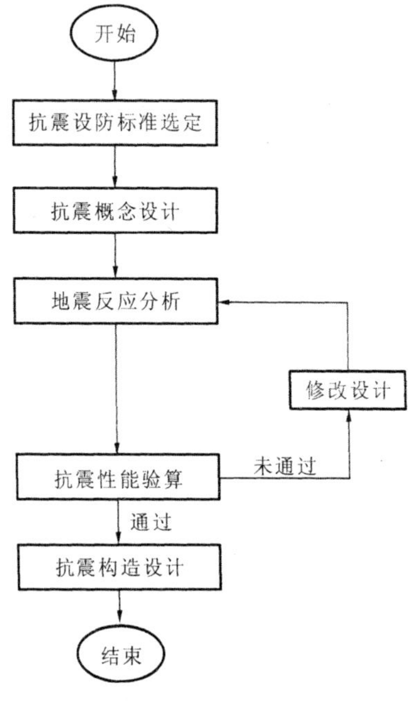

图 8－3　桥梁结构抗震设计流程

8.3.4　桥梁抗震延性设计

延性表示结构超过弹性阶段后的变形能力，桥梁震害调查加深了人们对结构延性设计重要性的认识。

目前，人们已经广泛认同桥梁抗震设计必须从单一的承载力设防转入承载力和延性双重设防。大多数多地震国家的桥梁抗震设计规范已采纳了延性抗震理论：延性抗震理论不同于承载力理论的是，它是通过结构选定部位的塑性变形（形成塑性铰）来抵抗地震作用的。利用选定部位的塑性变形，不仅能消耗地震能量，而且能延长结构周期，从而减小结构的地震响应。

1.延性的基本概念

（1）延性的定义

材料、构件或结构的延性，通常定义为在初始强度没有明显退化情况下非弹性变形能力。它包括两个方面的能力：一是承受较大的非弹性变形，同时强度没有明显下降的能力；二是利用滞回特性吸收能量的能力。

延性在本质上是一种非弹性变形的能力，即结构从屈服到破坏的后期变形能力，这种能力能保证强度不会因为发生非弹性变形而急剧下降。延性就其讨论的范围而言可以分为材料、截面、构件和整体延性。对材料而言，延性材料是指发生较大的非弹性变形时强度没有明显下降的材料.与之相应的叫作脆性材料。不同材料的延性是不同的：低碳钢的延性较好，素混凝土在受压时延性较差，而混凝土当配有适当的箍筋时，延性会有显著提高。对结构和结构构件而言，结构的延性称为整体延性，结构构件的延性称为局部延性。

（2）延性系数

延性一般可用以下的无量纲比值 μ 来表示，称为延性系数。其定义为

$$\mu=\frac{\Delta_{max}}{\Delta_y} \tag{8-6}$$

式中，Δ_y 和 Δ_{max} 分别表示结构首次屈服和所经历过的最大变形。

延性系数一般表示成与变形有关的各种参数，如挠度、转角和曲率等。

（3）桥梁结构的整体延性与构件局部延性的关系

桥梁具有“头重脚轻”的特点，质量基本集中在上部结构，因此，在很多时候，桥梁结构的地震反应可以近似采用单自由度系统计算。而桥梁结构的延性系数，通常也就定义为上部结构质量中心处的极限位移与屈服位移之比。桥梁结构的整体延性与桥墩的局部延性密切相关，但并不意味着桥梁中有一些延性很高的桥墩，其整体延性就一定高。实际上，如果设计不合理，即使个别构件延性很高，但桥梁结构的整体延性却可能相当低。在桥墩屈服后直到

达到极限状态为止，桥墩的变形能力主要来自墩底塑性铰区的塑性转动。因此，当考虑支座弹性变形和基础柔度影响时，结构的延性系数比桥墩的延性小，而且支座和基础的附加柔度越大，结构的延性系数越小。

2.延性抗震设计方法简介

(1)能力设计原理

新西兰学者提出结构延性设计中的一个重要原理——能力设计原理(Philosophy of Capacity Design)。其思想是：在结构体系中的延性构件和能力保护构件(脆性构件以及不希望发生非弹性变形的构件，统称为能力保护构件)之间建立承载力安全等级差异，以确保结构不会发生脆性的破坏模式。

与常规的承载力设计方法相比，能力设计方法强调进行可以控制的延性设计。总的来说，能力设计方法是抗震概念设计的一种体现，它的主要优点是设计人员可对结构在屈服时、屈服后的形状给予合理的控制，即结构屈服后的性能是按照设计人员的意图出现的，这是传统抗震设计方法所达不到的。此外，根据能力设计方法设计的结构具有很好的延性，能最大限度地避免结构倒塌，同时也降低了结构对许多不确定因素的敏感性。

采用能力设计方法进行延性抗震设计的步骤可以总结如下：

①在概念设计阶段，选择合理的结构布局。

②确定地震中预期出现的弯曲塑性铰的合理位置，并保证结构能形成一个适当的塑性耗能机制。

③对潜在塑性铰区域，通过计算分析或估算建立截面“弯矩—转角”之间的对应关系，然后利用这些关系确定结构的位移延性和塑性铰区截面的预期抗弯承载力。

④对选定的塑性耗能构件进行抗弯设计。

⑤估算塑性铰区截面在发生设计预期的最大延性范围内的变形时，其可能达到的最大抗弯承载力(弯曲超强承载力)，以此来考虑各种设计因素的变异性。

⑥按塑性铰区截面的弯曲超强承载力，进行塑性耗能构件的抗剪设计以及能力保护构件的承载力设计。

⑦对塑性铰区域进行细致的构造设计，以确保潜在塑性铰区截面的延性能力。

在很多情况下，上述能力的设计过程并不需要复杂精细的动力分析技巧，而只要在粗略的估算条件下，即可确保结构具有预知的和满意的延性性能。这是因为按能力设计方法设计的结构，不会形成不希望的塑性铰机构或非线性变形模式。结合相应的延性构造措施，能力设计依靠合理选择的塑性铰机构,使结构达到优化的能量耗散。这样设计的结构将特别能适应未来的大地震所可能激起的延性需求。

(2)潜在塑性铰位置的选择

桥梁结构的质量大部分集中在上部结构,上部结构的设计主要受恒荷载、活荷载、温度等控制,地震惯性力对上部结构的内力影响不大,但是这种地震惯性力对桥梁墩、柱和基础等下部结构的作用却是巨大的。因此,在结构的能力设计中,桥梁下部设计地震惯性力可以小于地震所产生的弹性惯性力,从而使下部结构产生塑性铰并消耗掉一部分能量。

选择桥梁预期出现的塑性铰位置时,应能使结构获得最优的耗能,并尽可能使预期的塑性铰出现在易于发现和易于修复的结构部位。在下部结构中,由于基础通常埋置于地下,一旦出现损坏,修复的难度和代价比较高,也不利于震后迅速发现,因而通常不希望在基础中出现塑性铰。于是,预期出现塑性铰的位置通常在墩柱的下端或上端,把钢筋混凝土桥墩设计成延性构件,而把其余部位的构件按能力保护构件设计。

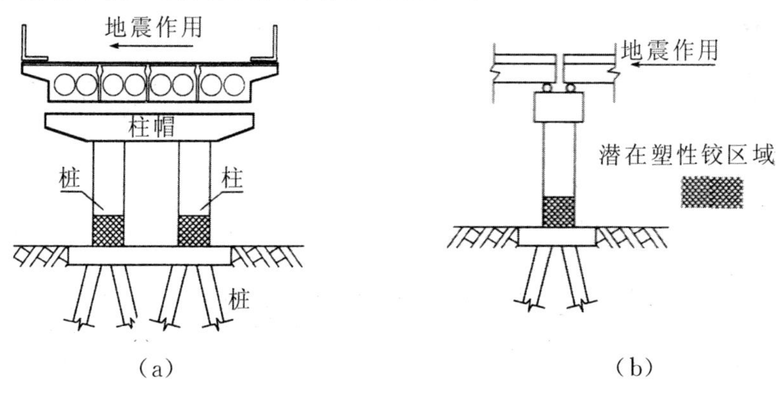

(a)　　　　　　　　　　(b)

图8—4　潜在塑性铰位置选择

(a)横桥向地震作用;(b)顺桥向地震作用

3.钢筋混凝土的延性设计

钢筋混凝土桥墩的延性设计,主要就是根据设计预期的位移延性水平,确定桥墩塑性铰区范围内所需要的约束箍筋用量,以及约束箍筋的配置方案。

(1)影响钢筋混凝土墩柱延性的因素

大量研究表明,钢筋混凝土墩柱的延性与以下因素有关。

①轴压比:轴压比对延性影响很大,轴压提高,延性下降,当轴压较大时,延性下降幅度较大。

②箍筋用量:适当加密箍筋配置,可以大幅度提高延性。

③箍筋形状:同样数量的螺旋箍筋与矩形箍筋相比,可以获得更好的约

束效果,但方形箍筋与矩形箍筋相比,约束效果差别不大。

④混凝土强度:对柱的延性有一定影响,强度越高,延性越低。

⑤保护层厚度:厚度增大.对延性不利。

⑥纵向钢筋:纵向钢筋的增加会改变截面的中性轴位置,从而改变截面的屈服曲率和极限曲率,总体上对延性有不利的影响。

⑦截面形式:空心截面与相应的实心截面相比具有更好的延性.圆形截面与矩形截面相比有更好的延性。

(2)横向箍筋配置

横向箍筋在延性桥墩中有三个重要作用,即约束塑性铰区混凝土,提供抗剪能力,以及防止纵向钢筋压屈。因此,各国规范对延性桥墩中横向箍筋的有关规定也是最多的。我国现行的《公路桥梁抗震设计细则》(JTG/TB 02—01—2008)规定,位于7度和7度以上地震区的桥梁,桥墩箍筋加密区段的螺旋箍筋间距不大于10cm,直径不小于10mm;对矩形箍筋,潜在塑性铰区域内加密箍筋的最小体积配箍率不低于0.4%。

(3)塑性铰区长度

桥墩塑性铰区长度用于确定实际施工中延性桥墩加密段的长度,各国规范都对延性桥墩的塑性铰区长度作了明确的规定,Galtrans规范为max(b_{max},$1/6h_c$,610mm),b_{max}为横截面最大尺寸,h_c为桥墩净高。我国《公路桥梁抗震设计细则》规定位于7度和7度以上地震区的桥梁,加密区的长度不应小于弯曲方向截面墩柱高度的1.0倍或墩柱上弯矩超过最大极限弯矩80%的范围;当墩柱的高度与横截面高度之比小于2.5时,墩柱加密区的长度应取全高。扩大基础的柱式桥墩和排架桩墩应布置在柱(桩)的顶部和底部,其布置高度取柱(桩)的最大横截面尺寸或1/6柱(桩)高,并不小于50cm。

(4)纵向钢筋的配筋率

一般来说,延性桥墩中的纵向钢筋的含量不宜太低,也不宜太高,对纵向钢筋配筋率的规定:Galtrans规范为0.01~0.04,我国《公路桥梁抗震设计细则》要求不少于0.006,不应超过0.04。为了能提供更好的约束效果,还规定纵筋之间的最大间距不得超过20cm,至少每隔一根宜用箍筋或拉筋固定。

(5)钢筋的锚固搭接

为了保证桥墩的延性能力,对塑性铰区截面内钢筋的锚固和搭接细节都必须加以仔细考虑。各国现行规范对这方面也都作了明确的规定,Galtrans规范规定纵向钢筋不应在塑性铰区内搭接,箍筋接头必须焊接;我国《公路桥梁抗震设计细则》规定所有箍筋都应采用等强度焊接来闭合,或者在端部弯过纵向钢筋到混凝土核心内,角度至少为135度。

第9章　结构抗风设计

抗风设计是为了保证结构的安全性、使用性和耐久性。具体体现在以下几个方面：

(1)防止结构或其构件因过大的风力而产生破坏或出现失稳。

(2)防止结构或其构件因风振作用出现疲劳破坏。

(3)防止结构或其构件产生过大的挠度和变形。

(4)防止结构出现气动弹性失稳，防止围护构件破坏。

(5)防止由于过大的振动导致建筑物使用者的不舒适感等。

结构抗风设计可分为两种。

(1)主体结构(承重结构)抗风设计。这种抗风设计的受荷面积大，刚度相对偏柔，因而风致动力效应是其核心问题。

(2)围护结构抗风设计。此抗风设计受荷面积小，刚度相对较大，局部脉动风压的瞬时增大效应是其设计中的关键问题。

根据建筑类型的不同，结构抗风设计还可以分为高层结构抗风设计、高耸结构抗风设计、大跨度屋盖结构抗风设计、低矮房屋抗风设计等。

下面结合《建筑结构荷载规范》的相关规定，首先介绍结构抗风设计的基本流程与方法，然后分别针对高层结构、高耸结构和大跨度屋盖结构的特点，介绍相关内容。

9.1　结构抗风设计基本流程与方法

结构抗风设计的基本流程大致包括来流风场信息确定、主体结构抗风设计和围护结构抗风设计等步骤，如图9－1所示。以下主要介绍主体结构抗风设计。

9.1.1　风场基本信息确定

1.基本风压

基本风压w_0，参考历年来当地气象台站的最大风速的相关记录，按照基本风速的标准要求，将不同风速仪高度和时次、时距的年最大风速，统一换算为离地 10m 高，10min 平均年最大风速数据，经统计分析确定重现期为 50 年的最大风速，定为当地基本风速 v_0，根据以下公式计算得到：

$$\omega_0 = \frac{1}{2}\rho v_0^2 \tag{9-1}$$

《建筑结构荷载规范》根据全国 672 个地点的基本气象台（站）的最大风速资料，给出了各城市的基本风压（重现期 50 年）。我国东南沿海地区（如浙江、福建、广东和海南等省）由于受台风影响，基本风压较大，局部甚至超过 0.9kN/m^2；此外，新疆局部地区由于受地理环境（如山口、隘道众多）和气象条件（如西伯利亚高压）的影响，风力也较大。

在确定基本风压时，需注意以下几个问题：

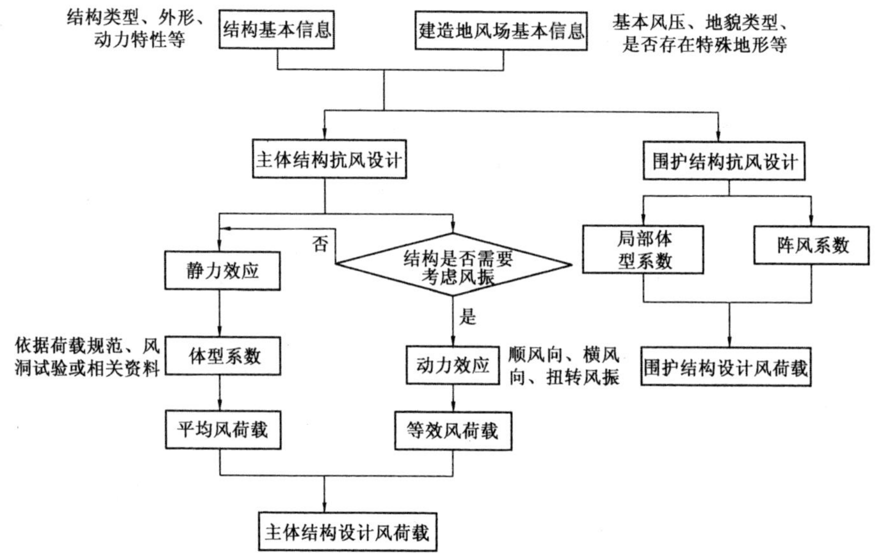

图 9—1　结构抗风设计的基本流程

（1）对于高层建筑、高耸结构以及对风荷载敏感的其他结构，由于计算风荷载的各种因素和方法还不十分确定，基本风压应适当提高。如何提高基本风压值，可参考各结构设计规范，没有规定的可以考虑适当提高其重现期。

（2）根据表 9—1 给出的不同重现期风压比值确定。

表 9—1　不同重现期的风压比值

重现期/年	100	60	50	40	30	20	10	5
风压比值	1.10	1.03	1.00	0.97	0.93	0.87	0.77	0.66

（3）当城市或建设地点的基本风压值在规范中没有给出时，可根据当地年最大风资料，按基本风压定义，采用极值 I 型概率分布函数通过统计分析

确定。

2.风压高度变化系数

风压高度变化系数 μ_z 考虑了地面粗糙程度、地形和离地高度对风荷载的影响。规范将风压高度变化系数 μ_z 定义为任意地貌任意高度处的平均风压与 B 类地貌 10m 高度处的基本风压之比，即

$$\mu_z(z)=\frac{\omega_a(z)}{\omega_0}=\frac{U_a^2(z)}{U_0^2} \tag{9-2}$$

式中，$\omega_a(z)$为任意地面粗糙类别任一高度 z 处的基本风速

根据非标准地貌下的风速换算方法，可得到不同地貌下的风压高度变化系数分别为

$$\begin{cases}\mu_z^A(z)=1.284(z/10)^{0.24}\\ \mu_z^B(z)=1.000(z/10)^{0.30}\\ \mu_z^C(z)=0.544(z/10)^{0.44}\\ \mu_z^D(z)=0.262(z/10)^{0.60}\end{cases} \tag{9-3}$$

为了便于应用，将上式制成表格形式，如表 9－2 所示。

表 9－2　风压高度变化系数

离地面或海平面高度/m	地面粗糙类别			
	A	B	C	D
5	1.09	1.00	0.65	0.51
10	1.28	1.00	0.65	0.51
15	1.42	1.13	0.65	0.51
20	1.52	1.23	0.74	0.51
30	1.67	1.39	0.88	0.51
40	1.79	1.52	1.00	0.60
50	1.89	1.62	1.10	0.69
60	1.97	1.71	1.20	0.77
70	2.05	1.79	1.28	0.84

离地面或海平面高度/m	地面粗糙类别			
	A	B	C	D
80	2.11	1.87	1.36	0.91
90	2.18	1.93	1.43	0.98
100	2.23	2.00	1.50	1.04
150	2.46	2.25	1.79	1.33
200	2.64	2.46	2.03	1.58
250	2.78	2.63	2.24	1.81
300	2.91	2.77	2.43	2.02
350	2.91	2.91	2.60	2.22
400	2.91	2.91	2.76	2.40
450	2.91	2.91	2.91	2.58
500	2.91	2.91	2.91	2.74
≥550	2.91	2.91	2.91	2.91

3.特殊地形处理

表9－2只适用于平坦或稍有起伏的地形。对于山区地形、远海海面和海岛的建筑物或构筑物，风压高度变化系数 μ_z 除按表9－2确定外，还应乘以地形修正系数 η。

(1)若地形为山峰或山坡(见图9－3)，其顶部 B 处的地形修正系数可按下式计算：

$$\eta_B=\left[1+\kappa\tan\alpha\left(1-\frac{z}{2.5H}\right)\right]^2 \tag{9-4}$$

式中，$\tan\alpha$ 为山峰或山坡在迎风面一侧的坡度，当 $\tan\alpha>0.3$ 时，取0.3；κ 为系数，对山峰取2.2，对山坡取1.4；H 为山顶或山坡全高，m；z 为计算位置离建筑物地面的高度，m，当 $z>2.5H$ 时，取 $z=2.5H$。

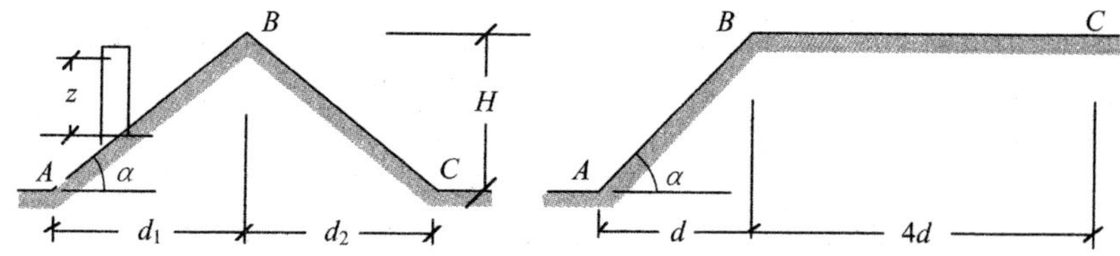

图 9—3　山峰和山坡的示意

如果是山峰和山坡的其他部位，取 A、C 处的修正系数 η_A、η_C 为 1，AB 间和 BC 间的修正系数 η 按线性插值确定。

(2)若地形为山间盆地或谷地，$\eta=0.75\sim0.85$。

(3)若地形为与风向一致的谷口、山口，$\eta=1.20\sim1.50$。

(4)若是远海海面和海岛的建筑物或构筑物，风压高度变化系数 μ_z 可按 A 类地面粗糙度类别，除由表 9—2 确定外，还应考虑表 9—3 中给出的修正系数 η。

表 9—3　远海海面和海岛的修正系数

距海岸距离/km	η
<40	1.0
40～60	1.0～1.1
60～100	1.1～1.2

9.1.2　主体结构抗风设计

对于主要受力结构，其风荷载标准值的计算公式如下：

上式中涉及基本风压、风压高度变化系数、风荷载体型系数和风振系数等几个关键参数，其中基本风压和风压高度变化系数已在前面介绍，下面将介绍风荷载体型系数和风振系数。

1.风荷载体型系数

风荷载体型系数，即风作用在建筑物表面一定面积范围内所引起的平均压力(或吸力)与来流风压的比值。对于建筑物表面某点 i 处的风荷载体型系数 μ_{si} 可按下式计算：

$$\mu_{si}=\frac{\omega_t}{\rho U_i^2/2} \tag{9—5}$$

式中，ω_i 为风作用在 i 点所引起的实际压力（或吸力）；U_i 为 i 点高度处的来流平均风速。

通常情况下，建筑物表面的风压分布是不均匀的。为了简化方便运算，工程上采用各面上所有测点的风荷载体型系数的加权平均值来表示该面上的体型系数 μ_s，即

$$\mu_s=\frac{\sum_i \mu_{si}A_i}{A} \tag{9-6}$$

式中，A_i 为测点 i 所对应的面积

风荷载体型系数与建筑物的体型、尺度以及周围环境等有关。它涉及到复杂的流体动力学问题，很难给出解析，因此一般需通过风洞试验确定。

规范根据国内外的试验资料列出了 39 项不同类型的建筑物和构筑物的风荷载体型系数。同时，还规定了不同情况下的风荷载体型系数确定原则：

(1)当房屋和构筑物与规范所给的体型类同时，可按规范规定采用。

(2)当房屋和构筑物与规范所给的体型不同时，可参考有关资料确定；当无资料时，宜由风洞试验确定。

(3)对于重要且体型复杂的房屋和构筑物，应由风洞试验确定。

值得说明的是，随着计算机硬件的发展和数值计算方法的进步，计算流体动力学(Computational Fluid Dynaics，CFD)方法得到了迅速的发展，并逐渐被广泛用于研究大气边界层中的钝体绕流问题，这也为风荷载体型系数的确定提供了另一种手段。

关于风荷载体型系数的确定，有几点补充说明：

(1)由于空气的黏性极小，抗剪能力极差，因此一般认为风力的作用是垂直于建筑物表面的；如果先将体型系数沿顺风向和横风向分解，再沿建筑物表面进行面积加权积分，即可得到建筑物整体的阻力系数和升力系数。

(2)对于开敞式建筑物，如体育场罩棚、广告牌等，应考虑其表面两侧风荷载的叠加效应，此时规范中所给的体型系数实为叠加值。

(3)对于单榀桁架结构，可将每根杆件看作独立的钝体，确定其体型系数和挡风面积；当为平行布置的多榀桁架时，应考虑上游桁架对下游桁架的遮挡效应，进行适当折减，具体方法可参考规范的相关条文。

2.风振系数

并非所有结构的脉动风响应都显著。对于高层建筑和高耸结构，当仅考虑结构第一阶振型的影响时，其风振系数的计算公式为

$$\beta_z=1+2gI_{10}B_z\sqrt{1+R^2} \tag{9-7}$$

式中，g 为峰值因子，可取 2.5；I_{10} 为 10m 高度处的名义湍流强度；R 为脉动风荷载的共振分量因子；B_z 为脉动风荷载的背景分量因子。

脉动风荷载的共振分量因子的一般计算式为

$$R^2 = S_f(f_1)\frac{\pi f_1}{4\xi_1} \tag{9-8}$$

式中，f_1 为结构第一阶自振频率，Hz；S_f 为归一化的风速谱，若采用 Davenport 建议的风速谱密度经验公式，则

$$S_f(f) = \frac{2x^2}{3f(1+x^2)^{4/3}} \tag{9-9}$$

式中，$x = 1200/U_{10}$；U_{10} 为 10m 高度处的平均风速。

将式(9－9)代入式(9－8)，并将风速用不同地貌下的基本风压来表示，则

$$R^2 = \frac{\pi}{6\xi_1}\ \frac{x_1^2}{(1+x_1^2)^{4/3}} \tag{9-10}$$

式中，$x_1 = \dfrac{30f_1}{\sqrt{k_w\omega_0}}$ 且 $x_1 > 5$；k_w 为地面粗糙度修正系数；ξ_1 为结构第一阶振型的阻尼比。

脉动风荷载的背景分量因子的计算式为多重积分式，较为复杂。规范采用非线性最小二乘法，得到简化经验公式如下：

$$B_z = \kappa H^{a_1}\rho_x\rho_z\frac{\Phi_1(z)}{\mu_z(z)} \tag{9-11}$$

式中，$\Phi_1(z)$ 为结构的第一阶振型函数；H 为结构总高度，m；k，a_1 为系数；ρ_z 为脉动风荷载竖直方向相关系数；

$$\rho_z = \frac{10\sqrt{H+60e^{-H/60}-60}}{H} \tag{9-12}$$

式中，ρ_x 为脉动风荷载水平方向相关系数；

$$\rho_x = \frac{10\sqrt{H+50e^{-B/60}-60}}{B} \tag{9-13}$$

式中，B 为结构迎风面宽度，m，且 $B \leqslant 2H$。

对于以下公式加以几点补充：

(1)上述推导过程引入了 Davenport 建议的风速谱密度经验公式和 Shiotani 提出的脉动风速相干函数表达式，由于前者忽略了风速谱随高度的变化，而后者忽略了相干函数随频率的变化，因而减少了积分变量，使推导过程简化。

(2)以上公式适用于体型和质量沿高度均匀分布的高层建筑和高耸结构；对于比较复杂的结构，则应通过风洞试验和随机风振响应分析确定风振系数。

9.2 高层建筑抗风设计

高层建筑具有定量标准，根据我国《高层建筑混凝土结构技术规程》，以下三类建筑可称为高层建筑。

(1)10 层及 10 层以上的住宅建筑。

(2)房屋高度大于 28m 的住宅建筑。

(3)房屋高度大于 4m 的其他民用建筑。

超高层建筑是指建筑高度大于 100m 的民用建筑。

9.2.1 高层建筑的动力特性

一般来说，高层建筑的动力特性包括自振频率、阻尼比以及振型。对于高层结构风振计算，通常只考虑其某一方向的基阶自振频率、基阶振型阻尼比和基阶振型函数。

下面就高层建筑结构的基阶自振频率和基阶振型函数来做一下说明。

1.高层建筑的振型和频率

高层建筑的振型和频率与其结构形式有关。按水平荷载作用下，不同结构形式的变形特点来区分，可以将高层建筑的变形分为剪切型、弯曲型和剪弯型三种。

等截面弯曲型结构的抗弯刚度可视为常数 EI，该结构的弯曲振动微分方程为

$$EI\frac{\partial^4 y}{\partial z^4}+\overline{m}\frac{\partial^2 y}{\partial^2 t}=0 \tag{9-14}$$

解上述方程可得结构基阶振型函数为

$$\varphi_1(z)=c_1\left[\cos k_1 z-\cosh k_1 z+\frac{\sin k_1 H-\sinh k_1 H}{\cos k_1+H+\cosh k_1 H}(\sin k_1-\sinh k_1 z)\right]$$

式中，$k_1=\left[\dfrac{\overline{m}\omega_1^2}{EI}\right]^{1/4}$，$c_1$ 可由 $\varphi_1(H)=1$ 确定。

基阶自振频率为

$$\omega_1=\frac{3.515}{H^2}\sqrt{\frac{EI}{\overline{m}}} \tag{9-15}$$

对于等截面剪切型结构，其剪切刚度视为常数 GA，该结构的剪切振动微分方程为

$$GA\frac{\partial^2 y}{\mu\partial z^2}-\overline{m}\frac{\partial^2 y}{\partial^2 t}=0 \tag{9-16}$$

式中,μ 为截面剪切形状系数。

解上述方程可得结构基阶振型函数和自振频率为

$$\varphi_1(z)=\sin\frac{\pi z}{2H} \tag{9-17}$$

$$\omega_1^2=\frac{\int_0^H EI\,[\varphi_1^n(z)]^2 dz}{} \tag{9-18}$$

对于等截面弯剪型结构,其振动微分方程为

$$EI\frac{\partial^4 y}{\partial z^4}-\frac{E\overline{m}}{GA/\mu}\frac{\partial^4 y}{\partial^2 z\partial^2 t}+\overline{m}\frac{\partial^2 y}{\partial t^2}=0 \tag{9-19}$$

结构基阶振型函数可近似表示为

$$\varphi_1(z)=\tan\left[\frac{\pi}{4}\left(\frac{z}{H}\right)^{0.7}\right] \tag{9-20}$$

基阶自振频率可由能量法求得

$$\omega_1^2=\frac{\int_0^H EI\,[\varphi_1^n(z)]^2 dz}{\int_0^H \overline{m}\varphi_1^2(z)dz} \tag{9-21}$$

对于等截面扭转结构,其振动微分方程为

$$GJ\frac{\partial^2\theta}{\partial z^2}-J_m\frac{\partial^2\theta}{\partial^2 t} \tag{9-22}$$

式中,G 为剪切弹性模量,J 为截面的极惯性矩,J 单位长度结构对其轴线的转动惯量。解上述方程可得结构基阶振型函数和自振频率为

$$\theta_1(z)=\sin\frac{\pi z}{2H} \tag{9-23}$$

$$\omega_{\theta 1}=\frac{\pi}{2H}\sqrt{\frac{GA}{\mu m}} \tag{9-24}$$

对于离散化高层建筑结构来说,其振型和频率可采用我们熟悉的多自由度的动力计算模型来求解。其自由振动的微分方程为

$$[M]\{\ddot{q}\}+[K]\{q\}=\{0\} \tag{9-25}$$

上述方程的解可写成$\{q\}=\{\varphi\}\sin(\omega t+\theta)$,代入可得

$$[K-\omega^2 M]\{\varphi\}=\{0\} \tag{9-26}$$

式(9—26)有零解的充分必要条件为

$$|K-\omega^2 M|=0 \tag{9-27}$$

2.高层建筑自振周期的经验公式

在估算高层建筑的基本自振周期时,采用以下经验公式。

钢结构：$T_1=(0.1\sim0.15)n$

钢筋混凝土结构：$T_1=(0.05\sim0.10)n$

式中，n 为高层建筑结构的层数。

我国《建筑结构荷载规范》规定：

对于钢筋混凝土框架、框剪(框筒)结构有

$$T_1=0.25+0.53\times10^{-3}\times\frac{H^2}{\sqrt[3]{B}} \tag{9-28}$$

对于钢筋混凝土剪力墙(筒体)结构有

$$T_1=0.03+0.03\times\frac{H^2}{\sqrt[3]{B}} \tag{9-29}$$

式中，H、B 分别为高层建筑的高度和宽度。

9.2.2 高层建筑的顺风向响应

1.高层建筑顺风向静力位移计算

在水平平均风作用下，高层建筑静位移挠曲线，可用各振型函数拟合而得到

$$\{y_s\}=[\Phi]\{q_s\} \tag{9-30}$$

式中，$\{y_s\}$为静位移挠曲线；$[\Phi]$为振型矩阵；$\{q_s\}$为广义位移向量。

在水平平均风作用下，高层建筑的静力平衡方程为

$$[K]\{y_s\}=\{P_s\} \tag{9-31}$$

式中，$\{P_s\}$为平均风压向量。

将式(9—30)代入式(9—31)，并左乘$[\Phi]^T$，可以得到

$$[K^*]\{q_s\}=\{P_s^*\} \tag{9-32}$$

由振型的正交性可知$[K^*]$为对角矩阵，其对角元素为

$$K_i^*=\{\Phi\}_i^T[K]\{\Phi\}_i \tag{9-33}$$

广义荷载向量元素为

$$p_{si}^*=\{\Phi\}_i^T\{P_s\} \tag{9-34}$$

由此，对结构的第 i 振型有

$$k_i^*q_{si}=p_{si}^* \tag{9-35}$$

求解式(9—35)后代入式(9—30)，可得结构高度上任意点 i 的静力位移为

$$y_{si}=\sum_{j=1}^{n}\varphi_{ij}q_{sj}=\sum_{j=1}^{n}\frac{\varphi_y p_{sj}}{M_j^*\omega_j^2} \tag{9-36}$$

就结构位移而言，其第一振型起着决定性的作用，由式(9—36)可简化为

$$y_{si}=\frac{\mu_{s1}\varphi_{i1}\omega_0}{\omega_1^2} \tag{9-37}$$

对于等截面连续型高层建筑，质量可视为沿高度均匀分布，那么

$$\mu_{s1}=\frac{\{\Phi\}_1^T P_s}{\{\Phi\}_1^T[M]\{\Phi\}_1\omega_0}=\frac{\int_0^H P_s(z)\varphi_z(z)\mathrm{d}z}{\int_0^H m(z)\varphi_1^2(z)\mathrm{d}z\cdot\omega_0}$$

$$=\frac{\int_0^H \mu_s\mu_z(z)B(z)\varphi_1(z)\mathrm{d}z}{\int_0^H m(z)\varphi_1^2(z)\mathrm{d}z}=V_{s1}\frac{\mu_s B}{m} \tag{9-38}$$

式中，

$$V_{s1}=\frac{\int_0^H \mu z(z)\varphi_1(z)\mathrm{d}z}{\int_0^H \varphi_{21}(z)\mathrm{d}z} \tag{9-39}$$

高层建筑的振型常为弯剪型，我国《建筑结构荷载规范》对高层建筑第一振型函数取为

$$\varphi_1(z)=\tan\left[\frac{\pi}{4}\left(\frac{z}{H}\right)^{0.7}\right] \tag{9-40}$$

2.高层建筑顺风向动力响应与风振系数

考虑到高层建筑顺风向动力反应以第一振型为主，因此，高层建筑顺风向的风振力与设计位移可进行简化，即与脉动风频率有关的脉动增大系数 ξ_1，按我国《建筑结构荷载规范》处理方法，可设 $\xi_1\approx\sqrt{1+R^2}$，频率相关项 R 称为共振分量因子；对于与脉动风频率无关的脉动影响系数 μ_1，由于高层建筑结构的体型及质量沿高度是均匀分布的，那么，体型系数 $\mu_z(z)$ 分布质量 $m(z)$ 是常数，按我国《建筑结构荷载规范》处理方法，与频率无关项，称为背景分量因子，表示为

$$B_z=\frac{\varphi_1(z)}{\int_0^H \varphi_1^2(z)\mu_z(z)}\left[\int_0^H\int_0^H\int_0^B\int_0^B \overline{I_z}(z)\mu_z(z)\rho_x(x,x')\rho_z(z,z')\right.$$

$$\left.\times\overline{I_z}(z')\mu_z(z')\varphi_1(z)\varphi_1(z')\mathrm{d}x\mathrm{d}x'\mathrm{d}z\mathrm{d}z'\right] \tag{9-41}$$

则风振力可用下式来表示

$$p_{\mathrm{d}}(z)=2\mu I_{10}B_z\sqrt{1+R^2}\mu_s(z)\mu_z(z)B\omega_0 \tag{9-42}$$

荷载风振系数

$$\beta_p(z)=\left(1+2\mu I_{10}B_z\sqrt{1+R^2}\right) \tag{9-43}$$

根据《建筑结构荷载规范》，脉动风荷载共振分量因子 R 取为

$$R=\sqrt{\frac{\pi f_1 S_{\mathrm{f}}(f_1)}{4\xi_1}} \tag{9-44}$$

式中，S_f 为归一化风速谱，采用风速谱密度经验公式代入得到

$$R=\sqrt{\frac{\pi}{6\xi}\frac{x_1^2}{(1+x_1^2)^{4/3}}},x_1=\frac{30f_1}{\sqrt{k_w\omega_0}},x_1>5 \tag{9-45}$$

式中，f_1 为结构第一阶自振频率(Hz)；k_w 为地面粗糙度修正系数；ξ_1 为结构阻尼比，不同结构取值不同。

脉动风荷载背景分量因子 B_z 积分式简化为《建筑结构荷载规范》中的表达式：

$$B_z = kH^{\alpha 1}\rho_x\rho_z \frac{\varphi_1(z)}{\mu_z} \tag{9-46}$$

式(9－46)适用于体型和质量沿高度均匀分布的高层建筑和高耸结构，其中，$\varphi_1(z)$为结构第一阶振型系数；H 结构总高度(m)；ρ_x 为脉动风荷载水平相关系数；ρ_z 为脉动风荷载竖直相关系数；k、$\alpha 1$ 系数可查表。

脉动风荷载相关系数取

$$\begin{cases} \rho_z = \dfrac{10\sqrt{H + 60e^{-H/60} - 60}}{H} \\ \rho_x = \dfrac{10\sqrt{H + 50e^{-B/50} - 50}}{B} \end{cases} \tag{9-47}$$

式中，H 为结构总高度(m)，对于 A、B、C 和 D 类地面粗糙度；B 为结构迎风面宽度(m)，$B \leqslant 2H$。

设计动力位移

$$y_d(z) = \mu\sigma_{y1}(z) = 2\mu I_{10} B_z \sqrt{1+R^2} \frac{\mu_s \mu_z B\omega_0}{\omega_1^2 m} \tag{9-48}$$

由高层建筑顺风向的静位移及动力位移，可得高层建筑顺风向的总位移

$$y(z) = \frac{V_{s1}\mu_s B\varphi_1(z)\omega_0}{\omega_1^2 m} + \frac{2\mu I_{10} B_z \sqrt{1+R^2}\mu_s\mu_z B\omega_0}{\omega_1^2 m}$$

所以

$$y(z) = \left(1 + \frac{2\mu I_{10} B_z \sqrt{1+R^2}}{\dfrac{\varphi_1(z)}{\mu_z} \cdot V_{s1}}\right) \frac{V_{s1}\mu_s B\varphi_1(z)\omega_0}{\omega_1^2 m} = \beta_y y_{si}(z) \tag{9-49}$$

则位移风振系数为

$$\beta_y = \left(1 + \frac{2\mu I_{10} B_z \sqrt{1+R^2}}{\dfrac{\varphi_1(z)}{\mu_z} \cdot V_{s1}}\right) \tag{9-50}$$

9.3 高耸结构抗风设计

按用途来分，高耸结构包括电视塔、微波塔、排气塔、大气污染监测塔、城市高灯杆等多种类型。按约束条件可以分为自由站立、底部刚性围定的自立

式塔架结构和用纤绳拉住的桅杆结构，因此高耸结构也称为塔桅结构。前者结构紧凑，所占空间较小，但用钢量较大；后者的造价相对较低、安装迅速，但体积庞大。高耸结构的特点是高度大，横截面尺寸小，阻尼比小，因此水平荷载尤其是风荷载，是其结构设计的控制荷载。

9.3.1　抗风设计要求

高耸结构的风致失效有以下三种情况：大幅度的、频繁的摆动使结构不能正常工作；结构横截面或构件发生屈服、断裂、失稳甚至倒塌；结构长时间振动损伤材料，引起结构破坏。

因此高耸结构的抗风设计要求包括对强度、刚度、舒适度和适用度的要求。

①强度要求。

要求高耸结构的主体结构在设计风荷载作用下不发生破坏，强度由结构或构件材料的许用应力决定。

②刚度要求。

《高耸结构设计规范》对结构刚度的控制条件有两个：在设计风荷载作用下，高耸结构任意点的水平位移不得大于离地面高度的 1%。

③舒适度与适用度要求。

对于设有旅游观光等设施的高耸结构，其在脉动风荷载作用下的振动加速度幅值 $A_i\omega_1^2$ 不应大于 0.2m/s^2。其中对于有常驻值班人员的塔楼，A_i 为风压频遇值作用下塔楼处的水平动位移幅值；对仅有游客的塔楼，可按照实际使用情况取 A_i 为 6～7 级风作用下水平动位移幅值。ω_1 为基阶圆频率。对微波塔、电视发射塔的设备所在位置，其在风荷载作用下的响应应满足正常工作所要求的适用度。

9.3.2　高耸结构的自振周期

高耸结构在水平力作用下的变形属于弯曲型，可以采用成等截面或变截面的悬臂杆及阶段形悬臂杆计算模型。对于截面沿高度无变化或作规则变化的高耸结构如烟囱，可按连续化即无限自由度体系模型进行动力特性分析；对于截面沿高度变化或做不规则变化的高耸结构如输电塔、电视塔等，可按离散化即有限自由度体系模型进行动力特性分析。

1.按无限自由度体系计算自振周期

对于沿高度作规则变化或无变化的高耸结构，按无限自由度体系模型进

行计算，其动力方程为

$$\frac{\partial^2\left(EI\frac{\partial^2 y_d}{\partial z^2}\right)}{\partial z^2}+m(z)\frac{\partial^2 y_d}{\partial t^2}=0 \tag{9-51}$$

由方程可以得到结构的自振频率或周期。为了便于抗风计算，这里列出了沿高度作规则变化的高耸结构四阶振型。随着顶部宽度的减小，即结构顶部越偏尖，振型在顶部变化也更激烈，高阶振型更甚。在顶部宽度极小时，还可能在顶部引起鞭梢效应，应予以注意。

2.按有限自由度体系计算自振周期

有限自由度体系就是将高耸结构离散成多质点力学模型。影响此模型精确度的因素有两个：一是离散质点的数目多少；二是离散质点质量的分布形式。大家知道，一般来说，离散质点的数目越多，计算分析结果的精确度越高。离散质点质量的分配，习惯按杠杆原理把单元质量分配堆聚到质点上。这种方法在理论上来说，是不确切的。因为结构振动时，从拉格朗日方程可以看出，结构的动能，它包括了质量和速度，而并不仅仅是质量本身。按质量总数全部分配到质点上并不一定形成动能相等，因而替换的团集质量体系其能量并不与原来相等，从而可能导致误差很大的不正确的结果。因此，以动能相等原则为基础，

从振型分解角度出发，求得单元的团集质量系数的一般公式，应该可以提高计算的准确度。下面按照动能相等原则，将任一具有分布质量的杆件单元，进行质点团集质量等效。设杆件单元的振动曲线为 $y(z,t)$，其任一时刻的动能 $T(t)$可写成

$$T(t)=\frac{1}{2}\int_0^h m(z)\left(\frac{\partial y(z,t)}{\partial t}\right)^2\mathrm{d}z \tag{9-52}$$

如果将振动曲线按振型函数 $\varphi(z)$展开，即

$$y(z,t)=\sum_{i=1}^{\infty}\varphi_i(z)T_i(t) \tag{9-53}$$

式中，$\varphi_1(z)$为第 i 振型函数；$T_1(t)$为相应的广义坐标。将式(9－53)代入式(9－52)得

$$T(t)=\frac{1}{2}\int_0^h m(z)\,[\sum_{i=1}^{\infty}\varphi_i(z)T_i(t)]^2\mathrm{d}z \tag{9-54}$$

图 9－4 中是团集质量单元，其振动曲线与图中完全相同，则任一时刻的动能 $T'(t)$应为

$$T'(t)=\frac{1}{2}M_0y^2(0,t)+\frac{1}{2}M_hy^2(h,t)$$

$$=\frac{1}{2}M_h\left[\sum_{i=1}^{\infty}\varphi_i(0)T_i(t)\right]^2+\frac{1}{2}M_h\left[\sum_{i=1}^{\infty}\varphi_i(h)T_i(t)\right]^2 \quad (9-55)$$

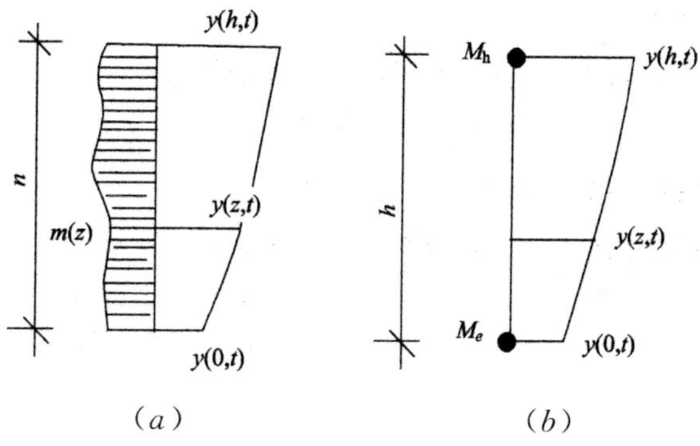

图 9—4　团集质量单元

由于是等代体系，M_0 和 M_h 可以按任一比例选择。实际上为方便计算，常选择 $M_0=M_h=M$，此时

$$T'(t)=\frac{1}{2}M\left\{\left[\sum_{i=1}^{\infty}\varphi_i(0)T_i(t)\right]^2+\left[\sum_{i=1}^{\infty}\varphi_i(h)T_i(t)\right]^2\right\} \quad (9-56)$$

按照动能相等原则，$T(t)=T'(t)$，从而得到团集质量为

$$M=\frac{\int_0^h m(z)\left[\sum_{i=1}^{\infty}\varphi_i(h)T_i(t)\right]^2\mathrm{d}z}{\left[\sum_{i=1}^{\infty}\varphi_i(0)T_i(t)\right]^2+\left[\sum_{i=1}^{\infty}\varphi_i(h)T_i(t)\right]^2} \quad (9-57)$$

在通常的计算中，第一振型起着主要作用，所以在只考虑第一振型影响的条件下，结构团集质量式(9—57)可简化为

$$M=\frac{\int_0^h m(z)\varphi_1(z)^2\mathrm{d}z}{\varphi_1(o)^2+\varphi_1(h)^2} \quad (9-58)$$

运用上述公式，需要知道结构的第一振型。在未知结构的第一振型的条件下，通常可以按某种荷载(如自重)作用下的挠曲线作为近似的第一振型曲线。

应该指出，不但分布质量可按动能相等集中法团集质量，而且还可以将本来已团集的质量体系再进团集(见图 9—5)，以使结构具有更少的自由度。当团集质量体系再按动能相等进行团集时，团集质量公式采用式(9—58)得到

$$M=\frac{\sum M^i\varphi_{1i}^2}{\varphi_{1a}^2+\varphi_{1b}^2} \quad (9-59)$$

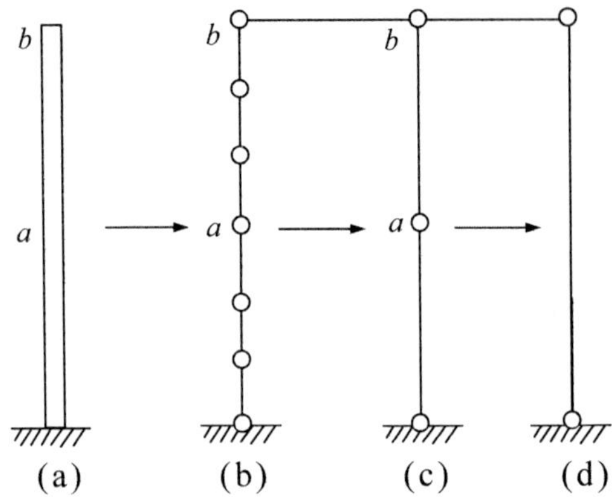

图 9—5　质量的多次团集

3.自振周期的经验公式

对于高耸结构，其自振周期的经验公式一般为

$$T_1=(0.007\sim0.013)H \tag{9—60}$$

对于具体结构的自振周期的经验公式可以采用如下几种。

(1)烟囱

①高度小于 150m 的钢筋混凝土烟囱。

$$T_1=0.41\sim0.001H^2/D \tag{9—61}$$

②高度在 150～210m 的钢筋混凝土烟囱。

$$T_1=0.53\sim0.0008H^2/D \tag{9—62}$$

③高度不超过 60m 的砖砌烟囱。

$$T_1=0.23+0.0022H^2/D \tag{9—63}$$

式中，D 为烟囱 1/2 高度处的外径(m)；H 为结构的高度(m)。

(2)石油、化工塔架(见图 9—6)

①圆柱(筒)基础塔(塔壁厚度不大于 30mm)

当 $h^2/D<700$ 时

$$T_1=0.35+0.85\times10^{-3}h^2/D \tag{9—64}$$

当 $h^2/D\geqslant700$ 时

$$T_1=0.25+0.99\times10^{-3}h^2/D \tag{9—65}$$

式中，h 为塔高(m)；D 为塔身按各段高度及外径求得的加权平均外径，即

$$D=\frac{h_1D_1+h_2D_2+\cdots h_nD_n}{h_1+h_2+\cdots+h_n}$$

②框架架式基础塔(塔壁厚度不大于 30mm)

$$T_1=0.56+0.4\times10^{-3}h^2/D \tag{9—66}$$

③塔壁厚度大于 30 mm 的框架式基础塔按相关理论计算。

④当若干塔由平台连成一排时，垂直于排列方向的各塔基本周期 T_1 可采用主塔的基本自振周期值；平行于排列方向的各塔基本周期 T_1 乃可采用主塔的基本自振周期值乘以折减系数 0.9。

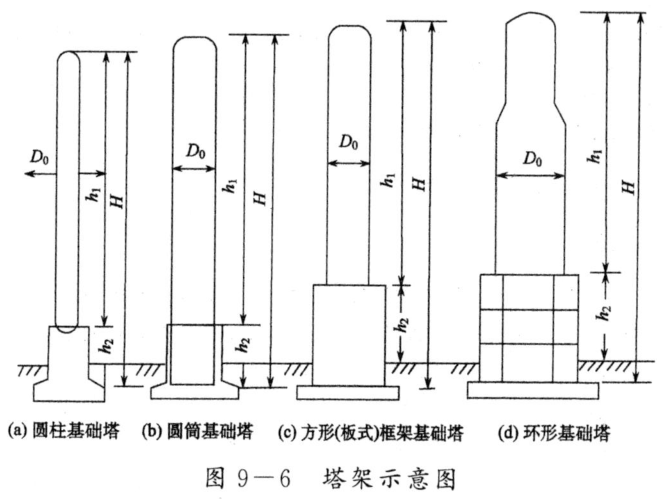

图 9—6　塔架示意图

9.4　大跨度屋盖结构抗风设计

一般认为跨度超过 60m 的刚性屋盖(如网架、网壳)或超过 36m 的柔性屋盖(如索膜结构)即为大跨度屋盖结构。此类结构多应用于体育场馆、会展中心、机场航站楼等大型公共建筑中，因此其抗风安全性和可靠性往往会受到更多关注。

相对于高层、高耸结构，大跨度屋盖结构的形式更加丰富多样，结构静动力性能也更为复杂，这使得一些针对高层、高耸结构提出的、相对成熟的抗风设计方法无法直接应用于大跨度屋盖结构。国内外规范对于大跨度屋盖结构的抗风设计也只有一些原则性的条文，尚无明确方法。

基于上述背景，在总结现有研究成果的基础上，本节仅对一些典型的大跨度刚性屋盖结构的动力风效应予以介绍。这主要是由于刚性屋盖的抗风设计相对简单和成熟，而柔性屋盖由于涉及复杂的气动弹性问题，而且有些尚无定论，故不在本节探讨之列。

9.4.1 抗风设计要求

大跨度屋盖结构的风致失效形式主要有：①结构或构件内力达到极限，

发生屈服、断裂、失稳等破坏；②频繁的大幅度振动使结构易出现故障以致不能正常工作；③结构长时间的振动引起材料的疲劳累积损伤，造成结构破坏；④因连接强度不足，导致围护结构（如屋面板）被风掀起。

从实际破坏情况来看，前三种破坏的实例较少，而围护结构破坏则较为常见，因此在进行大跨屋盖抗风设计时应予以重视。

（1）强度要求。

要求主体结构和围护结构在设计风荷载作用下不发生强度破坏，这里的强度既包括主体结构的构件强度，也包括围护结构的连接强度。

（2）刚度要求。

我国颁布的《空间网格结构技术规程》中有详细记载，感兴趣的可自行了解。

9.4.2 动力风效应分析

屋盖结构的风振响应和等效静力风荷载计算是一个复杂的问题，与高层及高耸结构相比，其风振响应存在很多本质性的差异。

首先，高层高耸结构的顺风向风振主要受来流湍流的影响，因而可以应用拟定常假定直接由风速谱来估计风压谱；而大跨度屋盖的风振是由来流湍流和特征湍流的联合作用引起的，此时拟定常假定不再适用，需要通过风洞试验来确定屋盖表面的风压谱。

其次，高层高耸结构的顺风向风振通常以一阶振型为主，而大跨度屋盖结构多具有自振频率分布密集且相互耦合的特点，因此在进行结构风振响应分析时，必须考虑多阶振型的影响，这就使基于振型叠加原理频域分析方法受到限制。

再有，高层高耸结构的设计控制点相对明确，通常为顶点位移和基底弯矩，因而可以采用风振系数来简化其等效静风荷载的计算；而大跨度屋盖结构由于形体复杂会存在较多设计控制点，给确定风振系数带来一定的困难。

此外，高层高耸结构除顺风向振动外，还存在横风向振动和扭转振动；而大跨度屋盖结构由于形体复杂，很难区分何为顺风向振动，何为横风向振动或扭转振动，通常认为其以在脉动风荷载作用下的受追随振动为主。通常情况下，刚性屋盖结构也不大可能出现类似颤振那样的气弹失稳式振动，因为多数屋面结构不足以产生使气动力明显改变的大变形。

综上所述，大跨度屋盖结构的抗风设计基本流程为：

（1）确定风荷载。

（2）进行结构风振响应分析。

（3）进行荷载等效。

此外，对于围护结构也应根据风洞试验结果，采用统计分析的方法确定屋面各区域在所有风向下的风压极值（包括最大正风压和最大负风压），进而得到由于围护结构设计的阵风系数。上述过程如图 9－7 所示。

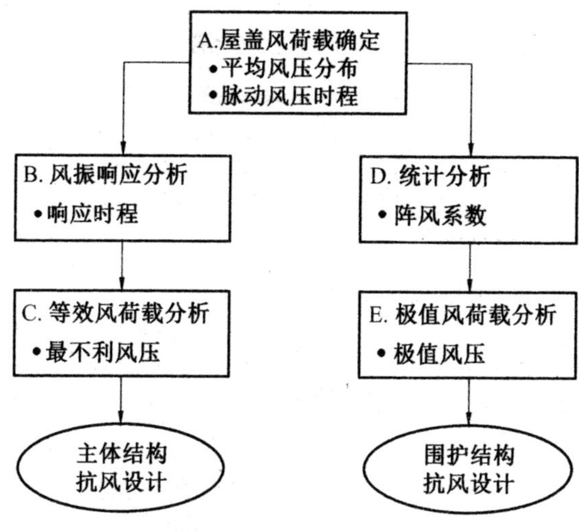

图 9－7　大跨屋盖结构抗风设计流程

9.5　改善结构抗风性能的措施

随着建筑物和构筑物的高度越来越高，跨度越来越大，以及轻质高强材料的广泛使用，抗风设计的重要性日益凸显。特别是在某些非高烈度抗震区，抗风设计已成为超高层，或超大跨建筑设计中的控制因素。如何改善结构抗风性能就成为结构设计中需要考虑的重要问题。

以下介绍可以改善结构抗风性能的三种措施。

9.5.1 结构措施

结构措施通过采用高效的材料或结构体系来实现提高结构的质量和刚度的目的。但是，这种方法有可能会受到建筑形式以及使用功能的限制，并且可能是不经济的。此外还可能会因为质量和刚度的增大导致结构的抗震性能降低。

9.5.2 耗能减振措施

耗能减振措施是在结构某些部位（如支撑、剪力墙、节点等）设置阻尼装置，通过耗能（阻尼）装置的摩擦、弯曲（或剪切、扭转）或弹塑（或黏弹）性变形来耗散或吸收结构的振动能量，以减小结构振幅。例如，南京奥体中心观光塔（高110m）由于风振影响较大，在88～105m之间设置了30个黏滞阻尼器，使得观光平台处的顺风向位移峰值由0.192m降至0.159m，横风向加速度峰值由0.223m/s^{2}降至0.148m/s^2，同时观光平台的扭转也得到一定改善。此外，通过在结构上安装调谐质量阻尼器（TMD）或调谐液体阻尼器（TLD）等装置来降低结构的共振峰值也是较为常用的做法，如著名的台北101大厦高508m，在其顶部安装了单摆式TMD。

9.5.3 气动措施

气动措施是通过稍许改变建筑外形（如截面形状）或采用附加气动装置来改变结构的气动特性，控制边界层分离和旋涡脱落。研究表明，仅通过角部修改（如采用凹角、削角和圆角等），就能有效减小高层建筑顺/横风向的风致响应。如上海金茂大厦（420m），台北101大厦都在其截面角部进行了凹角处理。再有，通过在建筑上部开洞，也可以有效降低风荷载。如上海环球金融中心就是这方面典型例子。此外，为改善超高层建筑的横风向抗风性能，可以通过增加建筑表面粗糙度，使分离产生的大尺度旋涡结构破碎，从而抑制横风向的旋涡脱落；也可通过建筑截面沿高度收缩或旋转，使不同高度各截面具有不同的St数和涡脱频率，使得旋涡脱落不规则，不同高度处的横风向气动力相关性减弱。这方面的典型例子有上海中心（高632m）和迪拜哈利法塔（高828m）。

第10章 结构抗火计算与设计

10.1 结构抗火设计的一般原则与方法

10.1.1 火灾下结构的极限状态

承受荷载是结构的基本功能。但是，在发生火灾的状态下，结构承受荷载的基本功能会随着结构内部温度的升高而下降，如果结构内部温进行不断升温，结构的基本功能将会遭到破坏，导致结构倒塌。所以，在结构内部温度不断升高的过程中，结构承受载荷的基本功能下降到与外荷载产生的组合效应相等时，便是结构达到受火承载力的极限状态。

发生火灾的状态下，结构的承载力极限状态可分两个层次，分别是局部构件破坏和结构整体倒塌。

火灾状态下，局部构建破坏的判别标准是：

(1)构件丧失稳定承载力。

(2)构件的变形速率成为无限大。试验发现，实际上结构构件的特征变形速率超过下式确定的数值后，构件将迅速破坏。

$$\frac{\mathrm{d}\delta}{\mathrm{d}t}\geqslant\frac{l^2}{15h} \tag{10-1}$$

式中，δ 为构件的最大挠度，mm；如图10－1所示；l 为构件的长度，mm；h 为构件的截面高度，mm；t 为时间，小时。

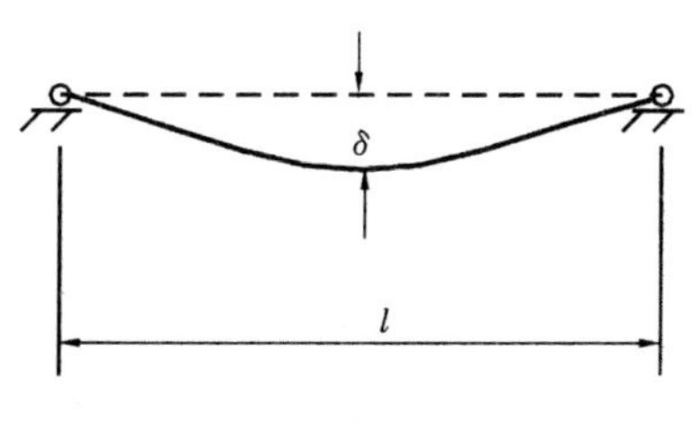

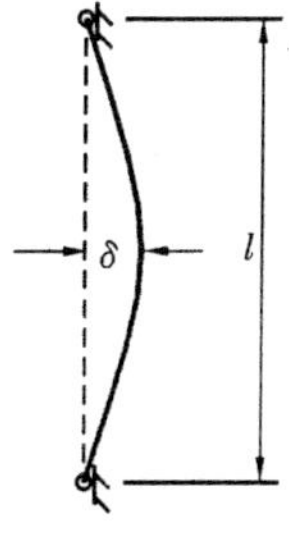

图10－1 构件的特征变形

(3)构件发生变形，已经不适合继续承受载荷。

火灾状态下，结构整体将会发生倒塌的判别标准为：

$$\delta \geqslant \frac{l}{20} \tag{10-2}$$

(4)结构丧失整体稳定。

(5)结构进行继续承载将会发生整体变形。如图 10—2 所示,结构将发生整体变形的界限值可取为

$$\frac{\delta}{l} \geqslant \frac{1}{30} \tag{10-3}$$

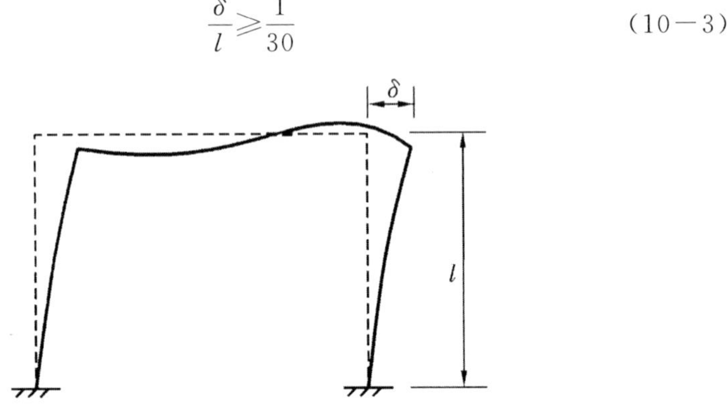

图 10—2 结构整体变形

10.1.2 结构抗火设计要求及荷载效应组合

1.结构抗火计算模型

结构抗火计算模型与两个因素有关,一是火灾升温模型,二是结构分析模型。

火灾升温模型可采用标准升温模型(H_1)、等效标准升温模型(H_2)和模拟分析升温模型(H_3),如图 10—3 所示。

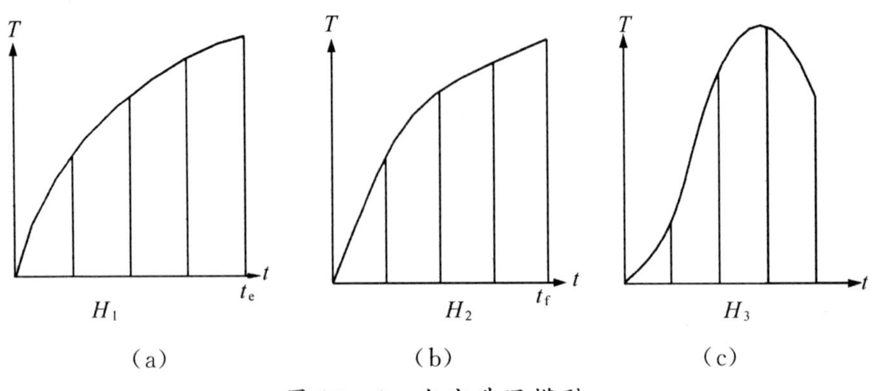

图 10—3 火灾升温模型

(a)标准升温;(b)等效标准升温;(c)模拟分析升温

其中标准升温模型最简单，但是与实际发生火灾的状态下的升温变化，有时差别较大；等效标准升温模型则利用标准升温模型，通过等效代替的概念，近似考虑室内火灾荷载、通风参数、建筑热工参数等，进行同等曝火时间来研究对火灾升温的影响；最后一种模拟分析升温模型最为接近实际火灾下的升温状态，因为模拟分析升温模型会对影响火灾实际状态下的升温因素，尽可能考虑在内。也是由于这种原因使得模拟升温模型计算相对复杂，工作量也相对较大。

同样，构件模型（S_1）、子结构模型（S_2）和整体结构模型（S_3）均可以被用来作为结构分析模型，如图 10－4 所示。三种模型中，最为简单的便是构件模型，但是因为构件边界约束的准确模拟比较难，所以构件模型不足以完全进行结构分析模拟。然而，子结构模型可以解决准确模拟构件边界的约束问题，只是其计算相对于构件模型要复杂很多。最后是整体结构模型，在发生火灾状态下，整体结构模型用于对整体结构这一层次的结构承载力进行极限状态的分析，所以整体结构模型的计算工作量也比较大。

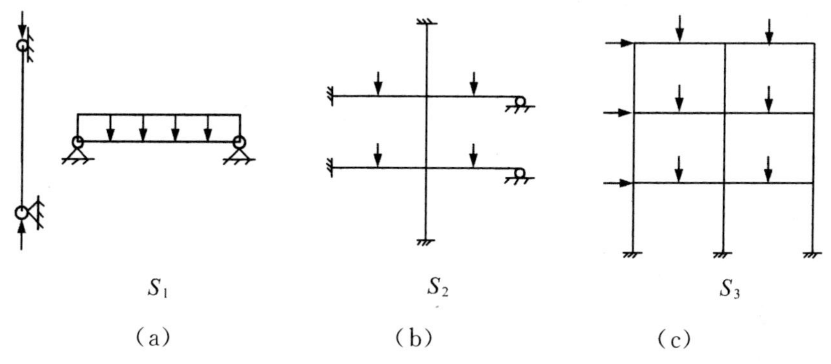

S_1　　S_2　　S_3

(a)　　(b)　　(c)

图 10－4　结构分析模型

(a)构件模型；(b)子结构模型；(c)整体结构模型

综上所述，结构抗火计算模型有 9 种组合，如表 10－1 所示。

表 10－1　结构抗火计算模型组合及计算量大小

结构分析模型 / 火灾升温模型	S_1	S_2	S_3
H_1	小	较小	较大
H_2	小	较小	较大
H_3	较大	大	很大

对于一般建筑结构，可采用模型 S_1 或 S_2 进行结构抗火计算与设计，对于重要建筑结构，宜采用模型 S_3 进行结构抗火计算与设计。另对于一般建

筑室内火灾可采用模型 H_1，模拟火灾升温，而对于重要建筑或高大空间建筑，应采用也 H_2 或 H_3 模拟火灾升温。

2.结构抗火设计要求

对于钢结构和钢一混凝土组合结构，无论是构件层次还是整体结构层次的抗火设计，均应满足下列要求：

（1）在规定的结构耐火极限时间内，结构的承载力 R_d 应不小于各种作用所产生的组合效应 S_m，即

$$R_d \geqslant S_m \tag{10-4}$$

（2）在各种荷载效应组合下，结构的耐火时间 t_d 应不小于规定的结构耐火极限 t_m，即

$$t_d \geqslant t_m \tag{10-5}$$

（3）火灾下，当结构内部温度分布一定时，若子结构达到承载力极限状态时的内部某特征点的温度为临界温度 T_d，则 T_d 应不小于在耐火极限时间内结构在该特征点处的最高温度 T_m，即

$$T_d \geqslant T_m \tag{10-6}$$

上述三个要求实际上是等效的，进行结构抗火设计时，满足其一即可。

3.荷载效应组合

当前国内外对于结构抗火设计和荷载效应有关的具体参数有着细微差别，这些不同点的细微差别来源均是由于具体情况进行的实际考虑。通常情况下，在国内载荷效应组合会依照我国荷载代表值和有关参数的具体情况，在进行钢一混凝土组合结构抗火设计时，均采用下列荷载效应组合式

$$S=\gamma_G G_K+\sum_i \gamma_{Qi} Q_{ik}+\gamma_W W_K+\gamma_F F_K(\Delta T) \tag{10-7}$$

式中，S 为荷载组合效应；G_K 为永久荷载标准值效应；Q_{ik} 为楼面或屋面活载（不考虑屋面雪载）标准值效应；W_K 为风载标准值效应；$F_K(\Delta T)$ 为构件或结构温度变化引起的效应（温度效应）；γ_G 为永久荷载效应分项系数，取 1.0；γ_{Qi} 为楼面或屋面活载效应分项系数，取 0.7；γ_W 为风载效应分项系数，取 0 或 0.3，选不利情况；γ_F 为温度效应分项系数，取 1.0。

例如：一框架柱在各种荷载标准值作用下的内力效应如表 10－2 所示，试求进行结构抗火设计时的内力组合效应。

分析：先不考虑风参与组合

$$N_1=1.0\times305+0.7\times32+1.0\times76=553.9\text{kN}$$

$$M_1=0.1\times24.1+0.7\times15.6+0.7\times1.2+1.0\times18.6=54.5\text{kN}\cdot\text{m}$$

再考虑风参与组合，并注意到风有正负两种内力值，则

$$N_2=1.0\times305+0.7\times32+0.3\times21+1.0\times76=560.2\text{kN}$$

$$M_2=0.1\times24.1+0.7\times15.6+0.7\times1.2-0.3\times112.5+1.0\times18.6=20.8\text{kN}\cdot\text{m}$$

$$N_3=1.0\times305+0.7\times32-0.3\times21+1.0\times76=547.6\text{kN}$$

$$M_3=0.1\times24.1+0.7\times15.6+0.7\times1.2-0.3\times112.5+1.0\times18.6=88.3\text{kN}\cdot\text{m}$$

以上三组内力组合值均应满足结构构件抗火承载力设计要求，其中最不利者为设计控制值。

10.2　钢一混凝土组合梁抗火性能与设计方法

10.2.1 组合梁的形式与特点

1.组合梁的形式

在许多高层建筑中，一般都会在其钢结构的钢梁上设有混凝土楼板。若是钢梁和混凝楼板中间没有进行连接，那么楼板上的竖向荷载将会在收到承载力的作用下，使得钢梁和混凝楼板发生互不影响的形变。如图 10—5 所示。

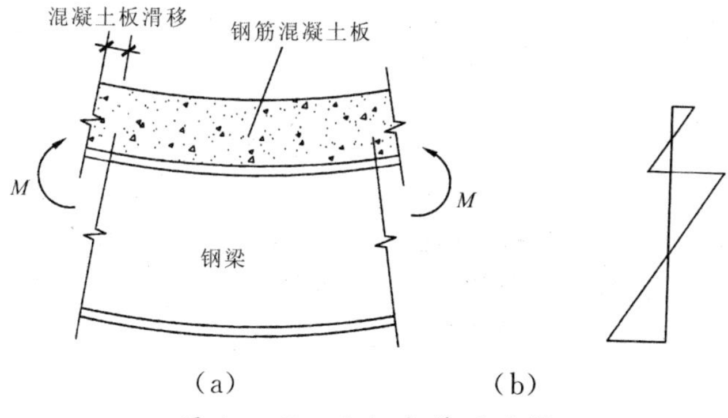

图 10—5　无组合作用的梁

(a)梁与板受力变形图；(b)梁板截面应力分布图

这种状态下，混凝楼板与钢梁之间会产生相对剪切滑动，此时楼板与钢梁作为独立构件联合承受楼板上的竖向荷载。

如果在楼板与钢梁之间设置抵抗相对剪切滑动的抗剪连接件，如图 10—6所示、如图 10—7 所示变成统一工作的组合梁，作为一个整体承受楼板上的竖向荷载。

根据抗剪连接件能否保证组合梁充分发挥作用，又可将组合梁分为：

①完全抗剪连接组合梁，如图 10—6 所示。

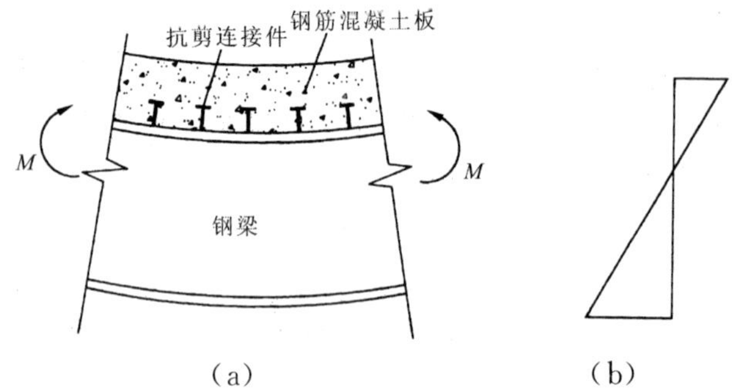

(a)　　　　　　　　(b)

图 10—6　完全抗剪连接组合梁

(a)梁与板受力变形图;(b)梁板截面应力分布图

②部分抗剪连接组合梁,如图 10—7 所示。

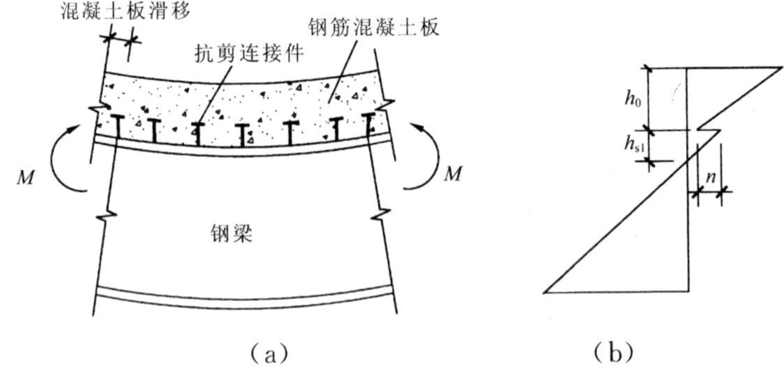

(a)　　　　　　　　(b)

图 10—7　部分抗剪连接组合梁

(a)梁与板受力变形图;(b)梁板截面应力分布图

当楼板为现浇混凝土板时,为提高组合梁的截面刚度与承载力,可在楼板与钢梁间设托板,如图 10—8(b)所示。当楼板为压型钢板—现浇混凝土楼板时,组合梁将有压型钢板肋垂直于钢梁的组合梁,如图 10—9 所示和压型钢板肋平行于钢梁的组合梁两种形式,如图 10—10 所示。

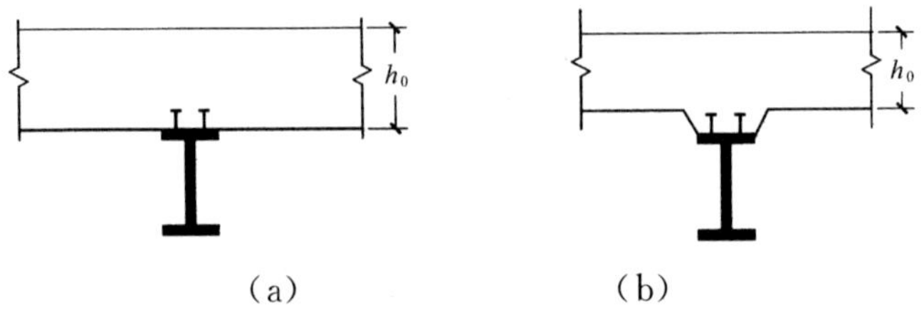

(a)　　　　　　(b)

图 10—8　无压型钢板的钢—混凝土组合梁

(a)无板托组合梁;(b)有板托组合梁

按钢梁端部是铰接还是刚接,组合梁又可分为简支组合梁和连续组合梁，多高层建筑钢结构的次梁两端一般为铰接，因而次梁组合梁通常为简支组合梁；而主梁两端常与柱刚接，因而主梁组合梁多为连续组合梁，如图 10—11 所示。

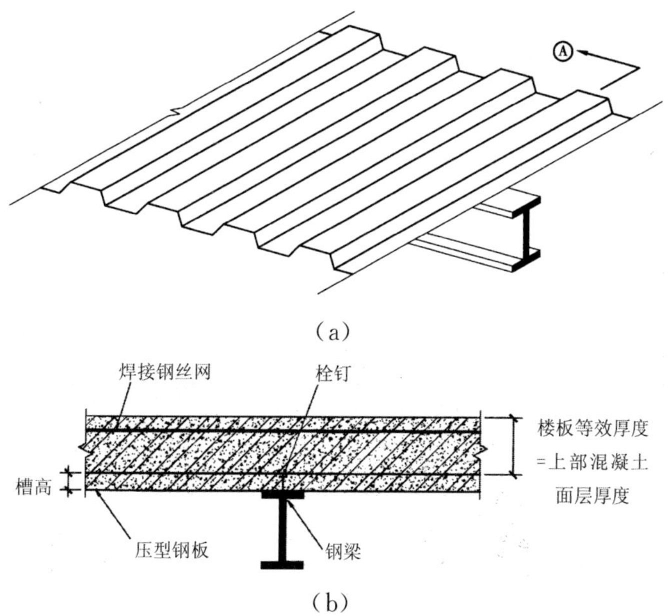

图 10—9　压型钢板肋垂直于钢梁的组合梁

(a)透视图；(b)板的等效厚度(截面 A 剖视图)

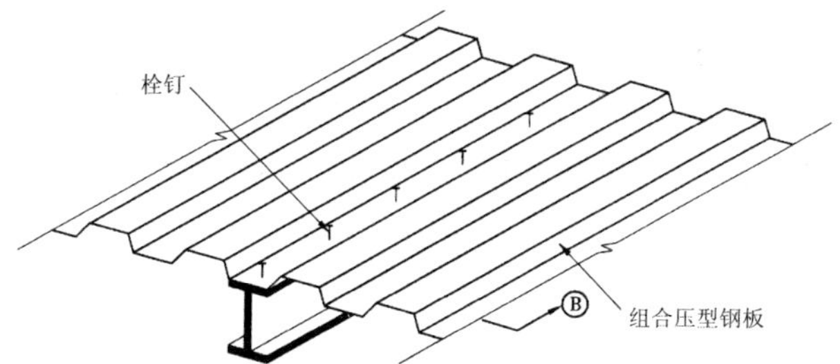

图 10—10　压型钢板肋平行于钢梁的组合梁

(a)透视图；(b)板的等效厚度(截面 B 剖视图)

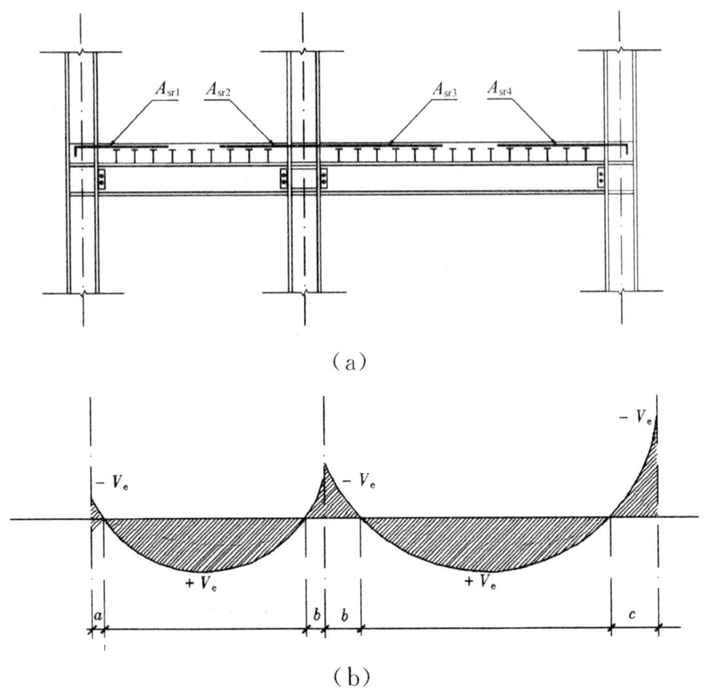

图 10－11　承受均布荷载的连续组合梁

(a)立面图;(b)弯矩图

2.组合梁的特点

①由于可利用钢梁上楼板混凝土的受压作用,借此来增加组合梁截面的有效高度,这样不仅能够提高组合梁的抗弯承受载荷力,同时还可以提高组合梁的抗弯刚度。可以达到节省钢材,并且降低楼盖和梁总高度的效果。

②由于混凝土楼板的热容量大,升温慢,因而组合梁的抗火性能较好。

③组合梁的楼板对钢梁起到了侧向支撑作用,提高或保证了钢梁的整体稳定。

由于组合梁具有上述优点,多高层建筑钢结构中通常采用组合梁。且一般采用完全抗剪连接组合梁。因此本书以下仅讨论完全抗剪连接组合梁的抗火设计问题。

3.组合梁翼板的有效宽度

进行组合梁计算时,可将混凝土楼板当作组合梁截面的一部分,由于剪力滞后效应,如图 10－12 所示。可以认为只有靠近钢梁的一定距离宽度的混凝土板,能够有效地参与组合梁的作用。所以,对于组合梁翼板的有效宽

度 b_{ce}，可以按照下列公式计算，并取最小值：

$$b_{ce}=\frac{l_0}{3}$$

$$b_{ce}=b_0+12h_c$$

$$b_{ce}=b_0+b_{c1}+b_{c1} \tag{10-8}$$

式中，l_0 为组合梁的计算跨度；b_0 为钢梁上翼缘的宽度；h_c 为混凝土翼缘板的厚度 b_{c1}，b_{c2} 为相邻钢梁间净距的 1/2，b_{c1} 尚不应超过混凝土翼板实际外伸长度 s_1，如图 10—13 所示。

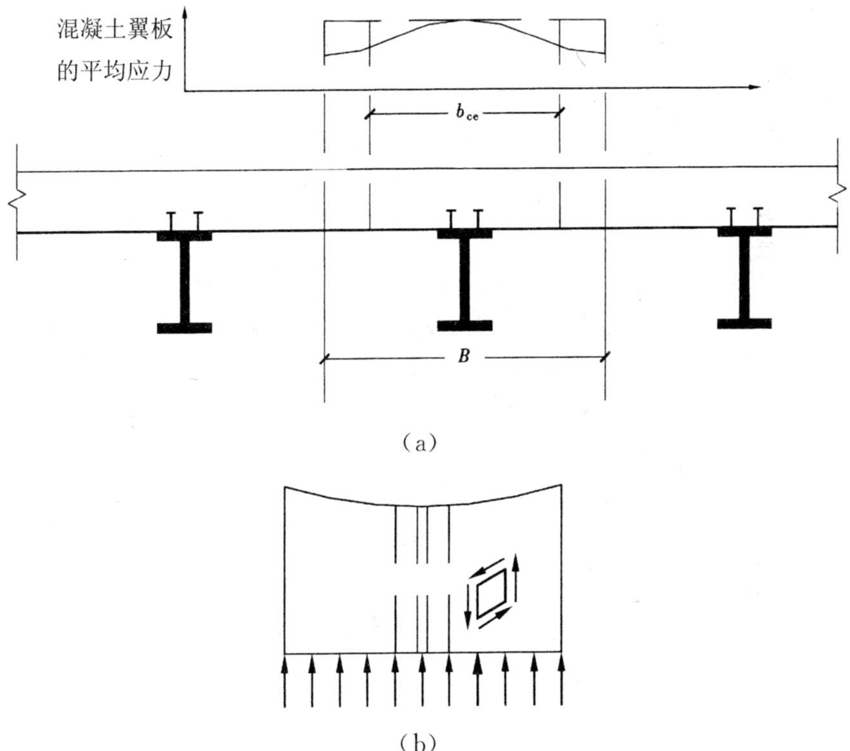

图 10—12　组合梁的剪力滞后效应

(a)组合梁混凝土翼板的有效翼缘宽度；(b)组合梁的剪力滞后效应

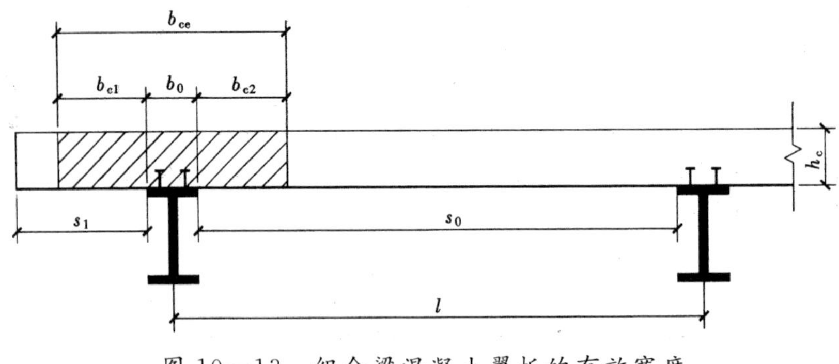

图 10－13　组合梁混凝土翼板的有效宽度

10.2.2 组合梁受火升温特性

1.组合梁受火升温的影响因素

(1)压型钢板形式的影响

在实际工程中，组合梁截面形式变化很多，国内常见的压型钢板的截面形式，如图 10－14 至图 10－16 所示。为了解压型钢板形式对组合梁受火升温的影响，将常见的组合梁截面形式归纳为七种典型截面形式，如表 10－2 所示。表中所谓的平板式是指：梁中混凝土板无压型钢板，如图 10－17 所示；主梁式是指梁纵向平行于压型钢板槽肋；次梁式是指梁纵向垂直于压型钢板槽肋。

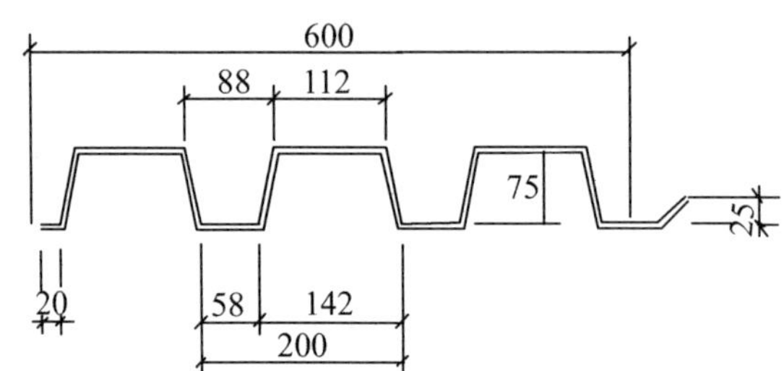

图 10－14　国产 *UA* 系列(及 *UA*－*N* 系列)压型钢板板型

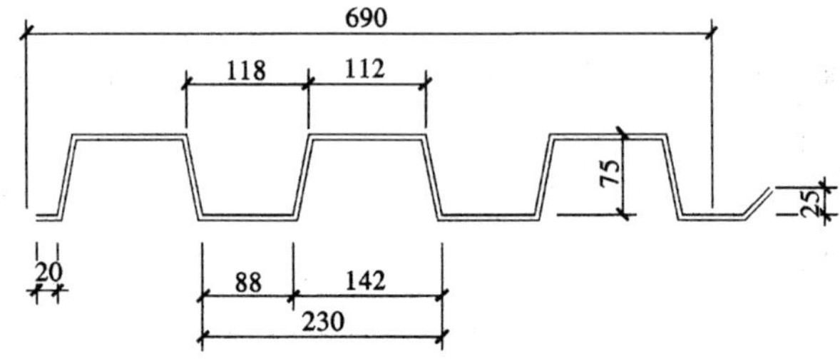

图 10－15　国产 *UKA* 系列(及 *UKA*－*N* 系列)压型钢板板型

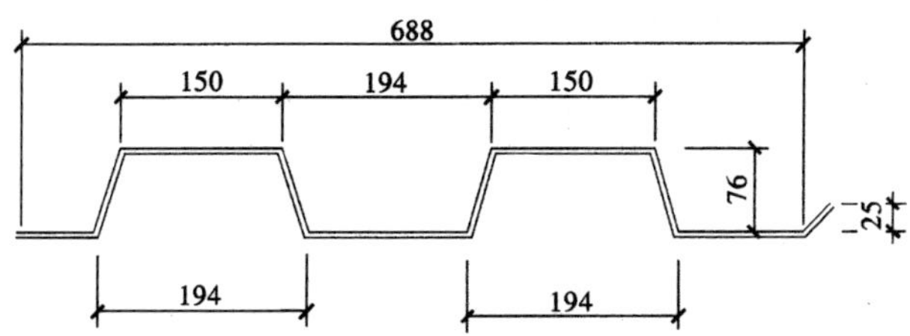

图 10－16 上海地区常见的精工 *HG*－34*A* 系列（美建 *DP*688 系列）压型钢板板型

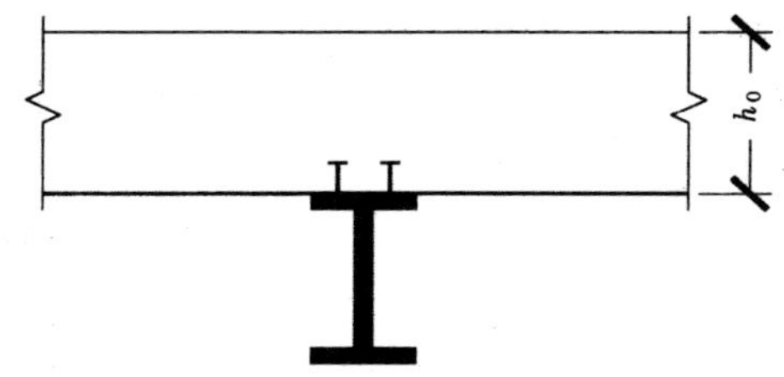

图 10－17 "平板式"组合梁截面

选取如下参数构成的组合梁：

混凝土顶板：板厚（压型钢板肋以上）100mm；板宽 1.5m；标号 C20。

型钢梁：截面 350×150×8×12(mm)；钢号 Q235。

钢梁防火涂层：厚度 30mm；导热系数 0.1（W/m·K）；比热 1500J/(kg·℃)；容重 400kg/m^3。

表 10－2 组合梁截面类型

混凝土板所属类型	压板型号	压板凸肋尺寸	压板波距	组合梁的类型编号
平板式	—	—	—	W_1
主梁式	U_A 系列	60mm	200mm	W_2
	U_{KA} 系列	90mm	230mm	W_3
	U_{HG-344} 系列	150mm	344mm	W_4
次梁式	U_A 系列	60mm	200mm	W_5
	U_{KA} 系列	90mm	230mm	W_6
	U_{HG-344} 系列	150mm	344mm	W_7

采用有限元模型，对以上 7 种典型截面组合梁在标准火灾作用下的升温进行分析，得出各种组合梁混凝土顶板平均温度，如图 10－18 所示，各种组

合梁混凝土顶板平均温度之间的偏差率，如图 10－19 所示，各种组合梁型钢截面平均温度，如图 10－20 所示，及各种组合梁型钢截面平均温度之间的偏差率如图 10－21 所示。

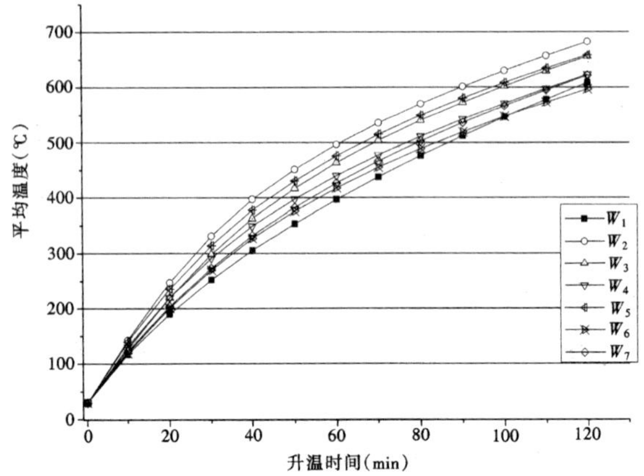

图 10－18 各种组合梁混凝土顶板平均温度

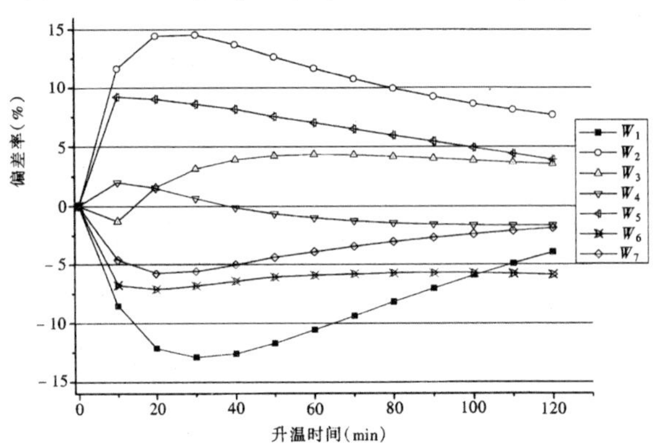

图 10－19 各种组合梁混凝土顶板平均温度相对于七种情况均值的偏差率

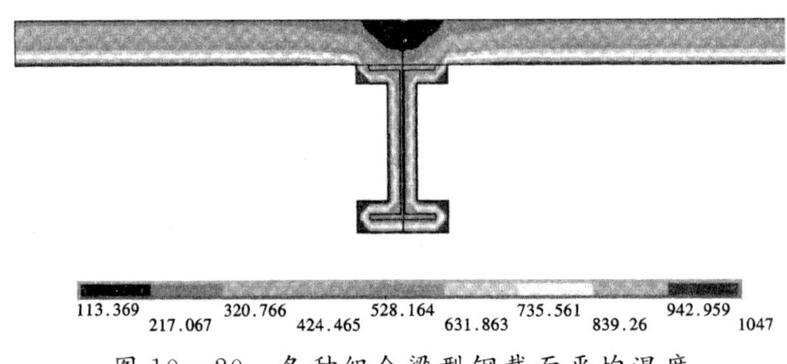

图 10－20 各种组合梁型钢截面平均温度

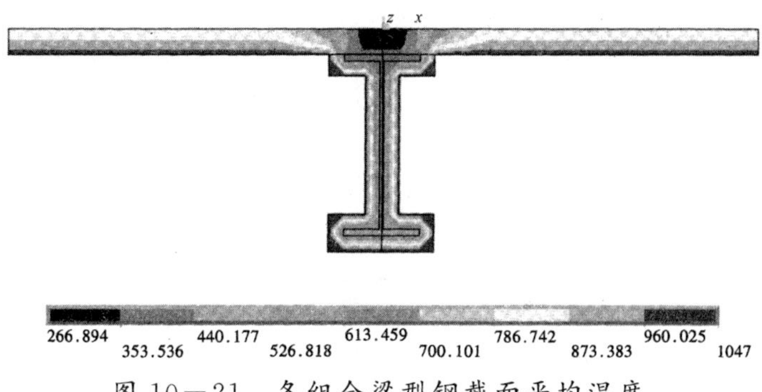

图 10—21　各组合梁型钢截面平均温度相对于七种情况均值的偏差率

以上的结果表明：

①火灾下组合梁混凝土顶板的平均温度受压型钢板形式的影响较大，受主梁式或次梁式的影响较小，火灾后 1 小时后，不同形式组合梁的平均温度变动范围在±10%以内。

②火灾下组合梁中型钢截面的平均温度不仅受压型钢板形式的，也受主梁式或次梁式影响，同样的压型钢板形式和型钢截面，次梁式组合梁的型钢截面的平均温度比主梁式组合梁的型钢截面的平均温度高 10%～25%。

(2)混凝土顶板尺寸的影响

型钢截面及其防火涂层与以上的讨论保持不变，仅改变混凝土顶板尺寸，比较不同混凝土顶板宽度及厚度(压型钢板肋以上)对火灾下组合梁混凝土顶板平均温度的影响，如图 10—22 至图 10—25 所示，发现：混凝土顶板的宽度对其温度分布的影响较小，而混凝土顶板的厚度对其温度分布的影响较大，板越厚，板的平均温度越低。

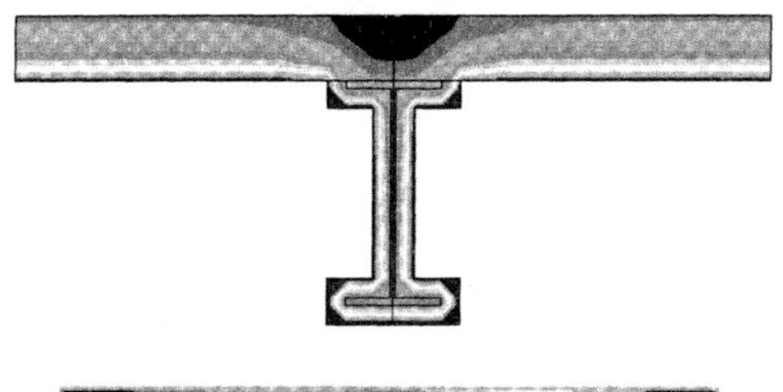

图 10—22　板宽度 1200 mm 时混凝土顶板截面温度分布

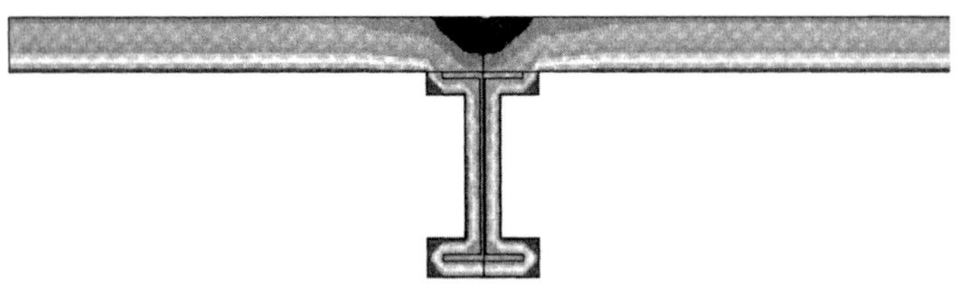

图 10—23　板宽度 1800 mm 时混凝土顶板截面温度分布

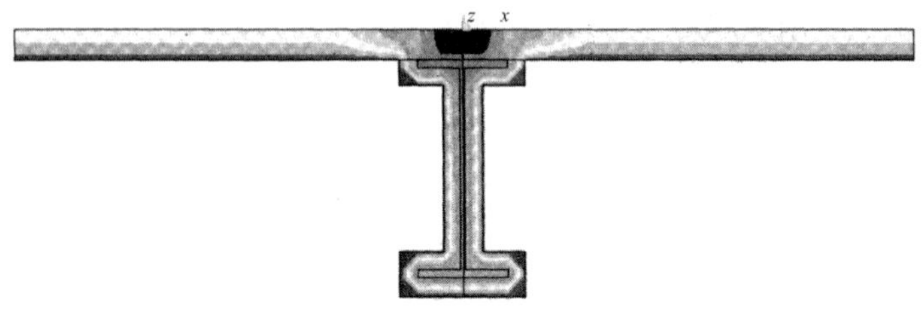

图 10—24　板厚度为 50 mm 时混凝土顶板截面温度分布

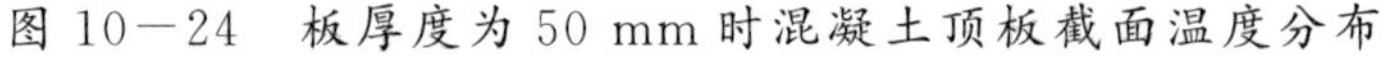

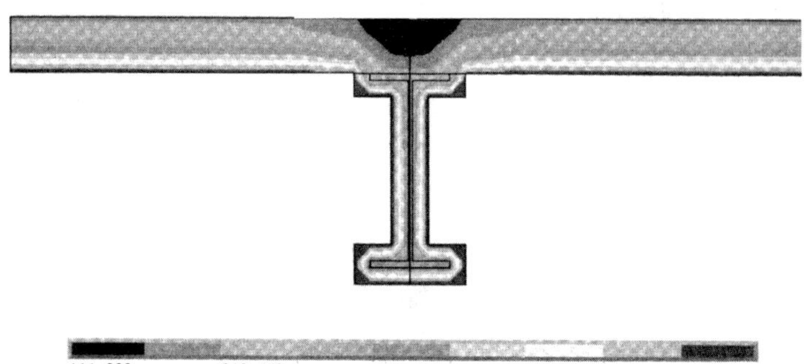

图 10—25　板厚度为 100 mm 时混凝土顶板截面温度分布

2.火灾下组合梁温度分布简化计算与试验结果对比

下面分别就组合主梁试件和组合次梁试件受火试验测试结果与简化计算结果进行对比，对该方法进行验证。

3.主梁试件

①简化方法得到的结果。

主梁实际耐火时间为 55min，受火 30min 与受火 60min 之间，通过线性插值可得到简化方法所预测的组合梁混凝土板平均温度为：

$$TZ''=\left(\frac{55-30}{60-30}\right)(400-265)+265=378℃ \tag{10-9}$$

而钢梁各板件的温度简化计算结果，如表 10－3 所示。

表 10－3　采用简化公式计算得到的钢梁板件温度结果（主梁，55min）

板件类型	实测防火涂层厚度 mm	$\left[\frac{\lambda_i}{d_i}\frac{W}{(m^2\cdot K)}\right]$	$\left(\frac{F_i}{V_i}\frac{m}{m^2}\right)$	$\left[B_i=\frac{\lambda_i}{d_i}\cdot\frac{F_i}{V_i}\frac{W}{(m^3\cdot K)}\right]$	T_{si}℃
上翼缘	8.0	12.5	$\frac{1}{0.012}$	1041.7	393
腹板和下翼缘	11.0	9.09	$\frac{1}{0.0045}$	1999.8	622

②构件试验得到的结果组合主梁试件在达到耐火时间极限时，各板件实测的温度值，如表 10－4 和表 10－5 所示。

表 10－4　实测混凝土翼板温度平均值（主梁，55min）

断面纵向位置	各高度位置点距板顶的距离（mm）	断面各高度位置点平均温度计算公式	断面各高度位置点平均温度（℃）	混凝土翼板平均温度值（℃）
跨中截面	0	P8	47	$TZ_c=361$
	50	$(P9+P11+P7+P12+P14)$	93	
	100	$345\times Lg(8\times55+1)$	942	

表 10－5　实测钢梁板件温度平均值（主梁，55min）

型钢板件类型	温度测号编号	型钢板件平均温度计算公式	型钢板件平均温度（℃）
上翼缘	$P4$	$P4$	404
腹板和下翼缘	$P3$　$P1$	$(P3+P1)/2$	650

4.次梁试件

①简化方法得到的结果

次梁实际耐火时间为 45min，受火 30min 与受火 60min 之间，通过线性插值可得到简化方法所预测的组合梁混凝土板平均温度为：

$$TC''=\left(\frac{45-30}{60-30}\right)(400-265)+265=333℃ \qquad (10-10)$$

而钢梁各板件的温度简化计算结果，如表 10－6 所示。

表 10－6　采用简化计算公式得到的钢梁板件温度结果(次梁，45min)

板件类型	实测防火涂层厚度 mm	$\left[\frac{\lambda_i}{d_i}\frac{W}{(m^2?\ K)}\right]$	$\left(\frac{F_i}{V_i}\frac{m}{m^2}\right)$	$\left[B_i=\frac{\lambda_i}{d_i}\cdot\frac{F_i}{V_i}\frac{W}{(m^3\cdot K)}\right]$	T_{si}℃
上翼缘	8.0	12.5	1/0.008	1875	492
腹板和下翼缘	10	10	1/0.004	2500	600

②构件试验得到的结果组合次梁试件在达到耐火时间极限时，各板件实测的温度值，如表 10－6 和表 10－7 所示。

表 10－7　实测混凝土翼板温度平均值(次梁，45min)

断面纵向位置	各高度位置点距板顶的距离(mm)	断面各高度位置点平均温度计算公式	断面各高度位置点平均温度(℃)	一波距内混凝土板平均温度(℃)
凹肋	0	C_{t7}	37	$TC_c=347$
	88	$\frac{(C_{t6}+C_{t8}+C_{t9})}{3}$	91	
	176	$345\times Lg(8\times45+1)+30$	912	
凸肋	0	C_{a7}	37	
	50	$\frac{(C_{a6}+C_{a8})}{2}$	91	
	100	$345\times Lg(8\times45+1)+30$	912	

表 10－8　实测钢梁板件温度平均值(次梁,45min)

型钢板件类型	温度测号编号		型钢板件平均温度计算公式	型钢板件平均温度(℃)
上翼缘	凹肋	凸肋		
腹板和下翼缘	C_{t4}	C_{a4}	$\frac{(C_{t4}+C_{a4})}{2}$	474
	C_{t3} C_{t1}	C_{a3} C_{a1}	$\frac{(C_{t3}+C_{a3}+C_{t1}+C_{a1})}{4}$	534.5

③结果的比较。

将试验实测结果与简化计算结果汇总如表 10－9 所示。

表 10－9　试验与简化计算得到的组合梁试件各部件平均温度结果的比较

板件类型	主梁试件			次梁试件		
	简化模型	实测数据	偏差	简化模型	实测数据	偏差
混凝土板	387℃	361℃	4.7%	333℃	347℃	－4.0%
上翼缘	393℃	404℃	－2.7%	492℃	474℃	3.4%
腹板和下翼缘	622℃	650℃	－4.3%	600℃	534.5℃	10.9%

可见,前述的简化计算方法能够较好的预测火灾下组合梁各板件的温度。

10.2.3 组合梁实用抗火设计方法

1.组合梁抗火承载力验算

在火灾高温下,随着组合梁截面温度升高,材料强度下降,组合梁的承载力也将下降。耐火极限情况下,组合梁产生足够多的塑性铰形成不宜继续承载的机构而破坏。承受任意荷载分布两端简支或固支组合梁极限状态时的受力情况,如图 10－26 和图 10－27 所示。

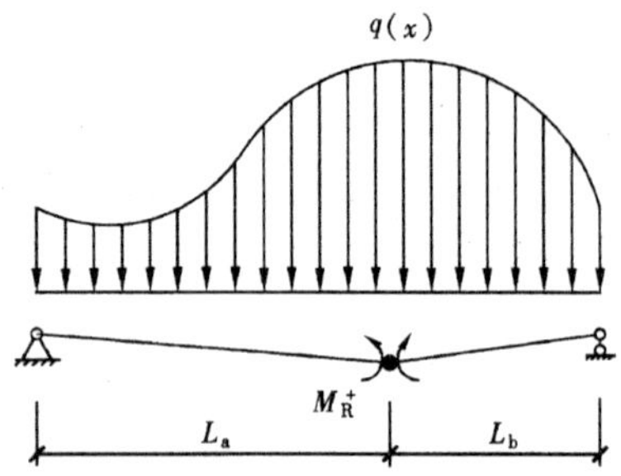

图 10—26 极限状态时两端简支组合梁的受力示意图

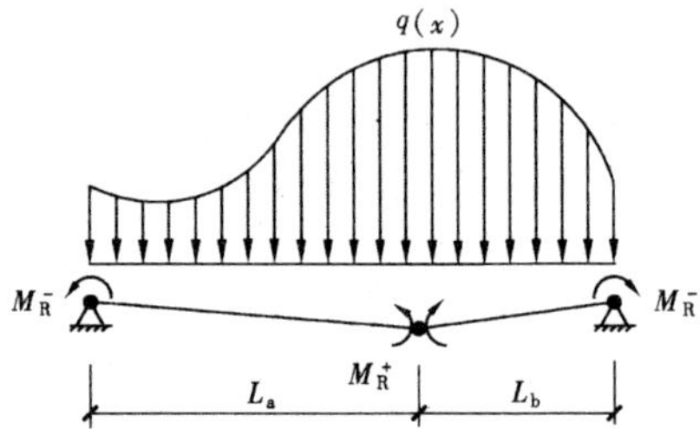

图 10—27 极限状态时两端固支组合梁的受力示意图

对于一般组合梁的抗火设计要求为:在规定的极限耐火时间内,组合梁的承载力应不低于梁上荷载所产生的效应。进行组合梁抗火承载力验算时,考虑梁悬链线效应的轴向受拉作用可抵消火灾高温引起的轴向受压作用,可不考虑轴力的影响。故进行组合梁抗火设计时,其抗火承载力可按下式验算:

$$M \leqslant M_R^+ \quad \text{(两端简支梁)}$$

$$M \leqslant M_R^+ + M_R^- \quad \text{(两端固支架)}$$

式中,M_R^+ 为高温下组合梁跨中极限正弯矩;M_R^- 为高温下组合梁梁端极限负弯矩;M 为将梁当作简支(无论梁端为简支或固支),由荷载产生的梁中最大弯矩:

对于受均布荷载的梁,

$$M = \frac{1}{8} q l^2 \tag{10—11}$$

式中,q 为梁上均布荷载;l 为梁跨度。

2.高温下组合梁跨中极限正弯矩和梁端极限负弯矩

1.高温下组合梁正弯矩作用时的抵抗弯矩值

①塑性中和轴在混凝土板内(如图 10—28 所示),即 $C_1^{Total} \geqslant \sum_{i=1}^{3} F_i$ 时,

$$M_R^+ = h_{c1} - h_{F1} F_1 - h_{F2} F_2 \tag{10—12}$$

式中，C_1^{Total} 为混凝土顶板全部受压屈服时的承载力；C_1 为混凝土顶板所受压力；F_1 为钢梁上翼缘全部屈服时的承载力；F_2 为钢梁腹板全部受拉或受压屈服时的承载力；F_3 为下翼缘全部屈服时的承载力；H 为钢梁截面总高度；H_0 为整个组合梁截面总高度；h_c 为混凝土板等效厚度；h_d 为混凝土肋的等效高度；b_e 为混凝土板有效宽度；e_1 为混凝土顶板受压区高度；h_{C1} 为混凝土板受压区中心到钢梁下翼缘中心的距离；h_{F1} 为上翼缘中心到下翼缘中心的距离；h_{F2} 为腹板中心到下翼缘中心的距离。

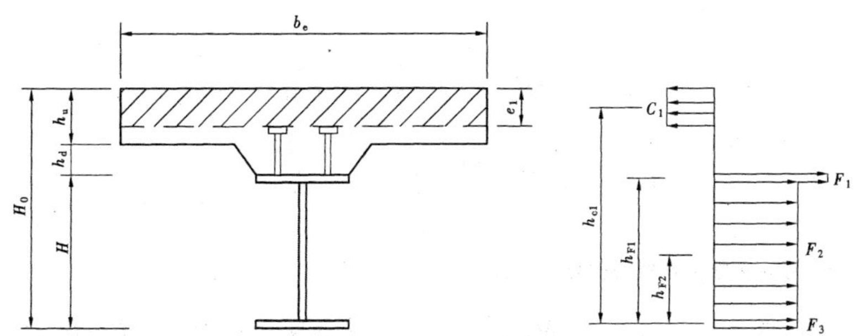

图 10—28　正弯矩作用时组合梁第一类截面及应力分布图

②塑性中和轴在钢梁截面内时（如图 10—29 所示），即 $C_1^{Total} < \sum_{i=1}^{3} F_i$；

$$M_R^+ = h_{c1} C_1^{Total} + h_{F1} F_1 + h_{F2}^{com} F_2^{com} - h_{F2}^{ten} F_2^{ten} \qquad (10-13)$$

式中，h_{c1} 为混凝土顶板受压区中心到钢梁下翼缘中心的距离；F_2^{com} 为腹板受压区的合力；h_{F2}^{com} 为腹板受压区中心到下翼缘中心的距离；F_2^{ten} 为腹板受拉区的合力；h_{F2}^{ten} 为腹板受拉区中心到下翼缘中心的距离。

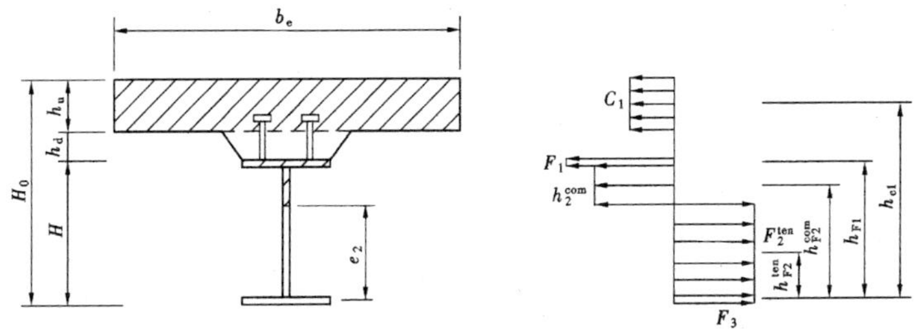

图 10—29　正弯矩作用时组合梁第二类截面及应力分布图

2.高温下组合梁负弯矩作用时抵抗弯矩值

如图 10—30 所示，高温下组合梁负弯矩作用时不考虑楼板和钢梁下翼缘的承载作用，相应的抵抗弯矩为

$$M_R^- = h_{y2}^{com} F_{y2}^{com} - h_{y2}^{ten} F_{y2}^{ten} \qquad (10-14)$$

式中，F_{y2}^{com} 为腹板受压区合力；F_{y2}^{ten} 为腹板受拉区合力；h_{y2}^{com} 为腹板受压区中心

到下翼缘中心的距离；e_3 为塑性中和轴到上翼缘中心的距离；h_{y2}^{ten} 为腹板受拉区中心到下翼缘中心的距离。

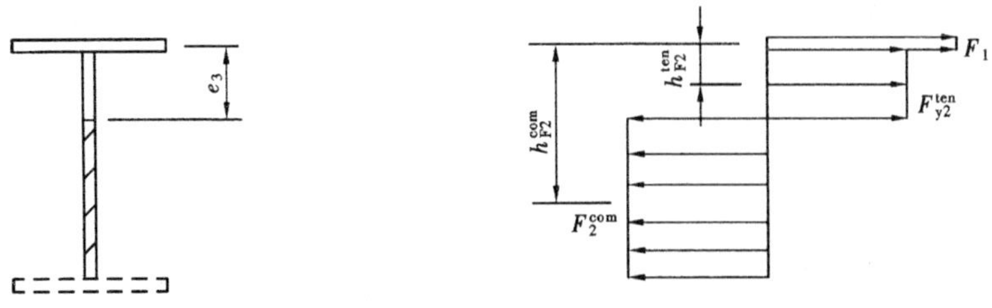

图 10—30　负弯矩作用时组合梁截面及应力分布图

10.3 钢框架结构整体抗火性能计算方法

10.3.1　高温钢结构梁单元切线刚度方程

1.高温下单元截面的几何和力学参数

温度在构件截面上是否均匀分布，会对高温下单元截面的几何参数分析带来截然不同的影响。因为构件截面的许多几何特性，会随着构件截面上的温度是否均匀分布，发生各种变化。这样的不确定性因素将会大幅度增加分析难度。所以为了方便研究，将温度作沿截面高度线性分布的考虑。如图10—31所示，这种分布与实际火灾下钢框架结构梁和柱的截面温度分布相接近。但是因为截面温度非均匀分布，所以截面上每一处的弹性模量均不相等，其中和轴不再处于原来的几何对称轴上，而是朝着温度相对比较低的一侧发生偏移，导致截面的惯性矩会随之发生变化，所以必须进行另外计算。

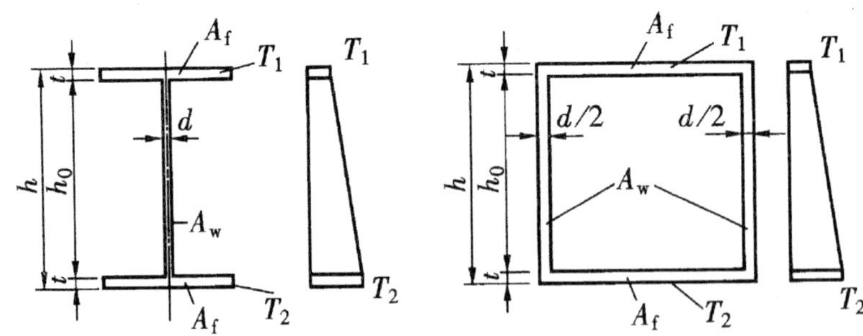

图 10—31　截面几何尺寸及温度分布

这里仅介绍工字形截面的几何参数的求法。箱形截面可将两侧壁当成工字截面的腹板按工字截面计算。为了使计算更加方便，可将圆截面进行等效转换为温度均匀分布的截面，如图 10－32 所示，该界面温度均匀分布，并且对应的材料特性为 E_{T2} 和 f_{yT2}，又因为弹性模量和温度不具备线性相关，所以腹板的等效截面形状本应为外凸的曲线多边形，将腹板的等效截面形状简化成梯形截面，只是为了方便计算。

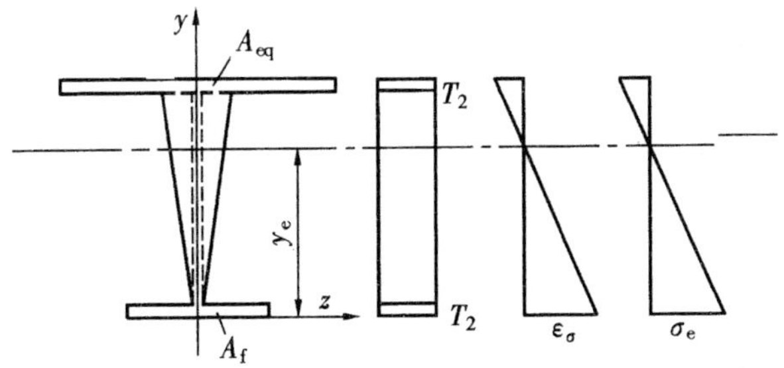

（由应力产生的应变）（等效应力）

图 10－32　全截面处于弹性状态时的等效截面

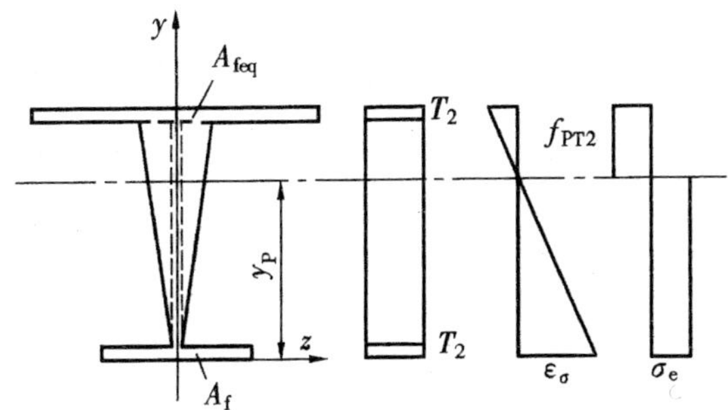

图 10－33　全截面处于塑性状态时的等效截面

根据材料力学的方法，求得工字形截面在上述温度分布下，全截面处于弹性状态时的几何参数与力学参数分别如下

中性轴位置

$$y_e=\frac{u_e\cdot A_f\cdot h+(1-u_e)\cdot\dfrac{t}{2}+\dfrac{1}{2}(1+u_e)A_W\cdot t+\dfrac{1+2u_e}{6}\cdot h_0\cdot A_W}{\dfrac{1}{2}(1+u_e)(2A_f+A_W)}\tag{10－15}$$

式中，

$$u_e=\frac{E_{T1}}{E_{T2}}\tag{10－16}$$

E_{T1}，E_{T1} 分别是温度为 T_1，T_2 是钢的弹性模量。

等效轴向拉压刚度

$$(EA)_{eq}=E_{T2}\cdot A_{eq}\tag{10－17}$$

等效弹性抗弯刚度

$$(EI)_{eq}=E_{T2}\cdot I_{eq} \tag{10-18}$$

等效截面面积

$$A_{eq}=\frac{1}{2}(1+u_e)(2A_f+A_w) \tag{10-19}$$

等效惯性矩

$$I_{eq}=\frac{1}{12}(1+u_e)\cdot A_f\cdot t^2+A_f\left(y_e-\frac{2}{t}\right)+A_f\cdot u_e\left(h-y_e-\frac{t}{2}\right)^2$$
$$\frac{(u_e^2+4u_e+1)d\cdot h_0^3}{36(u_e+1)}+\frac{1}{2}(u_e+1)A_w\left(y_e-\frac{2u_e+1}{3(u_e+1)}\cdot h_0\right)^2 \tag{10-20}$$

初始屈服弯矩

$$M_s=\frac{f_{yT2}\cdot I_{eq}}{y_{\max}} \tag{10-21}$$

式中，f_{yT2}为温度为 T_2 时钢的屈服强度：

$$y_{\max}=\max(y_e,(h-y_e)) \tag{10-22}$$

当截面处于全截面屈服状态时(图 10—33)，有关几何和力学参数如下：

中性轴位置

$$y_p=\frac{\sqrt{4\cdot(\zeta\cdot t-d)-4\zeta\left[-\frac{1}{2}(h_0^2+2t^2+2h_0t)+(h_0+2t)(\zeta\cdot t-d)-(u_p-1)A_f\right]}}{2\zeta}+$$
$$\frac{2(\zeta\cdot t-d)}{2\zeta}u_p\neq 1,y_p=\frac{h_0}{2}+tu_p=1 \tag{10-23}$$

式中，

$$u_p=\frac{f_{yT1}}{f_{yT2}} \tag{10-24}$$

$$\zeta=\frac{u_p-1}{h_0}d \tag{10-25}$$

塑性极限弯矩(全截面屈服弯矩)

$$M_p=f_{yT2}\left[A_f\cdot\left(y_p-\frac{t}{2}\right)+u_p\cdot A_f\left(h-y_p-\frac{t}{2}\right)\right.$$
$$\left.+\frac{1}{6}(d_0+2d)(y_p-t)^2+\frac{1}{6}(d_0+2u_p\cdot d)(h-y_p-t)^2\right] \tag{10-26}$$

式中，

$$d_o=\frac{(y_p-t)(u_p-1)\cdot d+d_o\cdot h_0}{h_o} \tag{10-27}$$

2.高温下的单元弹塑性切线刚度矩阵

(1)弯矩—曲率关系

本文采用的梁柱杆件截面弯矩 M 与由弯矩产生的曲率 φ 关系与常温下的弯矩—曲率关系相似,如图 10—34 所示。截面弯曲刚度系数 α 可由截面弯矩按下式确定

$$\alpha=1 \qquad M\leqslant M_S$$

$$\alpha=\frac{1}{1+\left(\dfrac{M-M_S}{M_P-M_S}\right)^m\left(\dfrac{1}{\beta}-1\right)} \qquad M_S\leqslant M\leqslant M_P \tag{10-28}$$

$$\alpha=\beta \qquad M\geqslant M_P$$

式中,

$$m=7.8\left(1-\frac{M_S}{M_P}\right)-1 \tag{10-29}$$

$$\beta=0.025$$

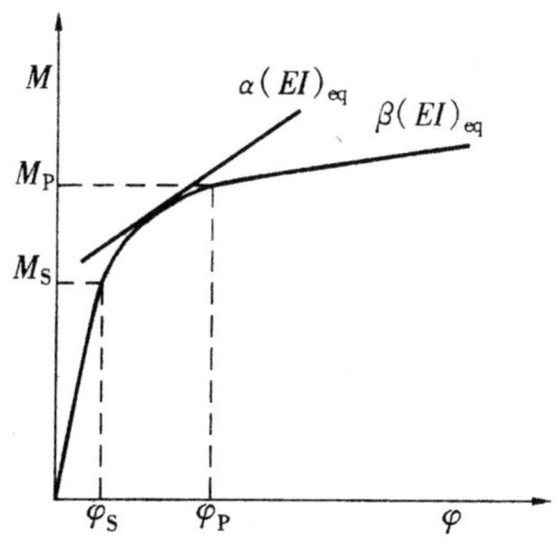

图 10—34　高温下梁的 M—ϕ 关系曲线

2.分析模型和单元刚度方程

钢结构梁单元的受力如图 10—35 所示,对应的单元节点力向量和单元节点位移向量如下:

$$\{f\}=[N_L \quad Q_L \quad M_L \quad N_R \quad Q_R \quad M_R] \tag{10-30}$$

$$\{\delta\}=[u_L \quad v_L \quad \theta_L \quad u_R \quad v_R \quad \theta_R] \tag{10-31}$$

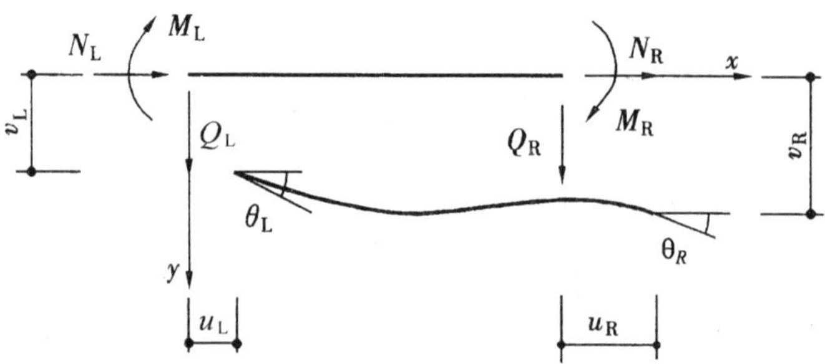

图 10—35　单元杆端力和位移向量

采用广义的 Clough 模型，建立单元的二阶弹塑性增量刚度方程如下：

$$\{df\}=[(\alpha_L-\alpha_R)([K_2]+[K_{G2}])+\alpha_R([K_0]+[K_{G0}])]+(1-\alpha_L)([K_3]+[K_{G3}])\{d\delta\}\quad \alpha_L\geqslant\alpha_R \tag{10-32}$$

$$\{df\}=[(\alpha_R-\alpha_L)([K_1]+[K_{G1}])+\alpha_L([K_0]+[K_{G0}])]+(1-\alpha_R)([K_3]+[K_{G3}])\{d\delta\}\quad \alpha_L<\alpha_R \tag{10-33}$$

式中，$\{df\}$，$\{d\delta\}$ 分别为$\{f\}$，$\{\delta\}$的增量；α_L，α_R 为杆件两端的弯曲刚度系数，由杆端弯矩确定。$[K_0]$、$[K_1]$、$[K_2]$、$[K_3]$分别为两端刚接杆、端 L 铰接端 R 刚接杆、端 R 镲接端 L 刚接杆、两端铰接杆的弹性刚度矩阵，由一般结构力学中给出的计算公式确定。$[K_{G0}]$、$[K_{G1}]$、$[K_{G2}]$、$[K_{G3}]$为相应的几何刚度矩按下式确定

$$[K_{G0}]=N\begin{bmatrix}0 & & & & & \\ 0 & a & & & & \\ 0 & b & c & & & \\ 0 & 0 & 0 & 0 & & \\ 0 & -a & -b & 0 & a & \\ 0 & b & d & 0 & -b & c\end{bmatrix} \tag{10-34}$$

$$[K_{G1}]=N\begin{bmatrix}0 & & & & & \\ 0 & e & & & & \\ 0 & 0 & & & & \\ 0 & 0 & 0 & 0 & & \\ 0 & -e & 0 & 0 & e & \\ 0 & f & 0 & 0 & -f & g\end{bmatrix} \tag{10-35}$$

$$[K_{G2}]=N\begin{bmatrix}0 & & & & & \\ 0 & e & & & & \\ 0 & f & g & & & \\ 0 & 0 & 0 & 0 & & \\ 0 & -e & -f & 0 & e & \\ 0 & 0 & 0 & 0 & 0 & 0\end{bmatrix} \tag{10-36}$$

$$[K_{G3}]=N\begin{bmatrix}0 & & & & & \\ 0 & h & & & & \\ 0 & 0 & & & & \\ 0 & 0 & 0 & 0 & & \\ 0 & -h & 0 & 0 & h & \\ 0 & 0 & 0 & 0 & 0 & 0\end{bmatrix} \tag{10-37}$$

其中 $a=\frac{6}{5}l$，$b=\frac{l}{10}$，$c=\frac{2l}{15}$，$d=-\frac{l}{30}$，$e=\frac{6}{5l}$，$f=\frac{1}{5}$，$g=\frac{l}{5}$，$h=\frac{1}{l}$，l 为单位长度，N 为单位轴力，受拉为正。

10.3.2 钢框架结构火灾非线性反应分析与抗火设计

1.分析步骤

设火灾下结构从温度状态 $\{T_0\}$ 变化到温度状态 $\{T_n\}$，按以下过程升温

$$\{T_n\}=\{T_0\}+\{\Delta T_0\}+\cdots\cdots+\{\Delta T_0\}+\cdots\cdots+\{\Delta T_n\} \tag{10-38}$$

结构在温度状态 $\{T_{i-1}\}$ 达到平衡时，结构的内反力向量等于外荷载向量，此时结构的位移向量为 $\{\Delta\delta_{i-1}\}$ 及各构件的杆端弹性位移为 $\{\Delta\delta_{ij-1}\}_e^e$。在结构温度变化后，假定结构各构件的杆端弹性变形保持不变，且杆端力向量 $\{F\}^e$ 与杆端弹性位移 $\{\delta\}_e^e$ 保持不变的关系，如图 10－36 所示，即

$$[K]_e^e\cdot\{\delta\}_e^e+\{F_G\}^e=\{F\}^e \tag{10-39}$$

式中，$[K]_e^e$ 为单元弹性刚度矩阵；$\{\delta\}_e^e$ 为单元弹性杆端位移向量；$\{F\}^e$ 为单元杆端力向量；$\{F_G\}^e$ 为附加单元杆端力向量，由几何非线性引起。

因式中弹性单刚 $[K]_e^e$ 是不可逆的，在已知杆端力增量求弹性杆端位移增量时，采用下述方法：

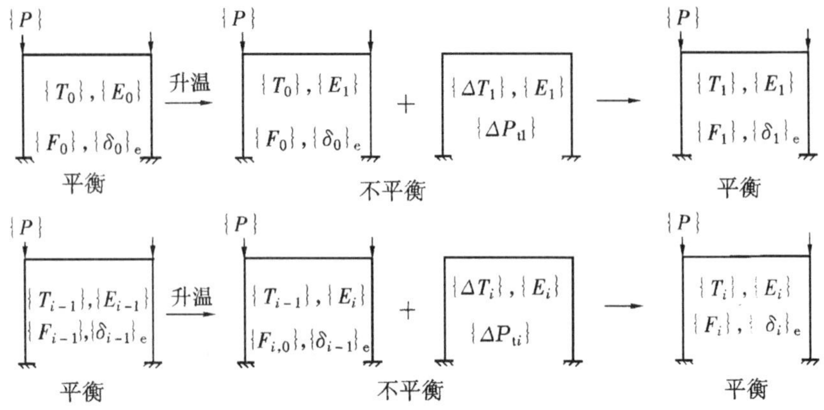

图 10—36　升温过程中结构内部各量变化简图

将杆端位移增量$\{d\delta\}^e$分解为弹性位移增量$\{d\delta\}_e^e$和塑性位移增量$\{d\delta\}_p^e$两部分，即

$$\{d\delta\}^e=\{d\delta\}_e^e+\{d\delta\}_p^e \tag{10-40}$$

根据塑性铰理论由上式可得：

$$\{d\delta\}_p^e=\begin{Bmatrix} du_{Lp} \\ dv_{Lp} \\ d\theta_{Lp} \\ du_{Rp} \\ dv_{Rp} \\ d\theta_{Rp} \end{Bmatrix}=\begin{Bmatrix} du_{Lp} \\ 0 \\ d\theta_{Lp} \\ du_{Rp} \\ 0 \\ d\theta_{Rp} \end{Bmatrix} \tag{10-41}$$

由上述计算可得：

$$\{d\delta\}_e^e=\{d\delta\}^e-\{d\delta\}_p^e=\begin{Bmatrix} du_{Le} \\ dv_{L} \\ d\theta_{Le} \\ du_{Re} \\ dv_{R} \\ d\theta_{Re} \end{Bmatrix} \tag{10-42}$$

可以求得：

$$\begin{bmatrix} \frac{(EA)_{eq}}{l} & 0 & 0 & -\frac{(EA)_{eq}}{l} & 0 & 0 \\ 0 & \frac{12i}{l^2} & \frac{6i}{l^2} & 0 & -\frac{12i}{l^2} & \frac{6i}{l^2} \\ 0 & \frac{6i}{l^2} & 4i & 0 & -\frac{6i}{l^2} & 2i \\ -\frac{(EA)_{eq}}{l} & 0 & 0 & \frac{(EA)_{eq}}{l} & 0 & 0 \\ 0 & -\frac{12i}{l^2} & -\frac{6i}{l^2} & 0 & \frac{12i}{l^2} & -\frac{6i}{l^2} \\ 0 & \frac{6i}{l^2} & 2i & 0 & -\frac{6i}{l^2} & 4i \end{bmatrix} \cdot \begin{Bmatrix} du_{Le} \\ dv_L \\ d\theta_{Le} \\ du_{Re} \\ dv_R \\ d\theta_{Re} \end{Bmatrix} = \begin{Bmatrix} dN_L \\ dQ_L \\ dM_L \\ dN_R \\ dQ_R \\ dM_R \end{Bmatrix} \tag{10-43}$$

由

$$\frac{6i}{l} \cdot \mathrm{d}v_L + 4i \cdot \mathrm{d}\theta_{Le} - \frac{6i}{l} \cdot \mathrm{d}v_R + 2i \cdot \mathrm{d}\theta_{Re} = \mathrm{d}M_L \tag{10-44}$$

推出

$$\frac{6i}{l} \cdot \mathrm{d}v_L + 2i \cdot \mathrm{d}\theta_{Le} - \frac{6i}{l} \cdot \mathrm{d}v_R + 4i \cdot \mathrm{d}\theta_{Re} = \mathrm{d}M_R \tag{10-45}$$

$$\frac{(EA)_{eq}}{l}(\mathrm{d}u_{Re} - \mathrm{d}u_{Le}) = \mathrm{d}N_R \tag{10-46}$$

令

$$\mathrm{d}u_{Le} = \mathrm{d}u_L;\ \mathrm{d}v_{Le} = \mathrm{d}v_L;\ \mathrm{d}u_{Re} = \mathrm{d}u_R \tag{10-47}$$

$$\mathrm{d}\theta_{Le} = \frac{1}{6i}(2\mathrm{d}M_L - \mathrm{d}M_R) - \frac{1}{l}(\mathrm{d}v_L - \mathrm{d}v_R) \tag{10-48}$$

推出

$$\mathrm{d}\theta_{Re} = \frac{1}{6i}(2\mathrm{d}M_R - \mathrm{d}M_L) - \frac{1}{l}(\mathrm{d}v_L - \mathrm{d}v_R) \tag{10-49}$$

$$\mathrm{d}u_{Re} = \mathrm{d}u_L + \frac{1}{(EA)_{eq}}\mathrm{d}N_R \tag{10-50}$$

式中，$(EA)_{eq}$ 为单元等效轴向刚度；$(EI)_{eq}$ 为单元等效弹性抗弯刚度；l 为单元长度。

则可得单元弹性杆端位移增量为

$$\{\mathrm{d}\delta\}_e^e = \begin{Bmatrix} \mathrm{d}u_L \\ \mathrm{d}v_L \\ \frac{1}{6i}(2\mathrm{d}M_L - \mathrm{d}M_R) - \frac{1}{l}(\mathrm{d}v_L - \mathrm{d}v_R) \\ \mathrm{d}u_L + \frac{l}{(EA)_{eq}}\mathrm{d}N_R \\ \mathrm{d}v_R \\ \frac{1}{6i}(2\mathrm{d}M_R - \mathrm{d}M_L) - \frac{1}{l}(\mathrm{d}v_L - \mathrm{d}v_R) \end{Bmatrix} \tag{10-51}$$

先分析在常温$\{T_0\}$下作用有荷载$\{P\}$时的结构反应，求得结构的节点位移向量$\{\delta_0\}$，单元弹性杆端位移向量$\{\delta_0\}_e$和单元内力$\{F_0\}^e$。常温下的求解过程与以下高温下的求解过程相同，只要将不平衡力向量$\{\Delta R\}$用外荷载$\{P\}$代替即可。

2.抗火设计

根据以上分析步骤可编制钢框架结构火灾反应分析与抗火设计程序。具体进行钢框架整体结构抗火设计时，可先确定建筑中可能发生火灾的部位，其受火灾影响的结构构件可根据初定的防火被覆情况，确定火灾下构件内部的升温。然后按以上分析步骤，确定结构是否在规定耐火时间内，满足承载力极限状态要求。如不满足抗火要求，可增加防火被覆，重新计算。如果初定的防火被覆过于保守，也可以调减后重新计算。

参考文献

[1]王社良.抗震结构设计[M].4 版.武汉:武汉理工大学出版社,2011.

[2]尚守平,周福霖.结构抗震设计.2 版[M].北京:高等教育出版社,2010.

[3]彭少民.混凝土结构[M].武汉:武汉理工大学出版社,2002.

[4]王铁成.混凝土结构原理[M].天津:天津大学出版社,2002.

[5]施楚贤.砌体结构[M].北京:中国建筑工业出版社,2003.

[6]徐有邻.汶川地震建筑震害调查及对建筑结构安全的反思[M].北京:中国建筑工业出版社,2009.

[7]裘佰永,盛兴旺,等.桥梁工程[M].北京:中国铁道出版社,2001.

[8]李国强等.建筑结构抗震设计[M].4 版.北京:中国建筑工业出版社,2014.

[9]刘伯权,吴涛等.建筑结构抗震设计[M].北京:机械工业出版社,2011.

[10]易方民,高小旺,苏经宇等.建筑抗震设计规范理解与应用[M].2 版.北京:中国建筑工业出版社,2011.

[11]张玉敏,苏幼坡,韩建强.建筑结构与抗震设计[M].北京:清华大学出版社,2016.

[12]白国良,马建勋.建筑结构抗震设计[M].北京:科学出版社,2012.

[13]徐至钧.建筑隔震技术与工程应用[M].北京:中国标准出版社,2013.

[14]龙帮云,刘殿华.建筑结构抗震设计[M].南京:东南大学出版社,2011.

[15]钱永梅,王若竹.建筑结构抗震设计[M].北京:化学工业出版社,2009.

[16]李达.抗震结构设计[M].北京:化学工业出版社,2009.

[17]上官子昌,经东风,王新明等.建筑抗震设计[M].北京:机械工业出版社,2012.

[18]李九宏.建筑结构抗震构造设计[M].武汉:武汉理工大学出版社,2011.

[19]窦立君.建筑结构抗震[M].2 版.北京:机械工业出版社,2012.

[20]吕西林等.建筑结构抗震设计理论与实例[M].4 版.上海:同济大学出版社,2015.

[21]潘鹏等.建筑结构消能减震设计与案例[M].北京:清华大学出版社,2014.

[22]桂国庆.建筑结构抗震设计[M].重庆:重庆大学出版社,2015.

[23]郭海燕.建筑结构抗震[M].北京:机械工业出版社,2010.

[24]李英民,杨溥.建筑结构抗震设计[M].重庆:重庆大学出版社,2011.

[25]裴星洙.建筑结构抗震分析与设计[M].北京:北京大学出版社,2013.

[26]吴献.建筑结构抗震设计[M].哈尔滨:哈尔滨工业大学出版社,2009.

[27]国家标准 GB 50010—2010,混凝土结构设计规范[S].北京:中国建筑工业出版社,2010.

[28]国家标准 GB 50009—2012,建筑结构荷载规范[S].北京:中国建筑工业出版社,2012.

[29]国家标准 GB 50007—2011,建筑地基基础设计规范[S].北京:中国建筑工业出版社,2011.

[30]国家标准 GB 500l7—2014,钢结构设计规范[S].北京:中国建筑工业出版社,2014.

[31]国家标准 GB 50011—2010,建筑抗震设计规范[S].北京:中国建筑工业出版社,2010.

[32]李碧雄,谢和平,王哲,王旋.汶川地震后多层砌体结构震害调查及分析[J].四川大学学报,2009,(41)4:19—25.

[33]卢滔,薄景山,李巨文,刘晓阳,刘启方.汶川大地震汉源县城建筑物震害调查[J].地震工程与工程振动,2009,(29)6:88—95.